高等数学(下)

主编 潘 新 曹文斌 顾莹燕
殷冬琴
编者 潘 新 魏彦睿 顾莹燕
曹文斌 殷建峰 殷冬琴
顾霞芳

苏州大学出版社

图书在版编目(CIP)数据

高等数学. 下 / 潘新等主编. —苏州：苏州大学出版社，2020. 7
ISBN 978-7-5672-3151-1

Ⅰ. ①高… Ⅱ. ①潘… Ⅲ. ①高等数学—高等学校—教材 Ⅳ. ①O13

中国版本图书馆 CIP 数据核字(2020)第 108545 号

高等数学(下)
Gaodeng Shuxue (Xia)
潘 新 曹文斌 顾莹燕 殷冬琴 主编
责任编辑 李 娟

苏州大学出版社出版发行
(地址：苏州市十梓街 1 号 邮编：215006)
常州市武进第三印刷有限公司印装
(地址：常州市武进区湟里镇村前街 邮编：213154)

开本 787 mm×1 092 mm 1/16 印张 13.5 字数 328 千
2020 年 7 月第 1 版 2020 年 7 月第 1 次印刷
ISBN 978-7-5672-3151-1 定价：38.00 元

若有印装错误，本社负责调换
苏州大学出版社营销部 电话：0512-67481020
苏州大学出版社网址 http://www.sudapress.com
苏州大学出版社邮箱 sdcbs@suda.edu.cn

编写说明

随着教育改革的不断深入与发展，为了满足高等职业教育对于数学这一基础学科的要求，我国不少高校和有关部门已积极编写了不同版本的高等数学教材．本教材是结合当前高职高专院校对于高等数学教材的使用情况，取长补短，集思广益，以苏州经贸职业技术学院数学教研室为主编写的．力求内容简单实用，对过去一些传统的观念进行了力度较大的改革，简化理论的叙述、推导和证明，力求直观，注重实际应用．

在编写过程中，我们本着“必需、够用”的原则，对于必备的基础理论知识等方面的内容，主要给出概念的定义，对有关定理的条件和结论，一般不给出严格的推导和证明，仅在必要时给出直观而形象的解释和说明．编写重点放在计算和实际应用等方面，以强化学生解决实际问题的能力．

本教材分上、下两册．上册的主要内容为：函数、极限与连续，导数与微分，导数的应用，不定积分，定积分及其应用，常微分方程；下册的主要内容为：级数、空间解析几何与多元函数微积分、行列式与矩阵、概率与数理统计初步．另外，每节都配备了本章内容一定量的习题，每章都配备了本章内容小结和自测题．书后对于上述题目给出了答案或提示，以便学生及时对所学知识进行检验．

参加本教材编写的有潘新、魏彦睿、殷冬琴、顾莹燕、曹文斌、殷建峰、顾霞芳．蔡奎生、唐哲人、李鹏祥对本教材进行了校对和整理．

本教材的框架构思、内容设计，得到了同行、专家和兄弟院校的指点与大力支持，在此表示衷心的感谢．尽管我们力求完善，但书中错误和不当之处在所难免，还望各位同行、专家多加批评和指正．

编者

2020 年 7 月

目录

第7章 级数

第8章 空间解析几何与多元函数微积分

第9章 行列式与矩阵

第 10 章　概率与数理统计初步

附　表

习题参考答案

第 7 章 级 数

在初等数学中我们解决了项数有限的数(或函数)的求和问题,在积分学中我们讨论了连续量的求和问题.本章我们将讨论无限个离散量的求和问题,称为无穷级数.无穷级数分为常数项级数和函数项级数.

§7-1 数项级数

常数项级数是函数项级数的特殊情况,也是研究函数项级数的基础.

一、数项级数的概念

例 1 战国时期哲学家庄周所著的《庄子·天下篇》引用过一句话:“一尺之棰,日取其半,万世不竭.”也就是说,一根长为一尺的木棒,每天截去一半,这样的过程可以无限地进行下去.

把每天截下的那部分长度“加”起来:

$$\frac{1}{2}+\frac{1}{2^2}+\frac{1}{2^3}+\cdots+\frac{1}{2^n}+\cdots,$$

这就是一个“无限个数相加”的例子.

定义 1 给定一个数列 $\{u_n\}$,把它的各项依次用“+”连接起来的表达式

$$u_1+u_2+\cdots+u_n+\cdots$$

称为**常数项无穷级数**,简称(**数项**)**级数**,记作 $\sum\limits_{n=1}^{\infty}u_n$,即

$$\sum_{n=1}^{\infty}u_n=u_1+u_2+\cdots+u_n+\cdots, \tag{1}$$

其中第 n 项 u_n 称为数项级数(1)的**通项**或**一般项**.

例 1 的级数可以记作 $\sum\limits_{n=1}^{\infty}\frac{1}{2^n}$,我们再来看下面一个例子.

例 2 (1) $-1+1+(-1)+1+\cdots$;

(2) $(-1+1)+(-1+1)+\cdots$;

(3) $-1+[1+(-1)]+[1+(-1)]+\cdots$.

在例 2 中,(2)的结果无疑是 0,而(3)的结果则是 -1,也就是说括号用在不同的地方,求出来的结果就不一样了.因此,在定义中,我们只说把数列各项用“+”依次连接,这里的“+”并不能理解为相加,因而加法的一些运算法则(如结合律、交换律)就不一定成立.

我们提出这样的问题：数项级数是否存在“和”，如果存在，“和”是什么？为此，我们给出数项级数收敛和发散的概念.

定义 2 取级数(1)的前 n 项相加，记为 s_n，即

$$s_n = u_1 + u_2 + \cdots + u_n,$$

称 s_n 为级数(1)的前 n 项**部分和**，称新数列 $\{s_n\}$ 为级数(1)的**部分和数列**.

定义 3 如果级数(1)的部分和数列 $\{s_n\}$ 的极限存在，记为 s，即

$$\lim_{n\to\infty} s_n = s,$$

那么称级数(1)**收敛**，称 s 为级数(1)的**和**，记作

$$s = \sum_{n=1}^{\infty} u_n = u_1 + u_2 + \cdots + u_n + \cdots;$$

如果级数(1)的部分和数列 $\{s_n\}$ 的极限不存在，那么称级数(1)**发散**.

说明 (1) 发散级数不存在和；(2) 当级数 $\sum\limits_{n=1}^{\infty} u_n$ 收敛时，其前 n 项部分和 s_n 是级数 $\sum\limits_{n=1}^{\infty} u_n$ 的和 s 的近似值，它们之间的差值

$$r_n = s - s_n = u_{n+1} + u_{n+2} + \cdots = \sum_{i=n+1}^{\infty} u_i$$

称为级数 $\sum\limits_{n=1}^{\infty} u_n$ 的**余项**. 容易验证级数收敛的充分必要条件是 $\lim\limits_{n\to\infty} r_n = 0$.

在例 1 中，因为 $s_n = \dfrac{\frac{1}{2}\left(1-\frac{1}{2^n}\right)}{1-\frac{1}{2}} = 1 - \dfrac{1}{2^n}$，$\lim\limits_{n\to\infty} s_n = s = 1$，所以

$$\frac{1}{2} + \frac{1}{2^2} + \frac{1}{2^3} + \cdots + \frac{1}{2^n} + \cdots = 1.$$

在例 2(1)中，$s_n = \begin{cases} 0, & n\text{ 为偶数}, \\ -1, & n\text{ 为奇数}, \end{cases}$ 其极限不存在，因此级数

$$\sum_{n=1}^{\infty} (-1)^n = -1 + 1 + (-1) + 1 + \cdots$$

发散.

例 3 讨论几何级数(等比级数)

$$\sum_{n=1}^{\infty} aq^{n-1} = a + aq + aq^2 + \cdots + aq^{n-1} + \cdots$$

的敛散性，其中 $a \neq 0$，q 称为级数的公比.

解 若 $q \neq 1$，则部分和 $s_n = \dfrac{a(1-q^n)}{1-q}$.

当 $|q| < 1$ 时，$\lim\limits_{n\to\infty} s_n = \dfrac{a}{1-q}$，此时级数 $\sum\limits_{n=1}^{\infty} aq^{n-1}$ 收敛，其和为 $\dfrac{a}{1-q}$.

当 $|q| > 1$ 时，$\lim\limits_{n\to\infty} s_n = \infty$，此时级数 $\sum\limits_{n=1}^{\infty} aq^{n-1}$ 发散.

若 $|q| = 1$，则当 $q = 1$ 时，$s_n = na \to \infty\ (n \to \infty)$，此时级数 $\sum\limits_{n=1}^{\infty} aq^{n-1}$ 发散；

当 $q=-1$ 时，$s_n=\begin{cases}a, & n\text{ 为奇数},\\0, & n\text{ 为偶数},\end{cases}$ 所以 s_n 的极限不存在，此时级数 $\sum\limits_{n=1}^{\infty} aq^{n-1}$ 也发散.

综上所述，若 $|q|<1$，则级数 $\sum\limits_{n=1}^{\infty} aq^{n-1}\ (a\neq 0)$ 收敛，其和为 $\dfrac{a}{1-q}$；若 $|q|\geqslant 1$，则级数 $\sum\limits_{n=1}^{\infty} aq^{n-1}$ 发散.

例 4 证明级数 $1+2+3+\cdots+n+\cdots$ 是发散的.

证明 部分和为

$$s_n=1+2+3+\cdots+n=\frac{n(n+1)}{2},$$

因为 $\lim\limits_{n\to\infty}s_n=\infty$，所以级数是发散的.

例 5 判定无穷级数 $\dfrac{1}{1\cdot 2}+\dfrac{1}{2\cdot 3}+\dfrac{1}{3\cdot 4}+\cdots+\dfrac{1}{n(n+1)}+\cdots$ 的敛散性.

解 由于 $u_n=\dfrac{1}{n(n+1)}=\dfrac{1}{n}-\dfrac{1}{n+1}$，所以

$$\begin{aligned}s_n&=\frac{1}{1\cdot 2}+\frac{1}{2\cdot 3}+\frac{1}{3\cdot 4}+\cdots+\frac{1}{n(n+1)}\\&=\left(1-\frac{1}{2}\right)+\left(\frac{1}{2}-\frac{1}{3}\right)+\cdots+\left(\frac{1}{n}-\frac{1}{n+1}\right)=1-\frac{1}{n+1},\end{aligned}$$

从而

$$\lim_{n\to\infty}s_n=\lim_{n\to\infty}\left(1-\frac{1}{n+1}\right)=1,$$

所以此级数收敛，并且它的和是 1.

利用定义来判定级数的敛散性，关键在于判定部分和数列 $\{s_n\}$ 的极限是否存在. 如果能够根据 $\{s_n\}$ 的表达式判断出极限是否存在，就能对级数的敛散性做出判定，而且如果该级数是收敛的，那么极限值就是其和. 但是能够求出 $\{s_n\}$ 的极限值的级数并不多，更多时候只要判断出 $\{s_n\}$ 的极限是否存在就可以了.

定理 1(单调有界定理) 单调且在单调方向上有界的数列必有极限.

例 6 讨论级数 $\sum\limits_{n=1}^{\infty}\dfrac{1}{n^2}$ 的敛散性.

解 部分和为

$$s_n=\frac{1}{1^2}+\frac{1}{2^2}+\frac{1}{3^2}+\cdots+\frac{1}{n^2}<\frac{1}{1\cdot 1}+\frac{1}{1\cdot 2}+\frac{1}{2\cdot 3}+\cdots+\frac{1}{(n-1)n}=2-\frac{1}{n}<2,$$

且

$$s_1<s_2<\cdots<s_n,$$

所以部分和数列 $\{s_n\}$ 单调递增且有上界. 根据单调有界定理知，部分和数列 $\{s_n\}$ 存在极限. 因此，原级数收敛.

在例 6 中，根据单调有界定理，我们证明了该级数是收敛的，但并没有求出该级数的和. 一般说来，收敛级数求和难度更大. 级数 $\sum\limits_{n=1}^{\infty}\dfrac{1}{n^2}=\dfrac{\pi^2}{6}$ 的证明过程很复杂.

二、数项级数的基本性质

性质 1 若级数 $\sum\limits_{n=1}^{\infty}u_n$ 收敛于和 s，k 为任意常数，则级数 $\sum\limits_{n=1}^{\infty}ku_n$ 也收敛，且其和为 ks.

这是因为，设 $\sum_{n=1}^{\infty} u_n$ 与 $\sum_{n=1}^{\infty} ku_n$ 的部分和分别为 s_n 与 σ_n，则

$$\lim_{n\to\infty}\sigma_n=\lim_{n\to\infty}(ku_1+ku_2+\cdots+ku_n)=k\lim_{n\to\infty}(u_1+u_2+\cdots+u_n)=k\lim_{n\to\infty}s_n=ks.$$

这表明级数 $\sum_{n=1}^{\infty} ku_n$ 收敛，且和为 ks.

性质 2 若级数 $\sum_{n=1}^{\infty} u_n$，$\sum_{n=1}^{\infty} v_n$ 分别收敛于和 s，σ，则级数 $\sum_{n=1}^{\infty}(u_n\pm v_n)$ 也收敛，且其和为 $s\pm\sigma$.

这是因为，若 $\sum_{n=1}^{\infty} u_n$，$\sum_{n=1}^{\infty} v_n$，$\sum_{n=1}^{\infty}(u_n\pm v_n)$ 的部分和分别为 s_n，σ_n，τ_n，则

$$\begin{aligned}\lim_{n\to\infty}\tau_n&=\lim_{n\to\infty}[(u_1\pm v_1)+(u_2\pm v_2)+\cdots+(u_n\pm v_n)]\\&=\lim_{n\to\infty}[(u_1+u_2+\cdots+u_n)\pm(v_1+v_2+\cdots+v_n)]\\&=\lim_{n\to\infty}(s_n\pm\sigma_n)=s\pm\sigma.\end{aligned}$$

性质 3 在级数中去掉、加上或改变有限项，不会改变级数的敛散性.

比如，级数 $\frac{1}{1\cdot 2}+\frac{1}{2\cdot 3}+\frac{1}{3\cdot 4}+\cdots+\frac{1}{n(n+1)}+\cdots$ 是收敛的，则级数

$$10000+\frac{1}{1\cdot 2}+\frac{1}{2\cdot 3}+\frac{1}{3\cdot 4}+\cdots+\frac{1}{n(n+1)}+\cdots$$

和级数

$$\frac{1}{3\cdot 4}+\frac{1}{4\cdot 5}+\cdots+\frac{1}{n(n+1)}+\cdots$$

也都是收敛的.

性质 4 若级数 $\sum_{n=1}^{\infty} u_n$ 收敛，则对这个级数的项任意加括号后所成的级数仍收敛，且其和不变.

注意 若加括号后所成的级数收敛，则不能断定去括号后原来的级数也收敛.

比如，例 2 中的级数(1)和(2).

推论 若加括号后所成的级数发散，则原来的级数也发散.

例 7 判定级数 $\sum_{n=1}^{\infty}\frac{3+(-1)^n}{2^n}$ 的敛散性.

解 因为级数 $\sum_{n=1}^{\infty}\frac{3}{2^n}=3\sum_{n=1}^{\infty}\frac{1}{2^n}$ 收敛，级数 $\sum_{n=1}^{\infty}\frac{(-1)^n}{2^n}=\sum_{n=1}^{\infty}\left(-\frac{1}{2}\right)^n$ 也收敛，由性质 2 知原级数收敛.

三、级数收敛的必要条件

定理 2(级数收敛的必要条件) 如果 $\sum_{n=1}^{\infty} u_n$ 收敛，那么它的一般项 u_n 趋于零，即若 $\sum_{n=1}^{\infty} u_n$ 收敛，则 $\lim_{n\to\infty}u_n=0$.

证明 设级数 $\sum_{n=1}^{\infty}u_n$ 的部分和为 s_n，且 $\lim_{n\to\infty}s_n=s$，则

$$\lim_{n\to\infty}u_n=\lim_{n\to\infty}(s_n-s_{n-1})=\lim_{n\to\infty}s_n-\lim_{n\to\infty}s_{n-1}=s-s=0.$$

注意 (1) 如果级数的一般项的极限不为零，那么由定理 2 可知该级数必定发散；(2) 级数的一般项趋于零并不是级数收敛的充分条件.

例 8 证明调和级数 $\sum_{n=1}^{\infty}\frac{1}{n}=1+\frac{1}{2}+\frac{1}{3}+\cdots+\frac{1}{n}+\cdots$ 是发散的.

证明 假设级数 $\sum_{n=1}^{\infty}\frac{1}{n}$ 收敛且其和为 s，s_n是它的部分和，显然有$\lim_{n\to\infty}s_n=s$ 及$\lim_{n\to\infty}s_{2n}=s$，于是

$$\lim_{n\to\infty}(s_{2n}-s_n)=0.$$

但另一方面，

$$s_{2n}-s_n=\frac{1}{n+1}+\frac{1}{n+2}+\cdots+\frac{1}{2n}>\frac{1}{2n}+\frac{1}{2n}+\cdots+\frac{1}{2n}=\frac{1}{2},$$

故$\lim_{n\to\infty}(s_{2n}-s_n)>\frac{1}{2}$. 这与$\lim_{n\to\infty}(s_{2n}-s_n)=0$ 矛盾，所以级数 $\sum_{n=1}^{\infty}\frac{1}{n}$ 必定发散.

在上述例子中，级数 $\sum_{n=1}^{\infty}\frac{1}{n}$ 的一般项的极限$\lim_{n\to\infty}\frac{1}{n}=0$，但 $\sum_{n=1}^{\infty}\frac{1}{n}$ 发散.

例 9 判定下列级数的敛散性：

(1) $\sum_{n=1}^{\infty}\frac{n}{3n+1}$；

(2) $\sum_{n=1}^{\infty}\left(\frac{n+1}{n}\right)^n$.

解 (1) 因为$\lim_{n\to\infty}\frac{n}{3n+1}=\frac{1}{3}$，所以由级数收敛的必要条件知原级数发散.

(2) 因为$\lim_{n\to\infty}\left(\frac{n+1}{n}\right)^n=\mathrm{e}$，所以由级数收敛的必要条件知原级数发散.

习题 7-1(A)

判定下列级数的敛散性：

(1) $\sum_{n=1}^{\infty}\left[\frac{4}{5^n}+\frac{(-1)^n}{3^n}\right]$；

(2) $\sum_{n=1}^{\infty}\ln\frac{n+1}{n}$；

(3) $\sum_{n=1}^{\infty}\cos\frac{1}{n+1}$；

(4) $\sum_{n=1}^{\infty}\mathrm{e}^{\frac{1}{n}}$；

(5) $\sum_{n=1}^{\infty}\frac{n+1}{n^3+1}$；

(6) $\sum_{n=1}^{\infty}(\sqrt{n+2}-2\sqrt{n+1}+\sqrt{n})$；

(7) $\sum_{n=1}^{\infty}\sin\frac{n\pi}{6}$.

习题 7-1(B)

判定下列级数的敛散性，若收敛，求其和：

(1) $\frac{1}{2}+\frac{3}{4}+\frac{5}{6}+\cdots+\frac{2n-1}{2n}+\cdots$； (2) $\frac{1}{2}-\frac{1}{4}+\frac{1}{8}+\cdots+\frac{(-1)^{n+1}}{2^n}+\cdots$；

(3) $\frac{1}{1\times6}+\frac{1}{6\times11}+\frac{1}{11\times16}+\cdots+\frac{1}{(5n-4)(5n+1)}+\cdots$；

(4) $\left(\frac{1}{2}+\frac{1}{3}\right)+\left(\frac{1}{2^2}+\frac{1}{3^2}\right)+\cdots+\left(\frac{1}{2^n}+\frac{1}{3^n}\right)+\cdots$；

(5) $\sum\limits_{n=1}^{\infty}\frac{2n-1}{2^n}$； (6) $\sum\limits_{n=1}^{\infty}2^n\sin\frac{\pi}{2^n}$.

§7-2　数项级数审敛法

在上一节的最后，我们介绍了一个级数收敛的必要条件，但对于级数收敛的充分性判定，目前还只能通过研究级数的部分和数列$\{s_n\}$来实现，很不方便. 在本节，我们将介绍一些判定级数敛散性的比较方便的方法.

一、正项级数及其审敛法

如果级数 $\sum\limits_{n=1}^{\infty}u_n$ 中的每一项均非负，即 $u_n\geqslant0(n=1,2,3,\cdots)$，那么称该级数为**正项级数**.

由级数的性质知，如果一个级数从某一项起全是非负的，我们也把它看作正项级数. 如果级数的各项都是负的，则各项乘以-1后就得到一个正项级数了.

因为正项级数的前 n 项部分和数列$\{s_n\}$是单调递增的，所以结合单调有界定理，我们得到下面的结论：

正项级数 $\sum\limits_{n=1}^{\infty}u_n$ 收敛的充分必要条件是其前 n 项部分和数列$\{s_n\}$有上界.

于是，我们可以将部分已知敛散性的级数作为参照，得到正项级数的审敛法.

1. 比较审敛法

定理 1(比较审敛法)　设 $\sum\limits_{n=1}^{\infty}u_n$，$\sum\limits_{n=1}^{\infty}v_n$ 均为正项级数，如果存在某一正数 N，对于所有 $n>N$，都有 $u_n\leqslant kv_n(k>0,k$ 为常数)，那么

(1) 若 $\sum\limits_{n=1}^{\infty}v_n$ 收敛，则$\sum\limits_{n=1}^{\infty}u_n$ 收敛；

(2) 若$\sum\limits_{n=1}^{\infty}u_n$ 发散，则$\sum\limits_{n=1}^{\infty}v_n$ 发散.

证明　因为改变级数的有限项并不改变级数的敛散性，所以不妨假设 $u_n\leqslant kv_n$对一切正整数n 都成立.

现分别以 s_n'，s_n''表示级数 $\sum\limits_{n=1}^{\infty}u_n$，$\sum\limits_{n=1}^{\infty}v_n$ 的前 n 项部分和. 由 $u_n\leqslant kv_n$，得 $s_n'\leqslant ks_n''$.

$\sum\limits_{n=1}^{\infty}v_n$ 收敛$\Rightarrow s_n''$有上界$\Rightarrow s_n'$有上界$\Rightarrow$ $\sum\limits_{n=1}^{\infty}u_n$收敛，故(1)成立.

(2)为(1)的逆否命题,自然成立.

例 1 讨论 p-级数 $\sum_{n=1}^{\infty}\frac{1}{n^p}(p>0)$的敛散性.

解 (1) 当 $p=1$ 时, $\sum_{n=1}^{\infty}\frac{1}{n^p}=\sum_{n=1}^{\infty}\frac{1}{n}$ 为调和级数,发散;

(2) 当 $0<p<1$ 时,$\frac{1}{n^p}>\frac{1}{n}$,由比较审敛法知, $\sum_{n=1}^{\infty}\frac{1}{n^p}$ 发散;

(3) 当 $p>1$ 时,

$$\sum_{n=1}^{\infty}\frac{1}{n^p}=1+\left(\frac{1}{2^p}+\frac{1}{3^p}\right)+\left(\frac{1}{4^p}+\frac{1}{5^p}+\frac{1}{6^p}+\frac{1}{7^p}\right)+\cdots$$
$$\leqslant 1+\left(\frac{1}{2^p}+\frac{1}{2^p}\right)+\left(\frac{1}{4^p}+\frac{1}{4^p}+\frac{1}{4^p}+\frac{1}{4^p}\right)+\cdots=\sum_{n=0}^{\infty}\left(\frac{1}{2^{p-1}}\right)^n,$$

因为$\sum_{n=0}^{\infty}\left(\frac{1}{2^{p-1}}\right)^n(p>1)$ 收敛,所以$\sum_{n=1}^{\infty}\frac{1}{n^p}$ 收敛.

综上,p-级数$\sum_{n=1}^{\infty}\frac{1}{n^p}$ 当 $p>1$ 时收敛,当 $0<p\leqslant 1$ 时发散.

比较审敛法要求我们找到敛散性已知的级数作为参照级数,常用的参照级数有:几何级数$\sum_{n=1}^{\infty}aq^{n-1}$,$p$-级数$\sum_{n=1}^{\infty}\frac{1}{n^p}(p>0)$.

例 2 证明级数$\sum_{n=1}^{\infty}\frac{1}{2^n+3}$ 收敛.

证明 因为$0<\frac{1}{2^n+3}<\frac{1}{2^n}$,且由几何级数的敛散性知 $\sum_{n=1}^{\infty}\frac{1}{2^n}$ 收敛,所以由比较审敛法知$\sum_{n=1}^{\infty}\frac{1}{2^n+3}$ 收敛.

例 3 讨论级数$\sum_{n=1}^{\infty}\frac{1}{n^2+n+1}$的敛散性.

解 因为$\frac{1}{n^2+n+1}<\frac{1}{n^2}$,且由 p-级数的敛散性知$\sum_{n=1}^{\infty}\frac{1}{n^2}$ 收敛,所以由比较审敛法知$\sum_{n=1}^{\infty}\frac{1}{n^2+n+1}$ 收敛.

推论(比较审敛法的极限形式) 设$\sum_{n=1}^{\infty}u_n$, $\sum_{n=1}^{\infty}v_n$ 均为正项级数,若

$$\lim_{n\to\infty}\frac{u_n}{v_n}=l(v_n\neq 0),$$

则

(1) 当 $0<l<+\infty$ 时,$\sum_{n=1}^{\infty}u_n$, $\sum_{n=1}^{\infty}v_n$ 同时收敛或同时发散;

(2) 当 $l=0$ 时,若$\sum_{n=1}^{\infty}v_n$ 收敛,则$\sum_{n=1}^{\infty}u_n$ 收敛;

(3) 当 $l=+\infty$ 时,若$\sum_{n=1}^{\infty}v_n$ 发散,则$\sum_{n=1}^{\infty}u_n$ 发散.

例 4 判定下列级数的敛散性：

(1) $\sum_{n=1}^{\infty} \frac{1}{2^n - n}$；(2) $\sum_{n=1}^{\infty} \sin \frac{1}{n}$；(3) $\sum_{n=1}^{\infty} \frac{\sqrt{n}}{(2n+1)(n+5)}$.

解 (1) $\lim_{n\to\infty} \frac{\frac{1}{2^n - n}}{\frac{1}{2^n}} = \lim_{n\to\infty} \frac{2^n}{2^n - n} = \lim_{n\to\infty} \frac{1}{1 - \frac{n}{2^n}} = 1$,

因为 $\sum_{n=1}^{\infty} \frac{1}{2^n}$ 收敛，由比较审敛法的推论知 $\sum_{n=1}^{\infty} \frac{1}{2^n - n}$ 也收敛.

(2) $\lim_{n\to\infty} \frac{\sin \frac{1}{n}}{\frac{1}{n}} = 1$，因为 $\sum_{n=1}^{\infty} \frac{1}{n}$ 发散，由比较审敛法的推论知 $\sum_{n=1}^{\infty} \sin \frac{1}{n}$ 发散.

(3) $\lim_{n\to\infty} \frac{\frac{\sqrt{n}}{(2n+1)(n+5)}}{\frac{1}{n^{\frac{3}{2}}}} = \lim_{n\to\infty} \frac{n^2}{(2n+1)(n+5)} = \frac{1}{2}$,

因为 $\sum_{n=1}^{\infty} \frac{1}{n^{\frac{3}{2}}}$ 收敛，由比较审敛法的推论知 $\sum_{n=1}^{\infty} \frac{\sqrt{n}}{(2n+1)(n+5)}$ 收敛.

2. 比值审敛法

定理 2(比值审敛法) 设 $\sum_{n=1}^{\infty} u_n$ 为正项级数，若

$$\lim_{n\to\infty} \frac{u_{n+1}}{u_n} = l,$$

则

(1) 当 $l < 1$ 时，级数 $\sum_{n=1}^{\infty} u_n$ 收敛；

(2) 当 $l > 1\left(\text{或} \lim_{n\to\infty} \frac{u_{n+1}}{u_n} = +\infty\right)$ 时，级数 $\sum_{n=1}^{\infty} u_n$ 发散；

(3) 当 $l = 1$ 时，级数 $\sum_{n=1}^{\infty} u_n$ 可能收敛也可能发散.

比值审敛法是以级数相邻通项之比的极限值作为判断依据的，因此适用于通项中含有 $n!$，n^n，$a^n(a > 0)$，$n^k(k > 0)$ 因子的级数.

例 5 判定下列级数的敛散性：

(1) $\sum_{n=1}^{\infty} \frac{n^k}{2^n}(k > 0, k\text{ 为常数})$；(2) $\sum_{n=1}^{\infty} \frac{n^n}{n!}$；(3) $\sum_{n=1}^{\infty} nx^{n-1}(x > 0)$.

解 (1) $\lim_{n\to\infty} \frac{(n+1)^k}{2^{n+1}} \cdot \frac{2^n}{n^k} = \frac{1}{2} \lim_{n\to\infty} \frac{(n+1)^k}{n^k} = \frac{1}{2} \lim_{n\to\infty} \left(1 + \frac{1}{n}\right)^k = \frac{1}{2} < 1$，由比值审敛法知 $\sum_{n=1}^{\infty} \frac{n^k}{2^n}$ 收敛.

(2) $\lim_{n\to\infty} \frac{(n+1)^{n+1}}{(n+1)!} \cdot \frac{n!}{n^n} = \lim_{n\to\infty} \frac{(n+1)^{n+1}}{n+1} \cdot \frac{1}{n^n} = \lim_{n\to\infty} \left(1 + \frac{1}{n}\right)^n = \mathrm{e} > 1$，由比值审敛法

知$\sum\limits_{n=1}^{\infty}\frac{n^n}{n!}$发散.

(3) $\lim\limits_{n\to\infty}\frac{(n+1)x^n}{nx^{n-1}}=x$,所以,当$0<x<1$时,$\sum\limits_{n=1}^{\infty}nx^{n-1}$收敛;当$x>1$时,$\sum\limits_{n=1}^{\infty}nx^{n-1}$发散;当$x=1$时,$\sum\limits_{n=1}^{\infty}nx^{n-1}=\sum\limits_{n=1}^{\infty}n$发散.

3. 根值审敛法

定理 3(根值审敛法) 设$\sum\limits_{n=1}^{\infty}u_n$为正项级数,若

$$\lim_{n\to\infty}\sqrt[n]{u_n}=l,$$

则

(1) 当$l<1$时,级数$\sum\limits_{n=1}^{\infty}u_n$收敛;

(2) 当$l>1$(或$\lim\limits_{n\to\infty}\sqrt[n]{u_n}=+\infty$)时,级数$\sum\limits_{n=1}^{\infty}u_n$发散;

(3) 当$l=1$时,级数$\sum\limits_{n=1}^{\infty}u_n$可能收敛也可能发散.

例 6 证明级数$1+\frac{1}{2^2}+\frac{1}{3^3}+\cdots+\frac{1}{n^n}+\cdots$是收敛的.

证明 $\lim\limits_{n\to\infty}\sqrt[n]{\frac{1}{n^n}}=\lim\limits_{n\to\infty}\frac{1}{n}=0$,由根值审敛法知$1+\frac{1}{2^2}+\frac{1}{3^3}+\cdots+\frac{1}{n^n}+\cdots$收敛.

上面介绍了判定正项级数敛散性的几种常用方法. 实际运用时,先检查一般项是否收敛于零,若一般项收敛于零,再根据一般项的特点,选择适当的审敛法判定其敛散性.

二、交错级数及其审敛法

定义 1 如果级数的通项正负交错,即其一般形式为$\sum\limits_{n=1}^{\infty}(-1)^{n-1}u_n$或$\sum\limits_{n=1}^{\infty}(-1)^n u_n$,其中$u_n>0$,那么称级数为**交错级数**.

例如,$\sum\limits_{n=1}^{\infty}(-1)^{n-1}\frac{1}{n}$是交错级数,但$\sum\limits_{n=1}^{\infty}(-1)^{n-1}\frac{1-\cos n\pi}{n}$不是交错级数.

下面给出交错级数的一个审敛法.

定理 4(莱布尼兹审敛法) 若交错级数$\sum\limits_{n=1}^{\infty}(-1)^{n-1}u_n(u_n>0)$满足条件:

(1) $\{u_n\}$单调减少,即$u_n\geqslant u_{n+1}(n=1,2,3,\cdots)$,

(2) $\lim\limits_{n\to\infty}u_n=0$,

则交错级数收敛,且其和$s\leqslant u_1$.

简要证明:设级数前n项部分和为s_n,则

$$s_{2n}=(u_1-u_2)+(u_3-u_4)+\cdots+(u_{2n-1}-u_{2n}),$$

根据条件(1),数列$\{s_{2n}\}$单调增加. 又

$$s_{2n}=u_1-(u_2-u_3)-(u_4-u_5)-\cdots-(u_{2n-2}-u_{2n-1})-u_{2n}<u_1,$$

即$\{s_{2n}\}$有上界，由单调有界定理知$\{s_{2n}\}$收敛，且$\lim\limits_{n\to\infty}s_{2n}\leqslant u_1$.

设$\lim\limits_{n\to\infty}s_{2n}=s$，根据条件(2)，有$\lim\limits_{n\to\infty}s_{2n+1}=\lim\limits_{n\to\infty}(s_{2n}+u_{2n+1})=s$，所以$\lim\limits_{n\to\infty}s_n=s$，从而级数是收敛的，且$s\leqslant u_1$.

例 7 判定下列级数的敛散性：

(1) $\sum\limits_{n=1}^{\infty}(-1)^{n-1}\dfrac{1}{n}$； (2) $\sum\limits_{n=1}^{\infty}\left(\dfrac{\pi}{2}-\arctan n\right)\cos n\pi$.

解 (1) 这是一个交错级数，此级数满足：

$$u_n=\frac{1}{n}>\frac{1}{n+1}=u_{n+1}(n=1,2,\cdots),\text{且}\lim_{n\to\infty}u_n=\lim_{n\to\infty}\frac{1}{n}=0.$$

因此，由莱布尼兹审敛法知级数$\sum\limits_{n=1}^{\infty}(-1)^{n-1}\dfrac{1}{n}$收敛.

(2) $\sum\limits_{n=1}^{\infty}\left(\dfrac{\pi}{2}-\arctan n\right)\cos n\pi=\sum\limits_{n=1}^{\infty}(-1)^n\left(\dfrac{\pi}{2}-\arctan n\right)$，这是一个交错级数. 因为

$$u_n{}'=\left(\frac{\pi}{2}-\arctan n\right)'=-\frac{1}{1+n^2}<0,$$

所以$\{u_n\}$单调减少，且$\lim\limits_{n\to\infty}u_n=\lim\limits_{n\to\infty}\left(\dfrac{\pi}{2}-\arctan n\right)=0$. 因此，由莱布尼兹审敛法知，级数$\sum\limits_{n=1}^{\infty}\left(\dfrac{\pi}{2}-\arctan n\right)\cos n\pi$收敛.

三、绝对收敛与条件收敛

最后，我们讨论一般的级数

$$\sum_{n=1}^{\infty}u_n=u_1+u_2+\cdots+u_n+\cdots,$$

它的各项为任意实数，也称之为任意项级数.

定义 2 若级数$\sum\limits_{n=1}^{\infty}|u_n|$收敛，则称级数$\sum\limits_{n=1}^{\infty}u_n$**绝对收敛**；若级数$\sum\limits_{n=1}^{\infty}u_n$收敛，而级数$\sum\limits_{n=1}^{\infty}|u_n|$发散，则称级数$\sum\limits_{n=1}^{\infty}u_n$**条件收敛**.

例如，级数$\sum\limits_{n=1}^{\infty}(-1)^{n-1}\dfrac{1}{n^2}$是绝对收敛的，而级数$\sum\limits_{n=1}^{\infty}(-1)^n\dfrac{1}{n}$是条件收敛的.

定理 5 若级数$\sum\limits_{n=1}^{\infty}u_n$绝对收敛，则级数$\sum\limits_{n=1}^{\infty}u_n$必定收敛.

例 8 判定级数$\sum\limits_{n=1}^{\infty}\dfrac{\sin na}{n^2}$($a$为非零常数)的敛散性.

解 因为$\left|\dfrac{\sin na}{n^2}\right|\leqslant\dfrac{1}{n^2}$，而级数$\sum\limits_{n=1}^{\infty}\dfrac{1}{n^2}$是收敛的，所以级数$\sum\limits_{n=1}^{\infty}\left|\dfrac{\sin na}{n^2}\right|$也收敛，从而级数$\sum\limits_{n=1}^{\infty}\dfrac{\sin na}{n^2}$绝对收敛.

习题 7-2(A)

1. 判定下列级数的敛散性:

(1) $\sum_{n=1}^{\infty}\frac{1}{n(n+2)}$; (2) $\sum_{n=1}^{\infty}\sin\frac{1}{n^2+1}$;

(3) $\sum_{n=1}^{\infty}\frac{2^n}{n(n+1)}$; (4) $\sum_{n=1}^{\infty}\frac{n\sqrt{n^2-1}}{n^3\sqrt{n+1}}$;

(5) $\sum_{n=1}^{\infty}\frac{1}{n(n+1)(n+2)}$; (6) $\sum_{n=1}^{\infty}\frac{n!}{3^n}$;

(7) $\sum_{n=1}^{\infty}\frac{n!}{n^3}$; (8) $\sum_{n=1}^{\infty}\ln\left(1+\frac{1}{n^2}\right)$.

2. 判定下列级数的敛散性及绝对收敛性:

(1) $\sum_{n=1}^{\infty}(-1)^{n-1}\frac{1}{\sqrt{n}}$; (2) $\sum_{n=1}^{\infty}(-1)^{n-1}\frac{n}{2n-1}$;

(3) $\sum_{n=2}^{\infty}(-1)^n\frac{\cos n}{n^2-1}$.

习题 7-2(B)

1. 用比较审敛法判定下列级数的敛散性:

(1) $\sum_{n=1}^{\infty}\frac{1}{2n+1}$; (2) $\sum_{n=1}^{\infty}\frac{n-2}{n^2(n+1)}$;

(3) $\sum_{n=1}^{\infty}\sin\frac{\pi}{2^n-1}$; (4) $\sum_{n=2}^{\infty}\frac{1}{n}\ln\frac{n+1}{n-1}$.

2. 用比值审敛法判定下列级数的敛散性:

(1) $\sum_{n=1}^{\infty}\frac{n!}{2^n(n+1)}$; (2) $\sum_{n=1}^{\infty}\frac{n^3}{a^n}(a>1)$;

(3) $\sum_{n=1}^{\infty}\frac{n^n}{(n!)^2}$; (4) $\sum_{n=1}^{\infty}n^2\sin\frac{5}{3^n}$.

3. 用根值审敛法判定下列级数的敛散性:

(1) $\sum_{n=1}^{\infty}\left(\frac{n}{2n+1}\right)^n$; (2) $\sum_{n=1}^{\infty}\frac{1}{3^n}\left(\frac{n+1}{n}\right)^{n^2}$;

(3) $\sum_{n=1}^{\infty}\left(\frac{n}{3n-1}\right)^{2n-1}$; (4) $\sum_{n=1}^{\infty}\left(\frac{na}{n+1}\right)^n(a>0)$.

4. 判定下列交错级数的敛散性,若收敛,指出是绝对收敛还是条件收敛:

(1) $\sum_{n=2}^{\infty}(-1)^n\frac{1}{\ln n}$; (2) $\sum_{n=1}^{\infty}\arctan\frac{n}{n^2+1}\cos n\pi$;

(3) $\sum_{n=1}^{\infty}(-1)^n\frac{n}{3^n}$; (4) $\sum_{n=1}^{\infty}(-1)^n\frac{1}{\sqrt[n]{n}}$.

§7-3 幂级数

从本节开始将介绍函数项级数. 如果级数的通项是函数，则称级数为函数项级数. 我们将重点介绍一种特殊的重要类型的函数项级数——幂级数.

一、函数项级数的概念

定义 1 给定一个定义在区间 I 上的函数列 $\{u_n(x)\}$，由这个函数列构成的表达式

$$u_1(x)+u_2(x)+u_3(x)+\cdots+u_n(x)+\cdots$$

称为定义在区间 I 上的**函数项无穷级数**，简称(函数项)级数，记作 $\sum\limits_{n=1}^{\infty} u_n(x)$，即

$$\sum_{n=1}^{\infty}u_n(x) = u_1(x)+u_2(x)+\cdots+u_n(x)+\cdots, \tag{1}$$

其中第 n 项 $u_n(x)$ 称为函数项级数(1)的**通项**.

对于每一个确定的值 $x_0\in I$，函数项级数(1)就成为一个常数项级数

$$\sum_{n=1}^{\infty}u_n(x_0) = u_1(x_0)+u_2(x_0)+\cdots+u_n(x_0)+\cdots. \tag{2}$$

它可能收敛，也可能发散.

定义 2 对于区间 I 内的一定点 x_0，若常数项级数 $\sum\limits_{n=1}^{\infty}u_n(x_0)$ 收敛，则称点 x_0 是函数项级数 $\sum\limits_{n=1}^{\infty}u_n(x)$ 的**收敛点**；若常数项级数 $\sum\limits_{n=1}^{\infty}u_n(x_0)$ 发散，则称点 x_0 是函数项级数 $\sum\limits_{n=1}^{\infty}u_n(x)$ 的**发散点**. 函数项级数 $\sum\limits_{n=1}^{\infty}u_n(x)$ 的所有收敛点构成的集合称为它的**收敛域**，所有发散点构成的集合称为它的**发散域**.

对应于收敛域内的任意一个数 x，函数项级数成为一个收敛的常数项级数，因而有一确定的和 s. 这样，在收敛域上，函数项级数的和是 x 的函数 $s(x)$，通常将 $s(x)$ 称为函数项级数 $\sum\limits_{n=1}^{\infty}u_n(x)$ 的**和函数**，并写成

$$s(x) = \sum_{n=1}^{\infty}u_n(x) = u_1(x)+u_2(x)+\cdots+u_n(x)+\cdots,$$

和函数的定义域就是函数项级数的收敛域.

把函数项级数 $\sum\limits_{n=1}^{\infty}u_n(x)$ 的前 n 项部分和记作 $s_n(x)$，即

$$s_n(x)=u_1(x)+u_2(x)+u_3(x)+\cdots+u_n(x).$$

在收敛域上，有 $\lim\limits_{n\to\infty}s_n(x) = s(x)$ 或 $s_n(x)\to s(x)\ (n\to\infty)$. 此时，函数项级数 $\sum\limits_{n=1}^{\infty}u_n(x)$ 的和函数 $s(x)$ 与部分和 $s_n(x)$ 的差 $s(x)-s_n(x)$ 称为函数项级数 $\sum\limits_{n=1}^{\infty}u_n(x)$ 的**余项**，记作

$r_n(x)$，即

$$r_n(x)=s(x)-s_n(x).$$

注意 在收敛域上，余项 $r_n(x)$ 才有意义，并且有 $\lim\limits_{n\to\infty}r_n(x)=0$.

二、幂级数及其收敛性

1. 幂级数的概念

函数项级数中简单而常见的一类级数就是各项都是 $(x-x_0)$ 的幂函数的函数项级数，这种形式的级数称为 $(x-x_0)$ 的**幂级数**.

定义 3 形如

$$\sum_{n=0}^{\infty}a_n(x-x_0)^n=a_0+a_1(x-x_0)+a_2(x-x_0)^2+\cdots+a_n(x-x_0)^n+\cdots \tag{3}$$

的函数项级数称为 $(x-x_0)$ 的**幂级数**，其中常数 $a_0,a_1,a_2,\cdots,a_n,\cdots$ 叫作**幂级数的系数**.

特别地，当 $x_0=0$ 时，它的形式为

$$\sum_{n=0}^{\infty}a_nx^n=a_0+a_1x+a_2x^2+\cdots+a_nx^n+\cdots, \tag{4}$$

称为 x 的幂级数.

由于 $(x-x_0)$ 的幂级数可以通过变换 $t=x-x_0$ 转变为 x 的幂级数，所以下面只讨论形如(4)的 x 的幂级数. 例如：

$$\sum_{n=0}^{\infty}x^n=1+x+x^2+\cdots+x^n+\cdots,$$

$$\sum_{n=0}^{\infty}\frac{1}{n!}x^n=1+x+\frac{1}{2!}x^2+\cdots+\frac{1}{n!}x^n+\cdots$$

都是幂级数.

2. 幂级数的收敛性

现在我们来讨论对于一个给定的幂级数，它的收敛域与发散域是怎样的，这就是幂级数的收敛性问题.

先看一个具体的例子，考察幂级数

$$\sum_{n=0}^{\infty}x^n=1+x+x^2+\cdots+x^n+\cdots$$

的收敛性. 它可以看成是公比为 x 的几何级数. 由§7-1 例 3 可以知道，当 $|x|<1$ 时，它是收敛的；当 $|x|\geqslant1$ 时，它是发散的. 因此，它的收敛域为开区间 $(-1,1)$，并且有

$$\frac{1}{1-x}=1+x+x^2+x^3+\cdots+x^n+\cdots(-1<x<1).$$

对于一般幂级数的收敛域，我们有如下定理：

定理 1(阿贝尔定理) 若级数 $\sum\limits_{n=0}^{\infty}a_nx^n$ 当 $x=x_0\,(x_0\neq0)$ 时收敛，则满足不等式 $|x|<|x_0|$ 的一切 x 使此幂级数绝对收敛. 反之，若级数 $\sum\limits_{n=0}^{\infty}a_nx^n$ 当 $x=x_0$ 时发散，则满足不等式 $|x|>|x_0|$ 的一切 x 使此幂级数发散.

证明 先设 x_0 是幂级数 $\sum\limits_{n=0}^{\infty} a_n x^n$ 的收敛点，即级数 $\sum\limits_{n=0}^{\infty} a_n x_0^n$ 收敛. 根据级数收敛的必要条件，有 $\lim\limits_{n\to\infty} a_n x_0^n = 0$，于是存在一个正数 M，使 $|a_n x_0^n| \leqslant M(n=0,1,2,\cdots)$，这样级数 $\sum\limits_{n=0}^{\infty} a_n x^n$ 的通项的绝对值

$$|a_n x^n| = \left|a_n x_0^n \cdot \frac{x^n}{x_0^n}\right| = |a_n x_0^n| \cdot \left|\frac{x}{x_0}\right|^n \leqslant M \cdot \left|\frac{x}{x_0}\right|^n.$$

因为当 $|x|<|x_0|$ 时，等比级数 $\sum\limits_{n=0}^{\infty} \left|\frac{x}{x_0}\right|^n$ 收敛，所以级数 $\sum\limits_{n=0}^{\infty} |a_n x^n|$ 收敛，也就是级数 $\sum\limits_{n=0}^{\infty} a_n x^n$ 绝对收敛.

定理的第二部分可用反证法证明. 假设幂级数当 $x=x_0$ 时发散，但有一点 x_1 满足 $|x_1|>|x_0|$ 使级数收敛，则根据本定理的第一部分，当 $x=x_0$ 时级数应收敛，这与假设矛盾. 定理得证.

定理 1 表明，如果幂级数在 $x=x_0(x_0\neq 0)$ 处收敛，则对于开区间 $(-|x_0|,|x_0|)$ 内的任意 x，幂级数都绝对收敛；如果幂级数在 $x=x_0(x_0\neq 0)$ 处发散，则对于区间 $(-\infty,-|x_0|)\cup(|x_0|,+\infty)$ 内的所有 x，幂级数都发散. 于是，我们可以得到下面的重要推论：

推论 对于任意幂级数 $\sum\limits_{n=0}^{\infty} a_n x^n$，其收敛情况总是下列三种情况之一：

(1) 仅在点 $x=0$ 处收敛.

(2) 在 $(-\infty,+\infty)$ 内绝对收敛.

(3) 存在正数 R，使得当 $|x|<R$ 时，幂级数绝对收敛；当 $|x|>R$ 时，幂级数发散；当 $x=R$ 与 $x=-R$ 时，幂级数可能收敛也可能发散.

正数 R 通常称为幂级数 $\sum\limits_{n=0}^{\infty} a_n x^n$ 的**收敛半径**，开区间 $(-R,R)$ 称为幂级数 $\sum\limits_{n=0}^{\infty} a_n x^n$ 的**收敛区间**. 再由幂级数在 $x=\pm R$ 处的收敛性就可以确定它的收敛域. 幂级数 $\sum\limits_{n=0}^{\infty} a_n x^n$ 的收敛域是 $(-R,R)$ 或 $[-R,R)$，$(-R,R]$，$[-R,R]$ 之一.

若幂级数 $\sum\limits_{n=0}^{\infty} a_n x^n$ 只在 $x=0$ 处收敛，则规定收敛半径 $R=0$；若幂级数 $\sum\limits_{n=0}^{\infty} a_n x^n$ 对一切 x 都收敛，则规定收敛半径 $R=+\infty$，这时收敛域为 $(-\infty,+\infty)$.

关于幂级数收敛半径的求法有下面的定理：

定理 2 若幂级数 $\sum\limits_{n=0}^{\infty} a_n x^n$ 的相邻两项的系数满足 $\lim\limits_{n\to\infty}\left|\frac{a_{n+1}}{a_n}\right|=\rho$，则此幂级数的收敛半径

$$R=\begin{cases} +\infty, & \rho=0, \\ \dfrac{1}{\rho}, & \rho\neq 0, \\ 0, & \rho=+\infty. \end{cases}$$

证明 考察幂级数的各项取绝对值所构成的级数

$$\sum_{n=0}^{\infty} |a_n x^n| = |a_0| + |a_1 x| + |a_2 x^2| + \cdots + |a_n x^n| + \cdots.$$

因为$\lim\limits_{n\to\infty}\left|\dfrac{a_{n+1}x^{n+1}}{a_n x^n}\right| = \lim\limits_{n\to\infty}\left|\dfrac{a_{n+1}}{a_n}\right| \cdot |x| = \rho|x|$,所以:

若 $0<\rho<+\infty$,则当 $\rho|x|<1$,即 $|x|<\dfrac{1}{\rho}$ 时,级数 $\sum\limits_{n=0}^{\infty}|a_n x^n|$ 收敛,即幂级数 $\sum\limits_{n=0}^{\infty} a_n x^n$ 绝对收敛;当 $\rho|x|>1$,即 $|x|>\dfrac{1}{\rho}$ 时,级数 $\sum\limits_{n=0}^{\infty}|a_n x^n|$ 发散且从某一个 n 开始,有 $|a_{n+1}x^{n+1}|>|a_n x^n|$,因此一般项 $|a_n x^n|$ 不可能趋于零,所以 $a_n x^n$ 也不可能趋于零,从而幂级数 $\sum\limits_{n=0}^{\infty} a_n x^n$ 发散. 于是收敛半径 $R=\dfrac{1}{\rho}$.

若 $\rho=0$,则对任意的 $x\neq 0$,总有 $\lim\limits_{n\to\infty}\left|\dfrac{a_{n+1}x^{n+1}}{a_n x^n}\right|=0<1$,所以幂级数 $\sum\limits_{n=0}^{\infty} a_n x^n$ 绝对收敛,于是收敛半径 $R=+\infty$;

若 $\rho=+\infty$,则对任意的 $x\neq 0$,总有 $\lim\limits_{n\to\infty}\left|\dfrac{a_{n+1}x^{n+1}}{a_n x^n}\right|=+\infty$,所以幂级数 $\sum\limits_{n=0}^{\infty} a_n x^n$ 发散,只有当 $x=0$ 时幂级数收敛,于是 $R=0$.

例 1 求幂级数

$$\sum_{n=1}^{\infty} (-1)^{n-1}\frac{x^n}{n} = x - \frac{x^2}{2} + \frac{x^3}{3} - \cdots + (-1)^{n-1}\frac{x^n}{n} + \cdots$$

的收敛半径与收敛域.

解 因为
$$\rho = \lim_{n\to\infty}\left|\frac{a_{n+1}}{a_n}\right| = \lim_{n\to\infty}\frac{\frac{1}{n+1}}{\frac{1}{n}} = 1,$$

所以收敛半径 $R=\dfrac{1}{\rho}=1$.

当 $x=1$ 时,幂级数成为 $\sum\limits_{n=1}^{\infty}(-1)^{n-1}\dfrac{1}{n}$,是收敛的;当 $x=-1$ 时,幂级数成为 $\sum\limits_{n=1}^{\infty}\left(-\dfrac{1}{n}\right)$,是发散的. 因此,收敛域为 $(-1,1]$.

例 2 求幂级数 $\sum\limits_{n=0}^{\infty}\dfrac{1}{n!}x^n$ 的收敛域.

解 因为
$$\rho = \lim_{n\to\infty}\left|\frac{a_{n+1}}{a_n}\right| = \lim_{n\to\infty}\frac{\frac{1}{(n+1)!}}{\frac{1}{n!}} = \lim_{n\to\infty}\frac{n!}{(n+1)!} = 0,$$

所以收敛半径 $R=+\infty$,从而收敛域为 $(-\infty,+\infty)$.

例 3 求幂级数 $\sum\limits_{n=0}^{\infty} n!\,x^n$ 的收敛半径.

解 因为
$$\rho = \lim_{n\to\infty}\left|\frac{a_{n+1}}{a_n}\right| = \lim_{n\to\infty}\frac{(n+1)!}{n!} = +\infty,$$

所以收敛半径 $R=0$,即级数仅在 $x=0$ 处收敛.

例 4 求幂级数 $\sum_{n=0}^{\infty}\frac{(2n)!}{(n!)^2}x^{2n}$的收敛半径.

解 因为级数缺少奇次幂的项,所以不能应用定理 2,可根据比值审敛法求收敛半径.幂级数的一般项记为

$$u_n(x)=\frac{(2n)!}{(n!)^2}x^{2n},$$

因为 $\lim\limits_{n\to\infty}\left|\frac{u_{n+1}(x)}{u_n(x)}\right|=4|x|^2$,所以当 $4|x|^2<1$,即 $|x|<\frac{1}{2}$ 时,级数收敛;当 $4|x|^2>1$,即 $|x|>\frac{1}{2}$ 时,级数发散.所以收敛半径 $R=\frac{1}{2}$.

例 5 求幂级数 $\sum_{n=1}^{\infty}\frac{(x-1)^n}{2^n n}$的收敛域.

解 令 $t=x-1$,上述级数变为 $\sum_{n=1}^{\infty}\frac{t^n}{2^n n}$. 因为

$$\rho=\lim_{n\to\infty}\left|\frac{a_{n+1}}{a_n}\right|=\frac{2^n\cdot n}{2^{n+1}\cdot(n+1)}=\frac{1}{2},$$

所以收敛半径 $R=2$,收敛区间为 $|t|<2$,即 $x\in(-1,3)$.

当 $x=3$ 时,原级数成为 $\sum_{n=1}^{\infty}\frac{1}{n}$,原级数发散;当 $x=-1$ 时,原级数成为 $\sum_{n=1}^{\infty}\frac{(-1)^n}{n}$,原级数收敛.因此,原级数的收敛域为 $[-1,3)$.

三、收敛幂级数及其和函数的性质

性质 1(逐项可加性) 设幂级数 $\sum_{n=0}^{\infty}a_nx^n$ 及 $\sum_{n=0}^{\infty}b_nx^n$分别在区间 $(-R,R)$ 及 $(-R',R')$ 内收敛,则在 $(-R,R)$ 与 $(-R',R')$ 中较小的区间内有

$$\sum_{n=0}^{\infty}(a_n\pm b_n)x^n=\sum_{n=0}^{\infty}a_nx^n\pm\sum_{n=0}^{\infty}b_nx^n.$$

性质 2(连续性与逐项求极限性质) 设幂级数 $\sum_{n=0}^{\infty}a_nx^n$ 的收敛半径 $R>0$,则其和函数 $s(x)$ 在收敛区间 $(-R,R)$ 内连续,即对于任意的 $x_0\in(-R,R)$,有

$$\lim_{x\to x_0}s(x)=\lim_{x\to x_0}\sum_{n=0}^{\infty}a_nx^n=\sum_{n=0}^{\infty}(\lim_{x\to x_0}a_nx^n)=\sum_{n=0}^{\infty}a_nx_0^n=s(x_0).$$

如果幂级数在 $x=R$ (或 $x=-R$) 处也收敛,那么和函数 $s(x)$ 在 $(-R,R]$ (或 $[-R,R)$) 内连续.

性质 2 将有限项和的极限性质推广到了无限项——和的极限等于极限的和.

性质 3(可导性与逐项求导性质) 设幂级数 $\sum_{n=0}^{\infty}a_nx^n$ 的收敛半径 $R>0$,则其和函数 $s(x)$ 在收敛区间 $(-R,R)$ 内可导, 并且有逐项求导公式

$$s'(x)=\left(\sum_{n=0}^{\infty}a_nx^n\right)'=\sum_{n=0}^{\infty}(a_nx^n)'=\sum_{n=1}^{\infty}na_nx^{n-1},x\in(-R,R).$$

性质 3 将有限项和的导数性质推广到了无限项——和的导数等于导数的和,并且逐项

求导后所得到的幂级数和原级数有相同的收敛半径,因此,可以继续用逐项求导的方法求出和函数的二阶导数、三阶导数、….

性质 4(可积性与逐项积分性质) 设幂级数 $\sum\limits_{n=0}^{\infty} a_n x^n$ 的收敛半径 $R>0$,则其和函数 $s(x)$ 在收敛区间 $(-R,R)$ 内可积,并且有逐项积分公式

$$\int_0^x s(t)\,\mathrm{d}t=\int_0^x\left(\sum_{n=0}^{\infty} a_n t^n\right)\mathrm{d}t=\sum_{n=0}^{\infty}\int_0^x a_n t^n\,\mathrm{d}t=\sum_{n=0}^{\infty}\frac{a_n}{n+1}x^{n+1},x\in(-R,R).$$

性质 4 将有限项和的积分性质推广到了无限项——和的积分等于积分的和,并且逐项求积后所得到的幂级数和原级数有相同的收敛半径.

利用幂级数的定义求收敛幂级数的和比较麻烦,甚至是无法求出的,下面介绍利用幂级数的上述性质求其和函数.

例 6 求幂级数 $\sum\limits_{n=0}^{\infty}\frac{1}{n+1}x^{n+1}$ 的和函数.

解 容易求出幂级数的收敛域为 $[-1,1)$. 设幂级数的和函数为 $s(x)$,即

$$s(x)=\sum_{n=0}^{\infty}\frac{1}{n+1}x^{n+1},\ x\in[-1,1).$$

显然 $s(0)=0$,对上式两边求导,得

$$[s(x)]'=\sum_{n=0}^{\infty}\left(\frac{1}{n+1}x^{n+1}\right)'=\sum_{n=0}^{\infty}x^n=\frac{1}{1-x},x\in(-1,1).$$

再对上式从 0 到 x 积分,得

$$s(x)=\int_0^x\frac{1}{1-t}\mathrm{d}t=-\ln(1-x),x\in(-1,1).$$

因为原幂级数在 $x=-1$ 处连续,所以由性质 2,得

$$s(x)=\sum_{n=0}^{\infty}\frac{1}{n+1}x^{n+1}=-\ln(1-x),\ x\in[-1,1).$$

例 7 求幂级数 $\sum\limits_{n=0}^{\infty}(n+1)x^n$ 的和函数.

解 求得幂级数的收敛域为 $(-1,1)$. 设幂级数的和函数为 $s(x)$,即

$$s(x)=\sum_{n=0}^{\infty}(n+1)x^n,\ x\in(-1,1).$$

显然 $s(0)=1$,对上式两边积分,得

$$\int_0^x s(t)\,\mathrm{d}t=\int_0^x\sum_{n=0}^{\infty}(n+1)t^n\,\mathrm{d}t=\sum_{n=0}^{\infty}\int_0^x(n+1)t^n\,\mathrm{d}t=\sum_{n=0}^{\infty}x^{n+1}=\frac{x}{1-x},\ x\in(-1,1).$$

再对上式两边求导,得

$$s(x)=\left(\frac{x}{1-x}\right)'=\frac{1}{(1-x)^2},\ x\in(-1,1).$$

习题 7-3(A)

1. 求下列幂级数的收敛域:

(1) $\sum_{n=1}^{\infty}(-1)^n\frac{x^n}{n}$；　　(2) $\sum_{n=1}^{\infty}\frac{x^n}{(2n)!}$；

(3) $\sum_{n=0}^{\infty}10^n x^n$；　　(4) $\sum_{n=1}^{\infty}\frac{3^n}{n}(x-1)^n$.

2. 求下列幂级数在收敛区间内的和函数：

(1) $\sum_{n=1}^{\infty}\frac{x^{2n-1}}{2n-1}$；　　(2) $\sum_{n=1}^{\infty}n(n+1)x^n$.

习题 7-3(B)

1. 求下列幂级数的收敛域：

(1) $\sum_{n=1}^{\infty}\frac{x^n}{n\cdot 2^n}$；　　(2) $\sum_{n=0}^{\infty}(-1)^n\frac{x^{2n+1}}{2n+1}$；

(3) $\sum_{n=1}^{\infty}\frac{(-1)^n}{\ln(n+1)}x^n$；　　(4) $\sum_{n=1}^{\infty}\frac{(-1)^{n-1}}{3^n\cdot n^2}x^n$.

2. 求下列幂级数在收敛区间内的和函数：

(1) $\sum_{n=1}^{\infty}(-1)^n\frac{x^{2n-1}}{2n-1}$；　　(2) $\sum_{n=2}^{\infty}\frac{1}{n(n-1)}x^n$.

3. 计算数项级数 $\sum_{n=1}^{\infty}\frac{(-1)^n}{2^n\cdot n}$的值.

§7-4　函数的幂级数展开

由上一节我们知道，一个幂级数在其收敛域内表示一个函数. 但实际应用中往往会遇到相反的问题：给定函数 $f(x)$，是否能在某个区间内将其用一个幂级数表示？如果能，应如何表示？一般地，将一个函数表示成幂级数，称为**函数的幂级数展开**. 若函数 $f(x)$能展开成幂级数

$$f(x)=\sum_{n=0}^{\infty}a_n(x-x_0)^n, x\in D,$$

则称上式为函数 $f(x)$在点 x_0处的**幂级数展开式**，其中 D 为上式右边幂级数的收敛域.

一、泰勒公式与泰勒级数

1. 泰勒公式

在介绍函数幂级数的展开方法之前，先介绍如下定理：

定理 1(泰勒中值定理)　如果函数 $f(x)$在含有点 x_0的某个开区间(a,b)内具有直至$(n+1)$阶的导数，则对任意的 $x\in(a,b)$，有

$$f(x)=f(x_0)+f'(x_0)(x-x_0)+\frac{f''(x_0)}{2!}(x-x_0)^2+\cdots+\frac{f^{(n)}(x_0)}{n!}(x-x_0)^n+R_n(x),$$

其中，

$$R_n(x)=\frac{f^{(n+1)}(\xi)}{(n+1)!}(x-x_0)^{n+1},\tag{1}$$

即

$$f(x)=\sum_{k=0}^{n}\frac{f^{(k)}(x_0)}{k!}(x-x_0)^k+\frac{f^{(n+1)}(\xi)}{(n+1)!}(x-x_0)^{n+1},\tag{2}$$

这里 ξ 是介于 x 与 x_0 之间的某个值.

注 约定 $0!=1, f^{(0)}(x)=f(x)$.

证明从略.

(1)式确定的 $R_n(x)$ 称为**拉格朗日余项**. 公式(2)称为 $f(x)$ 在点 x_0 处带有拉格朗日余项的 n 阶**泰勒公式**.

当 $n=0$ 时,泰勒公式就成为拉格朗日中值定理给出的公式:

$$f(x)=f(x_0)+f'(\xi)(x-x_0)(\xi\text{ 在 }x\text{ 与 }x_0\text{ 之间}),$$

其中 $R_0(x)=f'(\xi)(x-x_0)$ 即为余项. 所以,泰勒中值定理是拉格朗日中值定理的推广.

函数 $f(x)$ 的泰勒公式(2)表明,在开区间 (a,b) 内 $f(x)$ 可近似地表示为

$$f(x)\approx\sum_{k=0}^{n}\frac{f^{(k)}(x_0)}{k!}(x-x_0)^k,$$

右端的多项式称为 $f(x)$ 按 $(x-x_0)$ 的幂级数展开的 n 次**泰勒多项式**,两者的误差由余项 $R_n(x)$ 估计. 可以证明:

$$R_n(x)=o[(x-x_0)^n](x\to x_0).\tag{3}$$

在不需要余项的精确表达式时,$f(x)$ 的 n 阶泰勒公式也可以写成

$$f(x)=\sum_{k=0}^{n}\frac{f^{(k)}(x_0)}{k!}(x-x_0)^k+o[(x-x_0)^n].\tag{4}$$

$R_n(x)$ 的表达式(3)称为**佩亚诺余项**,公式(4)称为 $f(x)$ 在点 x_0 处带有佩亚诺余项的 n 阶**泰勒公式**.

在泰勒公式(2)中,如果取 $x_0=0$,则 ξ 在 0 与 x 之间,泰勒公式可以变成

$$\begin{aligned}f(x)&=\sum_{k=0}^{n}\frac{f^{(k)}(0)}{k!}x^k+\frac{f^{(n+1)}(\xi)}{(n+1)!}x^{n+1}\\&=\sum_{k=0}^{n}\frac{f^{(k)}(0)}{k!}x^k+\frac{f^{(n+1)}(\theta x)}{(n+1)!}x^{n+1}(0<\theta<1).\end{aligned}\tag{5}$$

在泰勒公式(4)中,如果取 $x_0=0$,则泰勒公式可以变成

$$f(x)=\sum_{k=0}^{n}\frac{f^{(k)}(0)}{k!}x^k+o(x^n).\tag{6}$$

分别称式(5)和(6)为带有拉格朗日余项和佩亚诺余项的**麦克劳林公式**.

2. 泰勒级数和泰勒展开式

泰勒公式只是将函数用有限项的泰勒多项式近似表示出来了,那么具有什么性质的函数才能展开成幂级数?幂级数中的系数如何确定?对此,有如下定理:

定理 2 设函数 $f(x)$ 在点 x_0 的某邻域 D 内具有各阶导数,且 $f(x)$ 在点 x_0 处的幂级数展开式为

$$f(x)=\sum_{n=0}^{\infty}a_n(x-x_0)^n,\ x\in D,\tag{7}$$

则有

$$a_n=\frac{f^{(n)}(x_0)}{n!}(n=0,1,2,\cdots).$$

证明 根据幂级数可逐项求导的性质，对(7)式逐项求导，可得

$$f^{(n)}(x)=n!a_n+(n+1)!a_{n+1}(x-x_0)+\frac{(n+2)!}{2!}a_{n+2}(x-x_0)^2+\cdots,x\in D.$$

令 $x=x_0$，得

$$f^{(n)}(x_0)=n!a_n(n=0,1,2,\cdots).$$

由此得$a_n=\frac{f^{(n)}(x_0)}{n!}(n=0,1,2,\cdots)$，证毕.

这就表明，如果 $f(x)$在点 x_0 的某邻域 D 内有任意阶导数且能够展开成幂级数，则展开式必为

$$f(x)=\sum_{n=0}^{\infty}\frac{f^{(n)}(x_0)}{n!}(x-x_0)^n,\ x\in D \tag{8}$$

的形式，而且是唯一的.

定义 1 称(8)式右端的幂级数为 $f(x)$在 x_0 处的**泰勒级数**，称(8)式为 $f(x)$在 x_0 处的**泰勒展开式**，邻域 D 为**展开域**.

特别地，当 $x_0=0$ 时，

$$f(x)=\sum_{n=0}^{\infty}\frac{f^{(n)}(0)}{n!}x^n,\ x\in D. \tag{9}$$

称(9)式右端的级数为 $f(x)$的**麦克劳林级数**，(9)式称为 $f(x)$的**麦克劳林展开式**.

定理 2 只解决了 $f(x)$可展开为幂级数时的唯一性和形式问题，并没有解决函数能不能展开的问题. 因为只要 $f(x)$在点x_0的某邻域 D 内具有各阶导数，就能够写出 $f(x)$在点x_0处的泰勒级数，但此级数是否在某个区间内收敛，以及是否收敛于 $f(x)$，还需要进一步考察. 为了解决这个问题，给出如下定理：

定理 3 设函数 $f(x)$在点x_0的某邻域 D 内具有各阶导数，则 $f(x)$在该邻域内能展开成泰勒级数的充分必要条件是：在该邻域内 $f(x)$的泰勒公式中的余项

$$R_n(x)=\frac{f^{(n+1)}(\xi)}{(n+1)!}(x-x_0)^{n+1}$$

当 $n\to\infty$时的极限为零，即

$$\lim_{n\to\infty}R_n(x)=\lim_{n\to\infty}\frac{f^{(n+1)}(\xi)}{(n+1)!}(x-x_0)^{n+1}=0,x\in D.$$

证明 先证必要性：如果 $f(x)$在 D 内能展开为泰勒级数，即

$$f(x)=f(x_0)+f'(x_0)(x-x_0)+\frac{f''(x_0)}{2!}(x-x_0)^2+\cdots+\frac{f^{(n)}(x_0)}{n!}(x-x_0)^n+\cdots,$$

设 $s_{n+1}(x)$是 $f(x)$的泰勒级数的前 $n+1$ 项的和，则在 D 内有

$$\lim_{n\to\infty}s_{n+1}(x)=f(x).$$

从而 $f(x)$的 n 阶泰勒公式可写成 $f(x)=s_{n+1}(x)+R_n(x)$，于是

$$\lim_{n\to\infty}R_n(x)=\lim_{n\to\infty}[f(x)-s_{n+1}(x)]=0,x\in D.$$

再证充分性：设 $R_n(x)\to 0(n\to\infty)$对一切 $x\in D$ 成立.

因为 $f(x)$ 的 n 阶泰勒公式可写成 $f(x)=s_{n+1}(x)+R_n(x)$，于是

$$\lim_{n\to\infty}s_{n+1}(x)=\lim_{n\to\infty}[f(x)-R_n(x)]=f(x),x\in D,$$

即 $f(x)$ 的泰勒级数在 D 内收敛，并且收敛于 $f(x)$.

二、函数展开成幂级数

1. 直接展开法

下面重点讨论怎样把函数 $f(x)$ 展开成 x 的幂级数，即求它的麦克劳林展开式. 根据上面的讨论，可以按照下列步骤进行.

第一步，求出 $f(x)$ 的各阶导数：$f'(x),f''(x),\cdots,f^{(n)}(x),\cdots$.

第二步，求函数及其各阶导数在 $x=0$ 处的值：$f(0),f'(0),f''(0),\cdots,f^{(n)}(0),\cdots$.

第三步，写出幂级数 $f(0)+f'(0)x+\frac{f''(0)}{2!}x^2+\cdots+\frac{f^{(n)}(0)}{n!}x^n+\cdots$，并求出收敛半径 R.

第四步，考察在区间 $(-R,R)$ 内，$R_n(x)$ 的极限 $\lim\limits_{n\to\infty}R_n(x)=\lim\limits_{n\to\infty}\frac{f^{(n+1)}(\xi)}{(n+1)!}x^{n+1}$ 是否为零. 如果为零，那么 $f(x)$ 在 $(-R,R)$ 内有展开式

$$f(x)=f(0)+f'(0)x+\frac{f''(0)}{2!}x^2+\cdots+\frac{f^{(n)}(0)}{n!}x^n+\cdots(-R<x<R).$$

这种方法称为**直接展开法**.

例 1　将函数 $f(x)=e^x$ 展开成 x 的幂级数.

解　所给函数的各阶导数为 $f^{(n)}(x)=e^x(n=1,2,\cdots)$，因此 $f^{(n)}(0)=1(n=1,2,\cdots)$. 于是得级数

$$1+x+\frac{1}{2!}x^2+\cdots+\frac{1}{n!}x^n+\cdots,$$

它的收敛半径 $R=+\infty$.

对于任何有限的数 x,ξ（ξ 介于 0 与 x 之间），有

$$|R_n(x)|=\left|\frac{e^{\xi}}{(n+1)!}x^{n+1}\right|<e^{|x|}\cdot\frac{|x|^{n+1}}{(n+1)!}.$$

考虑正项级数 $\sum\limits_{n=0}^{\infty}\frac{|x|^{n+1}}{(n+1)!}$，有

$$\lim_{n\to\infty}\frac{u_{n+1}(x)}{u_n(x)}=\lim_{n\to\infty}\frac{\frac{|x|^{n+2}}{(n+2)!}}{\frac{|x|^{n+1}}{(n+1)!}}=\lim_{n\to\infty}\frac{|x|}{n+2}=0<1.$$

于是，由比值审敛法可知级数 $\sum\limits_{n=0}^{\infty}\frac{|x|^{n+1}}{(n+1)!}$ 收敛，故有

$$\lim_{n\to\infty}\frac{|x|^{n+1}}{(n+1)!}=0,x\in(-\infty,+\infty).$$

又 $e^{|x|}$ 有限，所以 $\lim\limits_{n\to\infty}|R_n(x)|=0$，从而有麦克劳林展开式

$$e^x=1+x+\frac{1}{2!}x^2+\cdots+\frac{1}{n!}x^n+\cdots(-\infty<x<+\infty).$$

例 2　将函数 $f(x)=\sin x$ 展开成 x 的幂级数.

解 因为 $f^{(n)}(x)=\sin\left(x+n\cdot\frac{\pi}{2}\right)$ $(n=1,2,\cdots)$，所以 $f^{(n)}(0)=\sin\frac{n\pi}{2}(n=0,1,2,3,\cdots)$，于是得麦克劳林级数

$$\sum_{n=0}^{\infty}\frac{\sin\frac{n\pi}{2}}{n!}x^n,$$

它的收敛半径 $R=+\infty$.

对于任何有限的数 x,ξ（ξ 介于 0 与 x 之间），有

$$|R_n(x)|=\left|\frac{\sin\left[\xi+\frac{(n+1)\pi}{2}\right]}{(n+1)!}x^{n+1}\right|\leqslant\frac{|x|^{n+1}}{(n+1)!}\to 0\ (n\to\infty).$$

因此得展开式

$$\sin x=\sum_{n=0}^{\infty}\frac{\sin\frac{n\pi}{2}}{n!}x^n,x\in(-\infty,+\infty).$$

注意到 $f^{(n)}(0)=\sin\frac{n\pi}{2}$ 顺序循环地取值 $0,1,0,-1,\cdots$，于是麦克劳林展开式可以写成

$$\begin{aligned}\sin x&=x-\frac{x^3}{3!}+\frac{x^5}{5!}-\cdots+(-1)^k\frac{x^{2k+1}}{(2k+1)!}+\cdots\\&=\sum_{k=0}^{\infty}(-1)^k\frac{x^{2k+1}}{(2k+1)!},x\in(-\infty,+\infty).\end{aligned}$$

运用幂级数的逐项求导性质，可得

$$\begin{aligned}\cos x&=(\sin x)'=\left[\sum_{k=0}^{\infty}(-1)^k\frac{x^{2k+1}}{(2k+1)!}\right]'=\sum_{k=0}^{\infty}\left[(-1)^k\frac{x^{2k+1}}{(2k+1)!}\right]'\\&=\sum_{k=0}^{\infty}(-1)^k\frac{x^{2k}}{(2k)!},x\in(-\infty,+\infty).\end{aligned}$$

2. 间接展开法

像上面这样，利用一些已知的函数展开式，通过幂级数的运算（如四则运算、逐项求导、逐项积分）以及变量代换等，将函数展开成幂级数的方法，称为**间接展开法**.

例 3 将函数 $f(x)=a^x(a>0$，且 $a\neq1)$ 展开成 x 的幂级数.

解 因为 $f(x)=a^x=e^{\ln a^x}=e^{x\ln a}$，而

$$e^x=\sum_{n=0}^{\infty}\frac{x^n}{n!}(-\infty<x<+\infty),$$

所以
$$a^x=\sum_{n=0}^{\infty}\frac{(x\ln a)^n}{n!}=\sum_{n=0}^{\infty}\frac{(\ln a)^n}{n!}x^n(-\infty<x<+\infty).$$

例 4 将函数 $f(x)=\frac{1}{1+x^2}$ 展开成 x 的幂级数.

解 因为
$$\frac{1}{1-x}=1+x+x^2+\cdots+x^n+\cdots(-1<x<1),$$

把 x 换成 $-x^2$，得

$$\frac{1}{1+x^2}=1-x^2+x^4-\cdots+(-1)^n x^{2n}+\cdots(-1<-x^2<1).$$

由$-1<-x^2<1$,得收敛区间为$-1<x<1$,即

$$\frac{1}{1+x^2}=\sum_{n=0}^{\infty}(-1)^n x^{2n},\ x\in(-1,1).$$

例 5 将函数$f(x)=\ln(1+x)$展开成x的幂级数.

解 因为

$$\frac{1}{1+x}=\sum_{n=0}^{\infty}(-x)^n=\sum_{n=0}^{\infty}(-1)^n x^n,\ x\in(-1,1),$$

所以将上式从0到x逐项积分,得

$$\begin{aligned}\ln(1+x)&=\int_0^x\frac{1}{1+t}\mathrm{d}t=\sum_{n=0}^{\infty}\int_0^x(-1)^n t^n\mathrm{d}t=\sum_{n=0}^{\infty}\frac{(-1)^n}{n+1}x^{n+1}\\&=\sum_{n=1}^{\infty}\frac{(-1)^{n-1}}{n}x^n,\ x\in(-1,1).\end{aligned}$$

当$x=1$时,级数收敛;当$x=-1$时,级数发散.从而

$$\begin{aligned}\ln(1+x)&=x-\frac{x^2}{2}+\frac{x^3}{3}-\frac{x^4}{4}+\cdots+\frac{(-1)^{n-1}}{n}x^n+\cdots\\&=\sum_{n=1}^{\infty}\frac{(-1)^{n-1}}{n}x^n,\ x\in(-1,1].\end{aligned}$$

类似地,可以求得

$$\arctan x=x-\frac{x^3}{3}+\frac{x^5}{5}-\cdots+\frac{(-1)^n}{2n+1}x^{2n+1}+\cdots=\sum_{n=0}^{\infty}\frac{(-1)^n}{2n+1}x^{2n+1},\ x\in[-1,1].$$

掌握了将函数展开成麦克劳林展开式的方法后,当要把函数展开成$x-x_0$的幂级数时,只需把$f(x)$转化成$x-x_0$的表达式,把$x-x_0$看成变量t,展开成t的幂级数,即得$x-x_0$的幂级数.对于较复杂的函数,可作变量代换,令$x-x_0=t$,于是

$$f(x)=f(x_0+t)=\sum_{n=0}^{\infty}a_n t^n=\sum_{n=0}^{\infty}a_n(x-x_0)^n.$$

例 6 将函数$f(x)=\dfrac{1}{x^2+4x+3}$展开成$x-1$的幂级数.

解
$$\begin{aligned}f(x)&=\frac{1}{x^2+4x+3}=\frac{1}{(x+1)(x+3)}=\frac{1}{2}\left(\frac{1}{x+1}-\frac{1}{x+3}\right)\\&=\frac{1}{2[2+(x-1)]}-\frac{1}{2[4+(x-1)]}=\frac{1}{4\left(1+\frac{x-1}{2}\right)}-\frac{1}{8\left(1+\frac{x-1}{4}\right)},\end{aligned}$$

而

$$\begin{aligned}\frac{1}{4\left(1+\frac{x-1}{2}\right)}&=\frac{1}{4}\sum_{n=0}^{\infty}(-1)^n\left(\frac{x-1}{2}\right)^n\\&=\frac{1}{4}\sum_{n=0}^{\infty}\frac{(-1)^n}{2^n}(x-1)^n\ \left(-1<\frac{x-1}{2}<1,\text{即}-1<x<3\right),\end{aligned}$$

$$\begin{aligned}\frac{1}{8\left(1+\frac{x-1}{4}\right)}&=\frac{1}{8}\sum_{n=0}^{\infty}(-1)^n\left(\frac{x-1}{4}\right)^n\\&=\frac{1}{8}\sum_{n=0}^{\infty}\frac{(-1)^n}{4^n}(x-1)^n\ \left(-1<\frac{x-1}{4}<1,\text{即}-3<x<5\right),\end{aligned}$$

所以

$$f(x)=\frac{1}{x^2+4x+3}=\frac{1}{4}\sum_{n=0}^{\infty}\frac{(-1)^n}{2^n}(x-1)^n-\frac{1}{8}\sum_{n=0}^{\infty}\frac{(-1)^n}{4^n}(x-1)^n$$

$$=\sum_{n=0}^{\infty}(-1)^n\left(\frac{1}{2^{n+2}}-\frac{1}{2^{2n+3}}\right)(x-1)^n(-1<x<3).$$

下面的麦克劳林展开式是求其他函数展开式的基础，必须记住展开式的形式和相应的展开域：

$$\frac{1}{1-x}=1+x+x^2+x^3+\cdots+x^n+\cdots=\sum_{n=0}^{\infty}x^n,x\in(-1,1). \tag{10}$$

$$e^x=1+x+\frac{1}{2!}x^2+\cdots+\frac{1}{n!}x^n+\cdots=\sum_{n=0}^{\infty}\frac{x^n}{n!},x\in(-\infty,+\infty). \tag{11}$$

$$\sin x=x-\frac{x^3}{3!}+\frac{x^5}{5!}-\cdots+\frac{(-1)^n}{(2n+1)!}x^{2n+1}+\cdots$$

$$=\sum_{n=0}^{\infty}\frac{(-1)^n}{(2n+1)!}x^{2n+1},x\in(-\infty,+\infty). \tag{12}$$

$$\cos x=1-\frac{x^2}{2!}+\frac{x^4}{4!}-\cdots+\frac{(-1)^n}{(2n)!}x^{2n}+\cdots$$

$$=\sum_{n=0}^{\infty}\frac{(-1)^n}{(2n)!}x^{2n},x\in(-\infty,+\infty). \tag{13}$$

$$\ln(1+x)=x-\frac{x^2}{2}+\frac{x^3}{3}-\frac{x^4}{4}+\cdots+\frac{(-1)^{n-1}}{n}x^n+\cdots$$

$$=\sum_{n=1}^{\infty}\frac{(-1)^{n-1}}{n}x^n,\ x\in(-1,1]. \tag{14}$$

$$(1+x)^\alpha=1+\alpha x+\frac{\alpha(\alpha-1)}{2!}x^2+\frac{\alpha(\alpha-1)(\alpha-2)}{3!}x^3+\cdots+$$

$$\frac{\alpha(\alpha-1)\cdots(\alpha-n+1)}{n!}x^n+\cdots$$

$$(-1<x<1,-1\text{ 及 }1\text{ 能否取到视 }\alpha\text{ 而定}). \tag{15}$$

习题 7-4(A)

1. 用间接展开法求下列函数的麦克劳林展开式：

(1) x^2e^{-x}；　　(2) $\cos^2 x$；

(3) $\frac{x^2}{2-x}$；　　(4) $\ln(10+x)$.

2. 求下列函数在指定点处的泰勒展开式：

(1) e^{-x} 在 $x=2$ 处；　　(2) $\frac{1}{x}$ 在 $x=-2$ 处；

(3) $\ln x$ 在 $x=1$ 处.

习题 7-4(B)

1. 用间接展开法求下列函数的麦克劳林展开式：

(1) e^{2x}； (2) $\sin\frac{x}{3}$；

(3) $\ln(1+x-2x^2)$； (4) $\frac{1}{5+x}$；

(5) 3^x； (6) $\frac{1}{x^2+x-2}$.

2. 将 $\arctan x$ 展开成 x 的幂级数.

3. 将 $\ln x$ 展开成 $x-2$ 的幂级数.

4. 将 $\frac{1}{x^2-3x+2}$ 展开为 $x=3$ 处的泰勒级数.

本章内容小结

本章主要研究了两类无穷级数:数项级数和函数项级数.重点讨论了数项级数敛散性的判定、幂级数和函数的求法、函数的幂级数展开等问题.

一、数项级数.

1. 正项级数敛散性判定.

(1) 比较审敛法；

(2) 比值审敛法；

(3) 根值审敛法.

常用的参照级数：几何级数 $\sum_{n=1}^{\infty} a q^{n-1}$，$p$-级数 $\sum_{n=1}^{\infty} \frac{1}{n^p}(p>0)$.

2. 交错级数敛散性判定.

莱布尼兹审敛法.

3. 一般项级数.

(1) 级数收敛的定义.

(2) 级数收敛的必要条件：若 $\sum_{n=1}^{\infty} u_n$ 收敛，则 $\lim\limits_{n\to\infty} u_n=0$.

(3) 条件收敛与绝对收敛.

二、幂级数.

1. 收敛半径、收敛区间及收敛域.

2. 和函数的求法.

3. 函数的幂级数展开.

(1) 泰勒展开式，麦克劳林展开式.

(2) 函数展开成幂级数的方法：直接法，间接法.

（3）常用的幂级数展开式：

① $\frac{1}{1-x}=1+x+x^2+\cdots+x^n+\cdots(-1<x<1)$；

② $e^x=1+x+\frac{1}{2!}x^2+\cdots+\frac{1}{n!}x^n+\cdots(-\infty<x<+\infty)$；

③ $\sin x=x-\frac{x^3}{3!}+\frac{x^5}{5!}-\cdots+(-1)^{n-1}\frac{x^{2n-1}}{(2n-1)!}+\cdots(-\infty<x<+\infty)$；

④ $\cos x=1-\frac{x^2}{2!}+\frac{x^4}{4!}-\cdots+(-1)^n\frac{x^{2n}}{(2n)!}+\cdots(-\infty<x<+\infty)$；

⑤ $\ln(1+x)=x-\frac{x^2}{2}+\frac{x^3}{3}-\frac{x^4}{4}+\cdots+(-1)^n\frac{x^{n+1}}{n+1}+\cdots(-1<x\leqslant 1)$.

自测题七

一、填空题

1. 无穷级数 $\sum_{n=1}^{\infty}\frac{1+(-1)^n}{2n}$ ____________ .（请填写“收敛”或“发散”）

2. 幂级数 $\sum_{n=1}^{\infty}\frac{(x+4)^n}{n\cdot 5^n}$ 的收敛域为____________ .

3. 设幂级数 $\sum_{n=0}^{\infty}a_nx^n$ 的收敛半径 $R=3$，则幂级数 $\sum_{n=1}^{\infty}na_n(x-1)^{n-1}$ 的收敛区间为____________ .

4. 若幂函数 $\sum_{n=1}^{\infty}\frac{a^n}{n^2}x^n(a>0)$ 的收敛半径为 $\frac{1}{2}$，则常数 $a=$____________ .

5. 级数 $\sum_{n=1}^{\infty}\frac{x^{2n}}{n!}=$ ____________ .

6. 若函数 $f(x)=\frac{1}{2+x}$ 的幂级数展开式为 $f(x)=\sum_{n=0}^{\infty}a_nx^n(-2<x<2)$，则系数 $a_n=$____________ .

二、选择题

1. 已知 $\lim\limits_{n\to\infty}u_n=0$，则数项级数 $\sum_{n=1}^{\infty}u_n$（　　）.

A. 一定收敛　　　　B. 一定收敛，和可能为零

C. 一定发散　　　　D. 可能收敛，也可能发散

2. 下列命题正确的是（　　）.

A. 若 $\sum_{n=1}^{\infty}u_n$ 与 $\sum_{n=1}^{\infty}v_n$ 都发散，则 $\sum_{n=1}^{\infty}(u_n+v_n)$ 必定发散

B. 若 $\sum_{n=1}^{\infty}u_n$ 收敛，$\sum_{n=1}^{\infty}v_n$ 发散，则 $\sum_{n=1}^{\infty}(u_n+v_n)$ 必定发散

C. 若 $\sum_{n=1}^{\infty}(u_n+v_n)$ 发散，则 $\sum_{n=1}^{\infty}u_n$ 与 $\sum_{n=1}^{\infty}v_n$ 都发散

D. 若$\sum_{n=1}^{\infty}(u_n+v_n)$收敛，则$\sum_{n=1}^{\infty}u_n$与$\sum_{n=1}^{\infty}v_n$都收敛

3. 设数项级数$\sum_{n=1}^{\infty}u_n$收敛，则必定收敛的级数有(　　).

A. $\sum_{n=1}^{\infty}nu_n$　　　　B. $\sum_{n=1}^{\infty}u_n^2$

C. $\sum_{n=1}^{\infty}(u_{2n-1}-u_{2n})$　　　　D. $\sum_{n=1}^{\infty}(u_n+u_{n+1})$

4. 设α为非零常数，则数项级数$\sum_{n=1}^{\infty}\frac{n+\alpha}{n^2}$(　　).

A. 条件收敛　　　　B. 绝对收敛

C. 发散　　　　D. 敛散性与α有关

5. 下列级数绝对收敛的是(　　).

A. $\sum_{n=1}^{\infty}\frac{(-1)^n}{\sqrt{n}}$　　　　B. $\sum_{n=1}^{\infty}\frac{1+2(-1)^n}{n}$

C. $\sum_{n=1}^{\infty}\frac{\sin n}{n^2}$　　　　D. $\sum_{n=1}^{\infty}\frac{(-3)^n}{n^3}$

6. 幂级数$\sum_{n=0}^{\infty}\frac{\ln(n+1)}{n+1}x^{n+1}$的收敛域是(　　).

A. $\{0\}$　　　　B. $(-\infty,+\infty)$

C. $[-1,1)$　　　　D. $(-1,1)$

三、解答题

1. 求下列函数的收敛区间和收敛域：

(1) $\sum_{n=1}^{\infty}\frac{1}{n^2}\left(\frac{x}{2}\right)^n$；　　　　(2) $\sum_{n=1}^{\infty}\frac{(x-3)^n}{\sqrt{n}}$.

2. 讨论下列级数的敛散性：

(1) $\sum_{n=1}^{\infty}\frac{1+n}{1+n^2}$；　　　　(2) $\sum_{n=1}^{\infty}\sin\frac{\pi}{(n+1)^2}$；

(3) $\sum_{n=1}^{\infty}\frac{5^{n-1}}{n!}$；　　　　(4) $\sum_{n=1}^{\infty}(-1)^n\frac{1}{n^{\frac{3}{2}}}$.

3. 求幂级数$\sum_{n=1}^{\infty}\frac{2n-1}{2^n}x^{2n-2}$的和函数，并求$\sum_{n=1}^{\infty}\frac{2n-1}{2^n}$的和.

4. 将$f(x)=xe^x$展开成$x=1$处的幂级数.

第 8 章 空间解析几何与多元函数微积分

多元函数微积分是一元函数微积分的推广和发展，许多概念以及处理问题的思想方法与一元函数的情形类似，但在某些方面又存在着本质的不同. 本章先介绍空间解析几何的初步知识，然后介绍多元函数微积分的相关知识.

§8-1 空间解析几何初步

解析几何的基本思想是用代数的方法来研究几何问题，本节先讨论空间向量，然后用空间向量讨论空间的直线和平面.

一、空间直角坐标系

1. 空间直角坐标系的概念

在空间取三条互相垂直且相交于点 O 的数轴构成空间直角坐标系. 这三条轴按右手系依次称为 x 轴（横轴）、y 轴（纵轴）、z 轴（竖轴）（图 8-1），点 O 称为坐标原点.

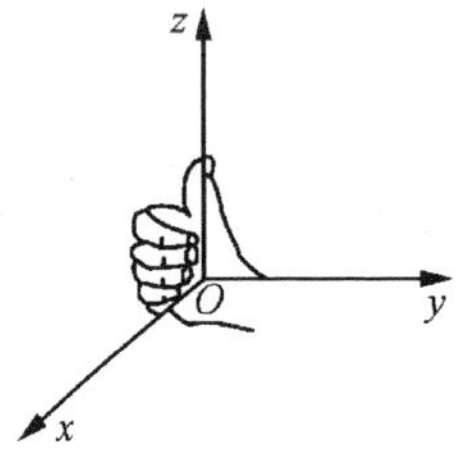

图 8-1

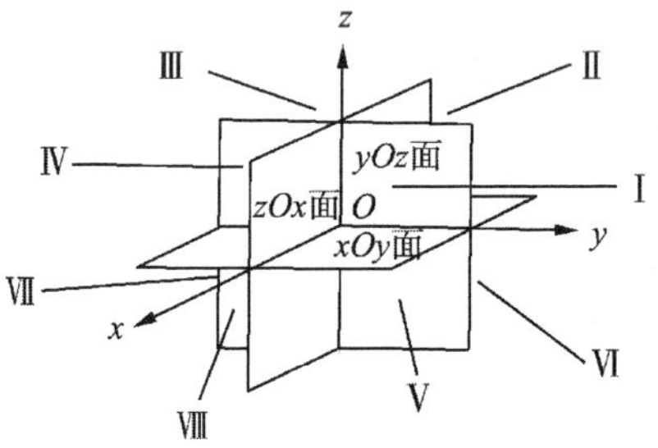

图 8-2

任意两个坐标轴所确定的平面称为坐标面. 空间直角坐标系共有 xOy，yOz，zOx 三个坐标面，这三个坐标面相互垂直且相交于原点 O. 它们把整个空间分隔成八个部分，每个部分称为一个卦限，各卦限的位置如图 8-2 所示.

建立了空间直角坐标系后，就可以像平面直角坐标系那样建立点的直角坐标.

2. 空间点的直角坐标

在空间建立了直角坐标系之后，空间中任意一点就可以用它的三个坐标来表示. 设 M 为空间任一点，过点 M 作三个分别与 x 轴、y 轴、z 轴垂直的平面，分别交 x 轴、y 轴、z 轴于 A，B，C 三点（图 8-3）. 若

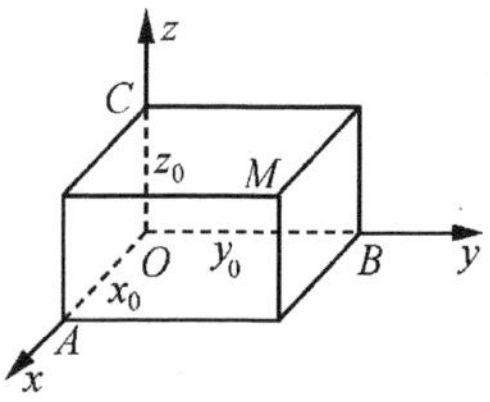

图 8-3

A,B,C 三点在坐标轴上的坐标分别是 x_0,y_0,z_0，则空间点 M 就唯一确定了一个有序数组 (x_0,y_0,z_0). 反之，对任意一个有序数组 (x_0,y_0,z_0)，我们可以在 x 轴、y 轴、z 轴上取坐标为 x_0,y_0,z_0 的点 A,B,C，并过 A,B,C 分别作与坐标轴垂直的平面，则它们相交于唯一的点 M. 这样就建立了空间的点 M 与有序数组 (x_0,y_0,z_0) 之间的一一对应关系. 这组数 (x_0,y_0,z_0) 称为点 M 的坐标，记为 $M(x_0,y_0,z_0)$，x_0,y_0,z_0 分别称为 M 的横坐标、纵坐标和竖坐标.

二、向量及其运算

1. 向量的概念

在研究力学及其他一些实际问题时，我们经常遇到这样一类量，它既有大小又有方向，我们把这一类量称为**向量**，如力、速度、位移等.

在数学中通常用有向线段来表示向量. 有向线段的长度表示向量的大小，有向线段的方向表示向量的方向. 以 A 为起点、B 为终点的有向线段所表示的向量记为 $\overrightarrow{AB}$，有时也用一个粗体小写字母 $\boldsymbol{a},\boldsymbol{b},\boldsymbol{c}$ 或一个带箭头的小写字母 $\vec{a},\vec{b},\vec{c}$ 表示向量.

向量的大小称为向量的**模**，向量 $\overrightarrow{AB}$ 的模记为 $|\overrightarrow{AB}|$. 模等于 1 的向量称为**单位向量**. 模为 0 的向量称为**零向量**，记为 $\mathbf{0}$. 零向量的方向是任意的. 与起点无关的向量称为**自由向量**. 本节所研究的向量主要就是这种自由向量. 若两个向量 $\boldsymbol{a},\boldsymbol{b}$ 所在的线段平行，我们就说这两个向量平行，记作 $\boldsymbol{a}/\!/\boldsymbol{b}$. 两个向量只要大小相等且方向相同，便称这两个向量相等.

设在空间已建立了直角坐标系 $O\text{-}xyz$，把已知向量 $\boldsymbol{a}$ 的起点移到原点 O 时，其终点为 M，即 $\boldsymbol{a}=\overrightarrow{OM}$，称 $\overrightarrow{OM}$ 为**向径**，通常记作 $\boldsymbol{r}$. 称点 M 的坐标 (x,y,z) 为 $\boldsymbol{a}$ 的坐标，记作 $\boldsymbol{a}=(x,y,z)$，即向量 $\boldsymbol{a}$ 的坐标就是与其相等的向径的终点坐标(图 8-4). 这样在建立了直角坐标系的空间中，向量、向径、坐标之间就有了一一对应的关系. 根据图 8-4 中的几何关系可得，若 $\boldsymbol{a}=(x,y,z)$，则 $|\boldsymbol{a}|=\sqrt{x^2+y^2+z^2}$.

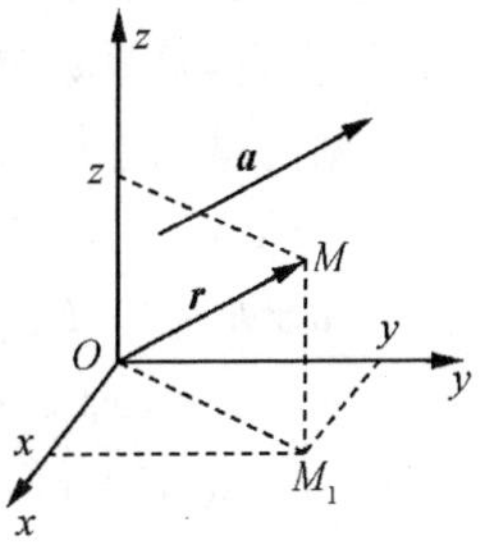

图 8-4

2. 向量的线性运算

(1) 向量的加法.

设有两个向量 $\boldsymbol{a},\boldsymbol{b}$，任取一点 A，作 $\overrightarrow{AB}=\boldsymbol{a}$，以 B 为起点作 $\overrightarrow{BC}=\boldsymbol{b}$，则向量 $\overrightarrow{AC}=\boldsymbol{c}$ 称为向量 $\boldsymbol{a},\boldsymbol{b}$ 的和，记作 $\boldsymbol{c}=\boldsymbol{a}+\boldsymbol{b}$，如图 8-5 所示. 这种求向量和的方法称为三角形法则. 容易验证向量的加法满足以下运算定律：

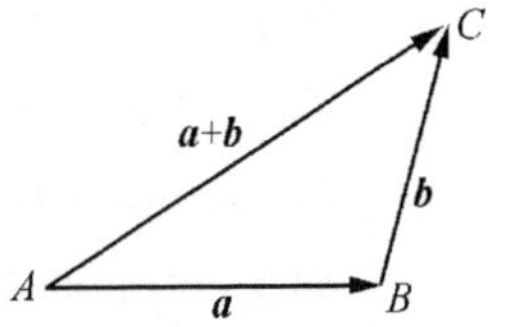

图 8-5

① 交换律　$\boldsymbol{a}+\boldsymbol{b}=\boldsymbol{b}+\boldsymbol{a}$；

② 结合律　$(\boldsymbol{a}+\boldsymbol{b})+\boldsymbol{c}=\boldsymbol{a}+(\boldsymbol{b}+\boldsymbol{c})$.

(2) 向量的减法.

设 $\boldsymbol{a}$ 为一向量，与 $\boldsymbol{a}$ 方向相反且模相等的向量称为 $\boldsymbol{a}$ 的负向量，记作 $-\boldsymbol{a}$. 我们规定两个向量 $\boldsymbol{a},\boldsymbol{b}$ 的差为 $\boldsymbol{a}-\boldsymbol{b}=\boldsymbol{a}+(-\boldsymbol{b})$，即把 $-\boldsymbol{b}$ 与 $\boldsymbol{a}$ 相加，便得到向量 $\boldsymbol{a},\boldsymbol{b}$ 的差 $\boldsymbol{a}-\boldsymbol{b}$，如图 8-6 所示.

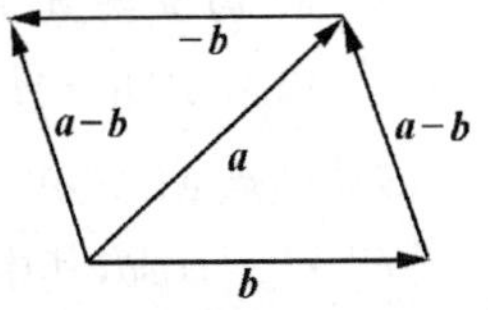

图 8-6

(3) 向量的数乘.

向量 $\boldsymbol{a}$ 与实数 λ 的乘积是一个向量，记作 $\lambda\boldsymbol{a}$，它的模 $|\lambda\boldsymbol{a}|=|\lambda||\boldsymbol{a}|$. 当 $\lambda>0$ 时，$\lambda\boldsymbol{a}$ 的方

向与 $\boldsymbol{a}$ 的方向相同；当 $\lambda<0$ 时，$\lambda\boldsymbol{a}$ 的方向与 $\boldsymbol{a}$ 的方向相反；当 $\lambda=0$ 时，$\lambda\boldsymbol{a}$ 为零向量. 数与向量相乘的运算称为数乘运算.

向量与数的乘法满足以下运算定律：

① 结合律　$(\lambda\mu)\boldsymbol{a}=\lambda(\mu\boldsymbol{a})=\mu(\lambda\boldsymbol{a})$；

② 分配律　$\lambda(\boldsymbol{a}+\boldsymbol{b})=\lambda\boldsymbol{a}+\lambda\boldsymbol{b}$，$(\lambda+\mu)\boldsymbol{a}=\lambda\boldsymbol{a}+\mu\boldsymbol{a}$.

由于向量 $\lambda\boldsymbol{a}$ 与 $\boldsymbol{a}$ 平行，所以常用向量与数的乘积来说明两个向量的平行关系.

定理 1　设向量 $\boldsymbol{a}\neq\boldsymbol{0}$，则向量 $\boldsymbol{b}$ 平行于 $\boldsymbol{a}$ 的充分必要条件是存在唯一的实数 λ，使 $\boldsymbol{b}=\lambda\boldsymbol{a}$.

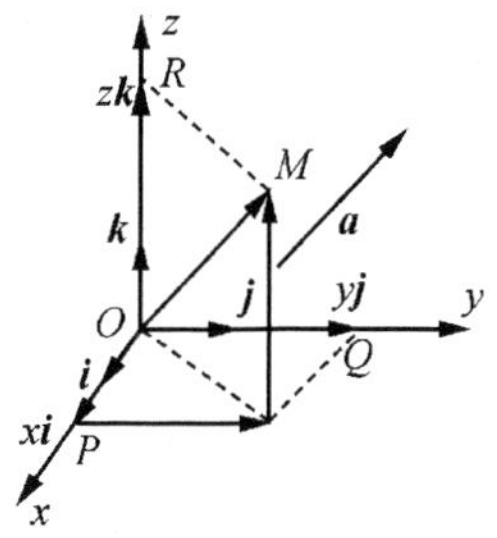

图 8-7

(4) 坐标基本向量及向量关于基本向量的分解.

在空间已建立了直角坐标系 $O\text{-}xyz$，以 O 为始点的三个单位向量 $\boldsymbol{i}=(1,0,0)$，$\boldsymbol{j}=(0,1,0)$，$\boldsymbol{k}=(0,0,1)$ 称为**坐标基本向量**(图 8-7). $\boldsymbol{a}=(x,y,z)$ 为已知向量，对应向径为 $\overrightarrow{OM}$. $\overrightarrow{OM}$ 在三个坐标轴上的投影依次为 $\overrightarrow{OP}$，$\overrightarrow{OQ}$，$\overrightarrow{OR}$，则

$$\overrightarrow{OP}=x\boldsymbol{i},\ \overrightarrow{OQ}=y\boldsymbol{j},\ \overrightarrow{OR}=z\boldsymbol{k}.$$

依次称这三个向量为向量 $\boldsymbol{a}$ 关于 x 轴、y 轴和 z 轴的分量.

根据向量和的法则，$\boldsymbol{a}=\overrightarrow{OM}=x\boldsymbol{i}+y\boldsymbol{j}+z\boldsymbol{k}$.

上式表明，在建立了空间直角坐标系之后，任意空间向量都可以分解成坐标基本向量的线性组合，且系数就是向量的坐标；反之，若一个向量是用坐标基本向量的线性组合来表示的，则向量的坐标就是系数. 由此，立即可以得到向量加减运算的坐标运算.

设 $\boldsymbol{a}=(x_1,y_1,z_1)=x_1\boldsymbol{i}+y_1\boldsymbol{j}+z_1\boldsymbol{k}$，$\boldsymbol{b}=(x_2,y_2,z_2)=x_2\boldsymbol{i}+y_2\boldsymbol{j}+z_2\boldsymbol{k}$，则

$$\begin{aligned}\boldsymbol{a}\pm\boldsymbol{b}&=(x_1\boldsymbol{i}+y_1\boldsymbol{j}+z_1\boldsymbol{k})\pm(x_2\boldsymbol{i}+y_2\boldsymbol{j}+z_2\boldsymbol{k})=(x_1\pm x_2)\boldsymbol{i}+(y_1\pm y_2)\boldsymbol{j}+(z_1\pm z_2)\boldsymbol{k},\\&=(x_1\pm x_2,y_1\pm y_2,z_1\pm z_2),\end{aligned}$$

$$\lambda\boldsymbol{a}=\lambda x_1\boldsymbol{i}+\lambda y_1\boldsymbol{j}+\lambda z_1\boldsymbol{k}=(\lambda x_1,\lambda y_1,\lambda z_1).$$

即和(差)向量的坐标等于原向量对应坐标的和(差)，向量与实数的乘积的坐标等于该实数乘以向量的每个坐标.

例 1　设 $\boldsymbol{a}=(0,-1,2)$，$\boldsymbol{b}=(-1,3,4)$，求 $\boldsymbol{a}+\boldsymbol{b}$，$2\boldsymbol{a}-\boldsymbol{b}$.

解　$\boldsymbol{a}+\boldsymbol{b}=(0+(-1),-1+3,2+4)=(-1,2,6)$，

$2\boldsymbol{a}-\boldsymbol{b}=(2\times0,2\times(-1),2\times2)-(-1,3,4)=(0-(-1),-2-3,4-4)=(1,-5,0)$.

例 2　已知两点 $A(0,1,-4)$，$B(2,3,0)$，试用坐标表示向量 $\overrightarrow{AB}$.

解　因为 $\overrightarrow{OA}=(0,1,-4)$，$\overrightarrow{OB}=(2,3,0)$，所以 $\overrightarrow{AB}=\overrightarrow{OB}-\overrightarrow{OA}=(2,2,4)$.

3. 向量的数量积

由力学知识可知，一物体在力 $\boldsymbol{F}$ 的作用下沿直线从点 M_1 移动到点 M_2，若以 $\boldsymbol{s}$ 表示位移 $\boldsymbol{s}=\overrightarrow{M_1M_2}$，则力 $\boldsymbol{F}$ 所做的功 $W=|\boldsymbol{F}|\cdot|\boldsymbol{s}|\cos\theta$，其中 θ 是 $\boldsymbol{F}$ 与 $\boldsymbol{s}$ 的夹角(图 8-8).

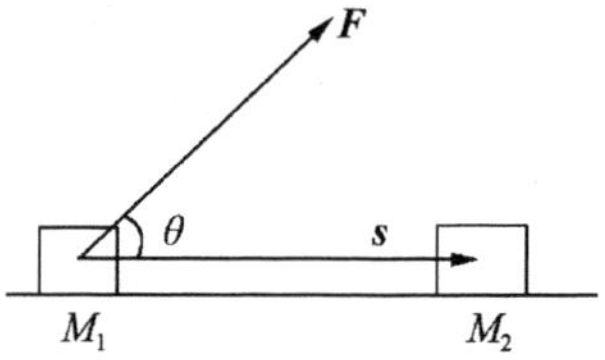

图 8-8

一般地，设 $\boldsymbol{a}$，$\boldsymbol{b}$ 为非零向量，平移 $\boldsymbol{a}$，$\boldsymbol{b}$ 使它们的起点重合，那么 $\boldsymbol{a}$，$\boldsymbol{b}$ 正方向间在 0 与 π 之间的夹角，称为向量 $\boldsymbol{a}$，$\boldsymbol{b}$ 的夹角，记为 $(\widehat{\boldsymbol{a},\boldsymbol{b}})$ 或 $(\widehat{\boldsymbol{b},\boldsymbol{a}})$.

若$(\widehat{a,b})=\frac{\pi}{2}$,则称 $\boldsymbol{a},\boldsymbol{b}$ 垂直,记作 $\boldsymbol{a}\perp\boldsymbol{b}$;$\boldsymbol{0}$ 与任意向量的夹角无意义;向量与坐标轴的夹角指向量与坐标轴正向所成的角.

定义 1 设 $\boldsymbol{a},\boldsymbol{b}$ 是两个向量,它们的模及夹角的余弦的乘积,称为向量 $\boldsymbol{a}$ 与 $\boldsymbol{b}$ 的数量积,记作 $\boldsymbol{a}\cdot\boldsymbol{b}$,即

$$\boldsymbol{a}\cdot\boldsymbol{b}=|\boldsymbol{a}||\boldsymbol{b}|\cos(\widehat{\boldsymbol{a},\boldsymbol{b}}).$$

由此可见,向量的数量积是一个数量.

由数量积的定义,立即可得三个坐标基本向量 $\boldsymbol{i},\boldsymbol{j},\boldsymbol{k}$ 之间的数量积关系:

$$\boldsymbol{i}\cdot\boldsymbol{i}=\boldsymbol{j}\cdot\boldsymbol{j}=\boldsymbol{k}\cdot\boldsymbol{k}=1,\ \boldsymbol{i}\cdot\boldsymbol{j}=\boldsymbol{j}\cdot\boldsymbol{i}=\boldsymbol{i}\cdot\boldsymbol{k}=\boldsymbol{k}\cdot\boldsymbol{i}=\boldsymbol{j}\cdot\boldsymbol{k}=\boldsymbol{k}\cdot\boldsymbol{j}=0.$$

向量的数量积有以下性质:

(1) $\boldsymbol{a}\cdot\boldsymbol{a}=|\boldsymbol{a}|^2$;

(2) $\boldsymbol{a}\cdot\boldsymbol{0}=0$;

(3) $\boldsymbol{a}\cdot\boldsymbol{b}=\boldsymbol{b}\cdot\boldsymbol{a}$;

(4) $(\lambda\boldsymbol{a})\cdot\boldsymbol{b}=\boldsymbol{a}\cdot(\lambda\boldsymbol{b})=\lambda(\boldsymbol{a}\cdot\boldsymbol{b})$,其中 λ 是任意实数;

(5) $(\boldsymbol{a}+\boldsymbol{b})\cdot\boldsymbol{c}=\boldsymbol{a}\cdot\boldsymbol{c}+\boldsymbol{b}\cdot\boldsymbol{c}$.

例 3 已知$(\widehat{\boldsymbol{a},\boldsymbol{b}})=\frac{2\pi}{3}$,$|\boldsymbol{a}|=3$,$|\boldsymbol{b}|=4$,求向量 $\boldsymbol{c}=3\boldsymbol{a}+2\boldsymbol{b}$ 的模.

解 根据两向量的数量积的性质及定义,得

$$\begin{aligned}|\boldsymbol{c}|^2=\boldsymbol{c}\cdot\boldsymbol{c}&=(3\boldsymbol{a}+2\boldsymbol{b})\cdot(3\boldsymbol{a}+2\boldsymbol{b})=9|\boldsymbol{a}|^2+12\boldsymbol{a}\cdot\boldsymbol{b}+4|\boldsymbol{b}|^2\\&=9|\boldsymbol{a}|^2+12|\boldsymbol{a}||\boldsymbol{b}|\cos(\widehat{\boldsymbol{a},\boldsymbol{b}})+4|\boldsymbol{b}|^2.\end{aligned}$$

把$(\widehat{\boldsymbol{a},\boldsymbol{b}})=\frac{2\pi}{3}$,$|\boldsymbol{a}|=3$,$|\boldsymbol{b}|=4$ 代入,即得

$$|\boldsymbol{c}|^2=9\times3^2+12\times3\times4\cos\frac{2\pi}{3}+4\times4^2=73,$$

所以$|\boldsymbol{c}|=|3\boldsymbol{a}+2\boldsymbol{b}|=\sqrt{73}$.

与向量的加减法一样,也可以运用坐标运算求向量的数量积.

设 $\boldsymbol{a}=(x_1,y_1,z_1)=x_1\boldsymbol{i}+y_1\boldsymbol{j}+z_1\boldsymbol{k}$,$\boldsymbol{b}=(x_2,y_2,z_2)=x_2\boldsymbol{i}+y_2\boldsymbol{j}+z_2\boldsymbol{k}$,则有

$$\boldsymbol{a}\cdot\boldsymbol{b}=(x_1\boldsymbol{i}+y_1\boldsymbol{j}+z_1\boldsymbol{k})\cdot(x_2\boldsymbol{i}+y_2\boldsymbol{j}+z_2\boldsymbol{k})=x_1x_2+y_1y_2+z_1z_2.$$

上式表明,两个向量的数量积等于它们对应坐标的乘积之和.

例 4 已知三点 $M_1(3,1,1)$,$M_2(2,0,1)$,$M_3(1,0,0)$,求向量$\overrightarrow{M_1M_2}$与$\overrightarrow{M_2M_3}$的夹角 θ.

解 因为$\overrightarrow{M_1M_2}=(-1,-1,0)$,$\overrightarrow{M_2M_3}=(-1,0,-1)$,由两向量的数量积的定义知

$$\cos\theta=\frac{\overrightarrow{M_1M_2}\cdot\overrightarrow{M_2M_3}}{|\overrightarrow{M_1M_2}|\cdot|\overrightarrow{M_2M_3}|}=\frac{(-1)\cdot(-1)+(-1)\cdot0+0\cdot(-1)}{\sqrt{(-1)^2+(-1)^2+0^2}\cdot\sqrt{(-1)^2+0^2+(-1)^2}}=\frac{1}{2},$$

所以 $\theta=\frac{\pi}{3}$.

4. 向量的向量积

定义 2 两个向量 $\boldsymbol{a},\boldsymbol{b}$ 的向量积是一个向量,记作 $\boldsymbol{a}\times\boldsymbol{b}$,它的模为$|\boldsymbol{a}\times\boldsymbol{b}|=|\boldsymbol{a}||\boldsymbol{b}|\sin(\widehat{\boldsymbol{a},\boldsymbol{b}})$,它的方向与 $\boldsymbol{a},\boldsymbol{b}$ 所在的平面垂直,且使 $\boldsymbol{a},\boldsymbol{b},\boldsymbol{a}\times\boldsymbol{b}$ 符合右手规则(图 8-9).

由平面几何知识可知,$\boldsymbol{a}\times\boldsymbol{b}$ 的模$|\boldsymbol{a}\times\boldsymbol{b}|$恰好是以 $\boldsymbol{a},\boldsymbol{b}$ 为邻边的平行四边形的面积

(图 8-10),这也是两个向量向量积的模的几何意义.

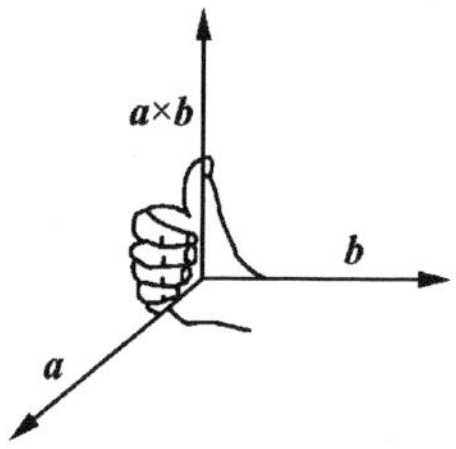

图 8-9

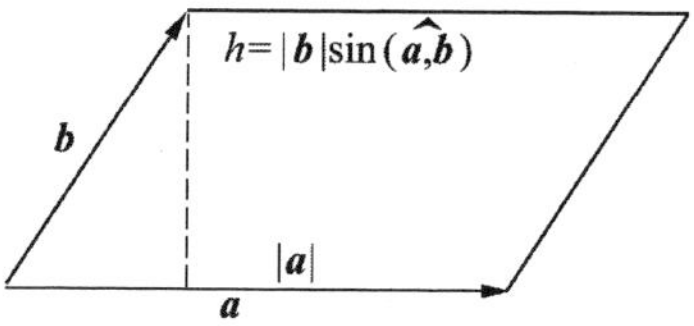

图 8-10

注意 这里向量的数量积计算“·”与向量积计算“×”表示的是两个向量在向量空间中的两种不同的运算,要与数域中的乘法区分开来.

向量的向量积有以下运算性质:

(1) $\boldsymbol{a}\times\boldsymbol{a}=\boldsymbol{0}$;

(2) $\boldsymbol{a}\times\boldsymbol{0}=\boldsymbol{0}$;

(3) $\boldsymbol{a}\times\boldsymbol{b}=-\boldsymbol{b}\times\boldsymbol{a}$;

(4) $(\lambda\boldsymbol{a})\times\boldsymbol{b}=\boldsymbol{a}\times(\lambda\boldsymbol{b})=\lambda(\boldsymbol{a}\times\boldsymbol{b})$,其中 λ 是任意实数;

(5) $(\boldsymbol{a}+\boldsymbol{b})\times\boldsymbol{c}=\boldsymbol{a}\times\boldsymbol{c}+\boldsymbol{b}\times\boldsymbol{c}$,$\boldsymbol{a}\times(\boldsymbol{b}+\boldsymbol{c})=\boldsymbol{a}\times\boldsymbol{b}+\boldsymbol{a}\times\boldsymbol{c}$.

说明 (1) 向量的向量积不满足交换律,如任意两个坐标基本向量的向量积:$\boldsymbol{i}\times\boldsymbol{j}=\boldsymbol{k}$,$\boldsymbol{j}\times\boldsymbol{k}=\boldsymbol{i}$,$\boldsymbol{k}\times\boldsymbol{i}=\boldsymbol{j}$,而 $\boldsymbol{j}\times\boldsymbol{i}=-\boldsymbol{k}$,$\boldsymbol{k}\times\boldsymbol{j}=-\boldsymbol{i}$,$\boldsymbol{i}\times\boldsymbol{k}=-\boldsymbol{j}$.

(2) 分配律有左、右之分.

(3) 结合律只能对实数使用,向量本身不满足结合律.

向量积也可以用坐标运算:

设 $\boldsymbol{a}=(x_1,y_1,z_1)=x_1\boldsymbol{i}+y_1\boldsymbol{j}+z_1\boldsymbol{k}$,$\boldsymbol{b}=(x_2,y_2,z_2)=x_2\boldsymbol{i}+y_2\boldsymbol{j}+z_2\boldsymbol{k}$,则有

$$\begin{aligned}\boldsymbol{a}\times\boldsymbol{b}&=(x_1\boldsymbol{i}+y_1\boldsymbol{j}+z_1\boldsymbol{k})\times(x_2\boldsymbol{i}+y_2\boldsymbol{j}+z_2\boldsymbol{k})\\&=(y_1z_2-y_2z_1)\boldsymbol{i}+(z_1x_2-z_2x_1)\boldsymbol{j}+(x_1y_2-x_2y_1)\boldsymbol{k}.\end{aligned}$$

为了便于记忆,把上述结果写成三阶行列式的形式,然后按三阶行列式展开法则关于第一行展开,即

$$\boldsymbol{a}\times\boldsymbol{b}=\begin{vmatrix}\boldsymbol{i}&\boldsymbol{j}&\boldsymbol{k}\\x_1&y_1&z_1\\x_2&y_2&z_2\end{vmatrix}=\begin{vmatrix}y_1&z_1\\y_2&z_2\end{vmatrix}\boldsymbol{i}+\begin{vmatrix}z_1&x_1\\z_2&x_2\end{vmatrix}\boldsymbol{j}+\begin{vmatrix}x_1&y_1\\x_2&y_2\end{vmatrix}\boldsymbol{k}.$$

例 5 已知 $\boldsymbol{a}=(1,-1,2)$,$\boldsymbol{b}=(2,-2,-2)$,求 $\boldsymbol{a}\times\boldsymbol{b}$.

解 $$\boldsymbol{a}\times\boldsymbol{b}=\begin{vmatrix}\boldsymbol{i}&\boldsymbol{j}&\boldsymbol{k}\\1&-1&2\\2&-2&-2\end{vmatrix}=\begin{vmatrix}-1&2\\-2&-2\end{vmatrix}\boldsymbol{i}+\begin{vmatrix}2&1\\-2&2\end{vmatrix}\boldsymbol{j}+\begin{vmatrix}1&-1\\2&-2\end{vmatrix}\boldsymbol{k}=6\boldsymbol{i}+6\boldsymbol{j},$$

即
$$\boldsymbol{a}\times\boldsymbol{b}=(6,6,0).$$

例 6 已知三点 $A(1,0,3)$,$B(0,0,2)$,$C(3,2,1)$,求$\triangle ABC$ 的面积.

解 由两个向量的向量积的定义及其几何意义知 $S_{\triangle ABC}=\frac{1}{2}|\overrightarrow{AB}\times\overrightarrow{AC}|$,又

$$\overrightarrow{AB}=(-1,0,-1),\overrightarrow{AC}=(2,2,-2),$$

而
$$\overrightarrow{AB}\times\overrightarrow{AC}=\begin{vmatrix} \boldsymbol{i} & \boldsymbol{j} & \boldsymbol{k} \\ -1 & 0 & -1 \\ 2 & 2 & -2 \end{vmatrix}=2\boldsymbol{i}-4\boldsymbol{j}-2\boldsymbol{k},$$

故
$$S_{\triangle ABC}=\frac{1}{2}|\overrightarrow{AB}\times\overrightarrow{AC}|=\frac{1}{2}\sqrt{2^2+(-4)^2+(-2)^2}=\sqrt{6}.$$

5. 两向量的关系及判断

(1) 两向量的垂直及其判定.

在数量积中已经提到,若两个非零向量 $\boldsymbol{a},\boldsymbol{b}$ 的夹角为 $(\widehat{\boldsymbol{a},\boldsymbol{b}})=90°$,则称这两个向量 $\boldsymbol{a},\boldsymbol{b}$ 垂直,并记作 $\boldsymbol{a}\perp\boldsymbol{b}$.

当 $\boldsymbol{a}\perp\boldsymbol{b}$ 时,由数量积的定义可得 $\boldsymbol{a}\cdot\boldsymbol{b}=|\boldsymbol{a}||\boldsymbol{b}|\cos(\widehat{\boldsymbol{a},\boldsymbol{b}})=0$;反之,若 $\boldsymbol{a}\cdot\boldsymbol{b}=0$ 且 $\boldsymbol{a},\boldsymbol{b}$ 为非零向量,则必有 $\cos(\widehat{\boldsymbol{a},\boldsymbol{b}})=0$,$(\widehat{\boldsymbol{a},\boldsymbol{b}})=90°$,即 $\boldsymbol{a}\perp\boldsymbol{b}$. 由此可得:

定理 2 两个非零向量 $\boldsymbol{a},\boldsymbol{b}$ 垂直 $\Leftrightarrow \boldsymbol{a}\cdot\boldsymbol{b}=0$.

其坐标形式如下:

定理 2′ 设 $\boldsymbol{a}=(x_1,y_1,z_1)=x_1\boldsymbol{i}+y_1\boldsymbol{j}+z_1\boldsymbol{k}$,$\boldsymbol{b}=(x_2,y_2,z_2)=x_2\boldsymbol{i}+y_2\boldsymbol{j}+z_2\boldsymbol{k}$,则 $\boldsymbol{a},\boldsymbol{b}$ 垂直 $\Leftrightarrow x_1x_2+y_1y_2+z_1z_2=0$.

(2) 两向量的平行及其判定.

若把两个向量 $\boldsymbol{a},\boldsymbol{b}$ 的始点移到同一点后,它们的终点与始点都位于同一直线上,则称这两个向量平行,记作 $\boldsymbol{a}/\!/\boldsymbol{b}$.

规定零向量平行于任何向量.

平行向量的方向相同或相反,它们的模可以不相等. 根据向量数乘运算的定义,可以得到如下定理:

定理 3 $\boldsymbol{a}/\!/\boldsymbol{b} \Leftrightarrow$ 存在实数 λ,使 $\boldsymbol{a}=\lambda\boldsymbol{b}$.

其坐标形式如下:

设 $\boldsymbol{a}=(x_1,y_1,z_1)=x_1\boldsymbol{i}+y_1\boldsymbol{j}+z_1\boldsymbol{k}$,$\boldsymbol{b}=(x_2,y_2,z_2)=x_2\boldsymbol{i}+y_2\boldsymbol{j}+z_2\boldsymbol{k}$ 为两个非零向量,则 $\boldsymbol{a}/\!/\boldsymbol{b} \Leftrightarrow \frac{x_1}{x_2}=\frac{y_1}{y_2}=\frac{z_1}{z_2}$.

其中,若分母的某坐标分量为 0,则分子对应的坐标分量也为 0.

又若 $\boldsymbol{a}/\!/\boldsymbol{b}$,则 $(\widehat{\boldsymbol{a},\boldsymbol{b}})=0$ 或 π,由此得 $\sin(\widehat{\boldsymbol{a},\boldsymbol{b}})=0$. 于是,根据向量积的定义,可以得到如下定理:

定理 4 $\boldsymbol{a}/\!/\boldsymbol{b} \Leftrightarrow \boldsymbol{a}\times\boldsymbol{b}=\boldsymbol{0}$.

例 7 已知两向量 $\boldsymbol{a}=(1,2,1)$,$\boldsymbol{b}=(x,3,2)$. (1) 求 x 的值使 $\boldsymbol{a}\perp\boldsymbol{b}$;(2) 是否存在 x 的值,使 $\boldsymbol{a}/\!/\boldsymbol{b}$?

解 (1) 由定理 2′知,当 $\boldsymbol{a}\perp\boldsymbol{b}$ 时,$\boldsymbol{a}\cdot\boldsymbol{b}=1\times x+2\times3+1\times2=0$,即 $x=-8$.

(2) 因为 $\frac{2}{3}\neq\frac{1}{2}$,由定理 3 知,无论 x 取何值,$\boldsymbol{a}$ 与 $\boldsymbol{b}$ 都不平行.

三、空间平面及其方程

1. 平面的点法式方程

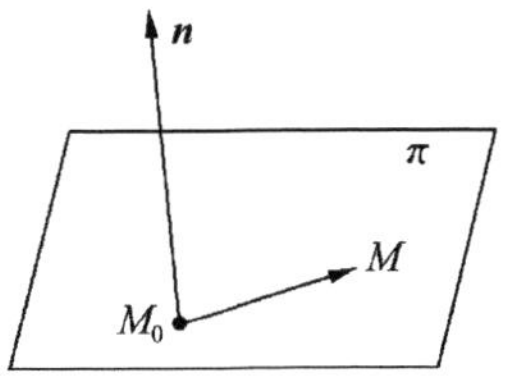

图 8-11

垂直于平面的直线称为这个平面的**法线**.如果一个非零向量垂直于一个平面,就称这个向量是该平面的**法向量**.我们知道,经过一定点且垂直于一非零向量的平面是唯一的,因此,如果已知平面上的一个点及该平面的一个法向量,就可以建立该平面的方程.

设 $M_0(x_0,y_0,z_0)$ 是平面 π 上的一个定点,非零向量 $\boldsymbol{n}=(A,B,C)$ 是平面 π 的一个法向量,$M(x,y,z)$ 为平面上的任意一点(图 8-11).

因为 $\overrightarrow{M_0M}$ 与 $\boldsymbol{n}$ 垂直,所以由数量积的知识可得到 $\boldsymbol{n}\cdot\overrightarrow{M_0M}=0$.

又 $\boldsymbol{n}=(A,B,C)$,$\overrightarrow{M_0M}=(x-x_0,y-y_0,z-z_0)$,所以

$$A(x-x_0)+B(y-y_0)+C(z-z_0)=0. \tag{1}$$

反之,如果 $M(x,y,z)$ 不在平面 π 上,则 $\overrightarrow{M_0M}$ 与 π 不垂直,从而 $\overrightarrow{M_0M}\cdot\boldsymbol{n}\neq0$,即不在平面 π 上的点 $M(x,y,z)$ 不满足方程(1).

方程(1)称为平面的点法式方程.

例 8 求过点 $A(-1,2,0)$ 且以向量 $\boldsymbol{n}=(1,3,1)$ 为法向量的平面方程.

解 根据平面的点法式方程,得所求平面为

$$(x+1)+3(y-2)+(z-0)=0,$$

即

$$x+3y+z-5=0.$$

例 9 求过三点 $A(1,0,3)$,$B(0,0,2)$,$C(3,2,1)$ 的平面方程.

解 由于 $\overrightarrow{AB}=(-1,0,-1)$,$\overrightarrow{AC}=(2,2,-2)$,且 $\overrightarrow{AB}\times\overrightarrow{AC}$ 垂直于 $\overrightarrow{AB}$ 和 $\overrightarrow{AC}$ 所确定的平面,故可取平面的法向量为

$$\boldsymbol{n}=\overrightarrow{AB}\times\overrightarrow{AC}=(2,-4,-2).$$

所求平面方程为

$$2(x-1)-4(y-0)-2(z-3)=0,$$

即

$$x-2y-z+2=0.$$

应该注意的是,一个平面的法向量不是唯一的,但它们是互相平行的.

2. 平面的一般方程

将方程(1)整理为

$$Ax+By+Cz+D=0, \tag{2}$$

其中 $D=-Ax_0-By_0-Cz_0$.

可知任何一个平面方程都可以用方程(2)来表示.

反之,我们任取满足方程(2)的一组数 (x_0,y_0,z_0),即

$$Ax_0+By_0+Cz_0+D=0.$$

把上式与(2)式相减,得

$$A(x-x_0)+B(y-y_0)+C(z-z_0)=0.$$

此方程就是过点 $M_0(x_0,y_0,z_0)$ 且以 $\boldsymbol{n}=(A,B,C)$ 为法向量的平面方程.因此,任何一个三元一次方程(2)的图形都是一个平面.称方程(2)为**平面的一般式方程**,其中 x,y,z 的

系数(A,B,C)就是该平面的法向量 $\boldsymbol{n}$ 的坐标.

在平面的一般方程中,应熟悉一些特殊位置的平面.

当 $D=0$ 时,平面通过原点.

当 $A=0,D=0$ 时,平面通过 x 轴.

坐标面方程为

$$x=0(yOz\text{ 面}),$$
$$y=0(xOz\text{ 面}),$$
$$z=0(xOy\text{ 面}).$$

平行于坐标面的平面方程为

$$x=a(\text{平行于 }yOz\text{ 面}),$$
$$y=b(\text{平行于 }xOz\text{ 面}),$$
$$z=c(\text{平行于 }xOy\text{ 面}).$$

平行于坐标轴的平面方程为

$$Ax+By+D=0(\text{平行于 }z\text{ 轴}),$$
$$Ax+Cz+D=0(\text{平行于 }y\text{ 轴}),$$
$$By+Cz+D=0(\text{平行于 }x\text{ 轴}).$$

例 10 求过 z 轴和点 $M(-3,1,-2)$的平面方程.

解 由于平面通过 z 轴,所以 $C=0,D=0$,故可设所求方程为

$$Ax+By=0.$$

将点 $M(-3,1,-2)$代入方程,得$-3A+B=0$,即 $B=3A$.

所以所求方程为 $x+3y=0$.

例 11 求过点 $P(a,0,0),Q(0,b,0),R(0,0,c)$($a,b,c$ 均不为零)的平面方程.

解 设平面方程为 $Ax+By+Cz+D=0$,将三点坐标代入方程,得

$$\begin{cases}Aa+D=0,\\Bb+D=0,\\Cc+D=0.\end{cases}$$

解之得 $A=-\dfrac{D}{a},B=-\dfrac{D}{b},C=-\dfrac{D}{c}$.

代入方程,整理得所求平面方程为

$$\frac{x}{a}+\frac{y}{b}+\frac{z}{c}=1.$$

四、空间直线及其方程

1. 空间直线的一般方程

空间直线 l 可以看作是两个平面 π_1 与 π_2 的交线. 如果两个相交的平面 π_1 和 π_2 的方程分别为 $A_1x+B_1y+C_1z+D_1=0$ 和 $A_2x+B_2y+C_2z+D_2=0$,那么直线 l 上任一点的坐标应同时满足这两个平面的方程,即应满足方程组

$$\begin{cases}A_1x+B_1y+C_1z+D_1=0,\\A_2x+B_2y+C_2z+D_2=0.\end{cases}\tag{3}$$

反过来，如果点 M 不在直线 l 上，那么它不可能同时在平面 π_1 和 π_2 上，所以它的坐标不满足方程组(3).

方程组(3)叫作**空间直线的一般方程**.

过一条直线的平面有无数个，但只要在其中任取两个，把它们的方程联立起来，所得的方程组就表示空间直线 l.

2. 空间直线的点向式方程与参数方程

如果一非零向量平行于一条已知直线，那么这个向量叫作直线的**方向向量**. 由于过空间一点只能作一条直线平行于一已知直线，所以已知直线上的一点及该直线的方向向量，就可以建立该直线的方程.

设 $M_0(x_0,y_0,z_0)$ 是直线 l 上的一定点，非零向量 $\boldsymbol{s}=(m,n,p)$ 是直线 l 的方向向量，点 $M(x,y,z)$ 为直线上任意一点(图 8-12).

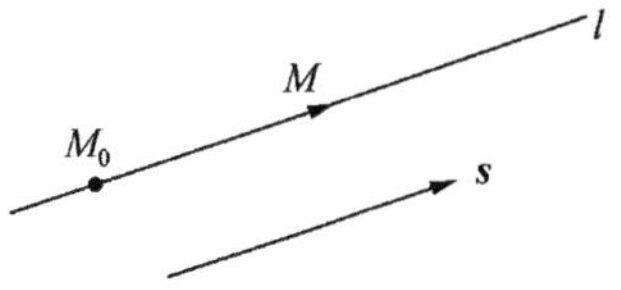

图 8-12

因为向量 $\overrightarrow{M_0M}$ 与 l 的方向向量 $\boldsymbol{s}$ 平行，又 $\overrightarrow{M_0M}=(x-x_0,y-y_0,z-z_0)$，$\boldsymbol{s}=(m,n,p)$，由向量平行的条件，有

$$\frac{x-x_0}{m}=\frac{y-y_0}{n}=\frac{z-z_0}{p}. \tag{4}$$

反之，如果点 M 不在直线 l 上，那么 $\overrightarrow{M_0M}$ 与 $\boldsymbol{s}$ 不平行，M 的坐标不满足(4)式. 所以方程组(4)就是直线 l 的方程，叫作直线的**点向式方程**.

直线的任一方向向量 $\boldsymbol{s}$ 的坐标 (m,n,p) 叫作直线的一组**方向数**.

注 在方程组(4)中，若 $m=0$，则方程组应理解为

$$\begin{cases} x-x_0=0, \\ \dfrac{y-y_0}{n}=\dfrac{z-z_0}{p}. \end{cases}$$

如果 $m=0,n=0$，则 $\begin{cases} x-x_0=0, \\ y-y_0=0. \end{cases}$

如果设 $\dfrac{x-x_0}{m}=\dfrac{y-y_0}{n}=\dfrac{z-z_0}{p}=t$，则有

$$\begin{cases} x=x_0+mt, \\ y=y_0+nt, \\ z=z_0+pt. \end{cases} \tag{5}$$

方程组(5)称为**直线的参数方程**.

例 12 求过点 $(1,3,-2)$ 且垂直于平面 $2x+y-3z+1=0$ 的直线方程.

解 由于所求直线与已知平面垂直，故平面的法向量与直线的方向向量平行，所以所求直线的方向向量可取为 $\boldsymbol{s}=\boldsymbol{n}=(2,1,-3)$，故所求的直线方程为

$$\frac{x-1}{2}=\frac{y-3}{1}=\frac{z+2}{-3}.$$

例 13 求过两点 $A(1,-2,1)$，$B(5,4,3)$ 的直线方程.

解 由于直线过 A,B 两点，可取方向向量 $\boldsymbol{s}=\overrightarrow{AB}=(4,6,2)$.

故所求的直线方程为

$$\frac{x-1}{4}=\frac{y+2}{6}=\frac{z-1}{2}.$$

例 14 求直线

$$l:\begin{cases}x+2y+3z-6=0,\\2x+3y-4z-1=0\end{cases}$$

的点向式方程和参数式方程.

解 点向式方程有两个要素:直线经过的点和方向向量.

首先求出直线经过的点,即满足上面方程组的(x,y,z). 令 $z=0$,则方程组化为

$$\begin{cases}x+2y-6=0,\\2x+3y-1=0,\end{cases}$$

解得$\begin{cases}x=-16,\\y=11,\end{cases}$于是点$(-16,11,0)$在直线上.

其次求出方向向量 $\boldsymbol{s}$. 在方程组中,分别记第一个方程和第二个方程表示的平面为 π_1 和 π_2,则 π_1 和 π_2 的法向量分别为 $\boldsymbol{n}_1=(1,2,3)$,$\boldsymbol{n}_2=(2,3,-4)$. 因为 $\boldsymbol{s}\perp\boldsymbol{n}_1$,$\boldsymbol{s}\perp\boldsymbol{n}_2$,所以 $\boldsymbol{s}$ 平行于 $\boldsymbol{n}_1\times\boldsymbol{n}_2$,故可取直线 l 的方向向量 $\boldsymbol{s}=\boldsymbol{n}_1\times\boldsymbol{n}_2$,即

$$\boldsymbol{s}=\boldsymbol{n}_1\times\boldsymbol{n}_2=\begin{vmatrix}\boldsymbol{i}&\boldsymbol{j}&\boldsymbol{k}\\1&2&3\\2&3&-4\end{vmatrix}=(-17,10,-1).$$

于是直线 l 的点向式方程为

$$\frac{x+16}{-17}=\frac{y-11}{10}=\frac{z}{-1}.$$

直线 l 的参数式方程为

$$\begin{cases}x=-16-17t,\\y=11+10t,\\z=-t.\end{cases}$$

五、线、面的位置关系

1. 两平面的位置关系

(1) 平面间平行、垂直的判定及夹角计算.

设两平面 π_1,π_2 的方程分别为 $A_1x+B_1y+C_1z+D_1=0$,$A_2x+B_2y+C_2z+D_2=0$,则它们的法向量分别为$\boldsymbol{n}_1=(A_1,B_1,C_1)$,$\boldsymbol{n}_2=(A_2,B_2,C_2)$.

① 平面 $\pi_1 /\!/ \pi_2 \Leftrightarrow \boldsymbol{n}_1 /\!/ \boldsymbol{n}_2 \Leftrightarrow \boldsymbol{n}_1\times\boldsymbol{n}_2=\boldsymbol{0}\Leftrightarrow\frac{A_1}{A_2}=\frac{B_1}{B_2}=\frac{C_1}{C_2}$.

(若某个分母为 0,则对应分子也为 0,重合作为平行的特例)

② 平面 $\pi_1\perp\pi_2\Leftrightarrow\boldsymbol{n}_1\perp\boldsymbol{n}_2\Leftrightarrow\boldsymbol{n}_1\cdot\boldsymbol{n}_2=0\Leftrightarrow A_1A_2+B_1B_2+C_1C_2=0$.

③ 若 π_1,π_2 既不平行,又不垂直,记$(\widehat{\pi_1,\pi_2})$为 π_1,π_2 所成两面角的平面角(平面夹角),因为$(\widehat{\pi_1,\pi_2})\leqslant 90^\circ$,所以

$$\cos(\widehat{\pi_1,\pi_2})=|\cos(\widehat{\boldsymbol{n}_1,\boldsymbol{n}_2})|=\frac{|\boldsymbol{n}_1\cdot\boldsymbol{n}_2|}{|\boldsymbol{n}_1|\cdot|\boldsymbol{n}_2|}=\frac{|A_1A_2+B_1B_2+C_1C_2|}{\sqrt{A_1^2+B_1^2+C_1^2}\cdot\sqrt{A_2^2+B_2^2+C_2^2}}.\tag{6}$$

(2) 点到平面的距离公式.

已知平面 π：$Ax+By+Cz+D=0$ 和平面外一点 $P(x_0,y_0,z_0)$，过点 P 作 π 的垂线，垂足为 Q，称 $d=|PQ|$ 为 P 到平面 π 的距离，即

$$d=\frac{|Ax_0+By_0+Cz_0+D|}{\sqrt{A^2+B^2+C^2}}. \tag{7}$$

例 15 求两平行平面 π_1：$3x+2y-6z-35=0$ 和 π_2：$3x+2y-6z-56=0$ 间的距离.

解 两平行平面的距离就是其中一个平面上任意一点到另一个平面的距离.

取 $P(1,1,-5)\in\pi_1$，点 P 到平面 π_2 的距离为

$$d=\frac{|3\times1+2\times1+(-6)\times(-5)-56|}{\sqrt{3^2+2^2+(-6)^2}}=\frac{21}{7}=3.$$

2. 两直线的位置关系

(1) 直线间平行、垂直的判定及夹角计算.

设直线 l_1,l_2 的方程分别为 $\frac{x-x_1}{m_1}=\frac{y-y_1}{n_1}=\frac{z-z_1}{p_1}$，$\frac{x-x_2}{m_2}=\frac{y-y_2}{n_2}=\frac{z-z_2}{p_2}$，方向向量分别为

$$\boldsymbol{s}_1=(m_1,n_1,p_1),\boldsymbol{s}_2=(m_2,n_2,p_2).$$

① 直线 $l_1/\!/l_2\Leftrightarrow\boldsymbol{s}_1\times\boldsymbol{s}_2=\boldsymbol{0}\Leftrightarrow\frac{m_1}{m_2}=\frac{n_1}{n_2}=\frac{p_1}{p_2}$.

(若某个分母为 0，则对应分子也为 0，重合作为平行的特例)

② 直线 $l_1\perp l_2\Leftrightarrow\boldsymbol{s}_1\cdot\boldsymbol{s}_2=0\Leftrightarrow m_1m_2+n_1n_2+p_1p_2=0$.

③ 若 l_1,l_2 既不平行，又不垂直，记 $(\widehat{l_1,l_2})$ 为 l_1,l_2 所成的角，$(\widehat{l_1,l_2})\leqslant90^\circ$，则

$$\cos(\widehat{l_1,l_2})=|\cos(\widehat{\boldsymbol{s}_1,\boldsymbol{s}_2})|=\frac{|\boldsymbol{s}_1\cdot\boldsymbol{s}_2|}{|\boldsymbol{s}_1|\cdot|\boldsymbol{s}_2|}=\frac{|m_1m_2+n_1n_2+p_1p_2|}{\sqrt{m_1^2+n_1^2+p_1^2}\cdot\sqrt{m_2^2+n_2^2+p_2^2}}. \tag{8}$$

(2) 点到直线的距离公式.

已知直线 l：$\frac{x-x_0}{m}=\frac{y-y_0}{n}=\frac{z-z_0}{p}$ 和直线外一点 $P(x_0,y_0,z_0)$，过 P 作 l 的垂直平面，垂足为 Q，称 $d=|PQ|$ 为 P 到直线 l 的距离.

例 16 求原点到直线 l：$\frac{x-1}{2}=\frac{y-1}{1}=\frac{z}{1}$ 的距离.

解 直线 l 的方向向量为 $\boldsymbol{s}=(2,1,1)$，过原点作 l 的垂直平面 π，垂足为 Q，则 $\boldsymbol{s}$ 就是 π 的法向量，所以 π 的方程为 $2x+y+z=0$.

解方程组 $\begin{cases}\frac{x-1}{2}=\frac{y-1}{1}=\frac{z}{1},\\ 2x+y+z=0,\end{cases}$ 得 $\begin{cases}x=0,\\ y=\frac{1}{2},\\ z=-\frac{1}{2}.\end{cases}$

所以 Q 的坐标是 $\left(0,\frac{1}{2},-\frac{1}{2}\right)$.

原点到直线 l 的距离

$$d=|OQ|=\sqrt{(0-0)^2+\left(\frac{1}{2}-0\right)^2+\left(-\frac{1}{2}-0\right)^2}=\frac{\sqrt{2}}{2}.$$

3. 直线与平面的位置关系

直线与平面有平行、垂直、相交三种关系.

设有平面 π：$Ax+By+Cz+D=0$，直线 l：$\dfrac{x-x_0}{m}=\dfrac{y-y_0}{n}=\dfrac{z-z_0}{p}$，平面 π 的法向量 $\boldsymbol{n}=(A,B,C)$，直线 l 的方向向量 $\boldsymbol{s}=(m,n,p)$.

(1) $l/\!/\pi \Leftrightarrow \boldsymbol{s}\perp\boldsymbol{n} \Leftrightarrow \boldsymbol{s}\cdot\boldsymbol{n}=0 \Leftrightarrow Am+Bn+Cp=0$.

(2) $l\perp\pi \Leftrightarrow \boldsymbol{s}/\!/\boldsymbol{n} \Leftrightarrow \boldsymbol{s}\times\boldsymbol{n}=\boldsymbol{0} \Leftrightarrow \dfrac{A}{m}=\dfrac{B}{n}=\dfrac{C}{p}$.

若某个分母为 0，则对应分子也为 0，直线在平面上作为平行的特例.

(3) l,π 的交角为 $\varphi\left(0\leqslant\varphi\leqslant\dfrac{\pi}{2}\right)$，则 $\varphi=\left|\dfrac{\pi}{2}-(\widehat{\boldsymbol{s},\boldsymbol{n}})\right|$.

$$\sin\varphi=|\cos(\widehat{\boldsymbol{s},\boldsymbol{n}})|=\frac{|Am+Bn+Cp|}{\sqrt{A^2+B^2+C^2}\cdot\sqrt{m^2+n^2+p^2}}. \tag{9}$$

例 17 求直线 l：$\begin{cases}2x-y=1,\\ y+z=0\end{cases}$ 与平面 π：$x+y+z+1=0$ 之间的夹角 φ.

解 直线 l 的方向向量

$\boldsymbol{s}=\begin{vmatrix}-1 & 0\\ 1 & 1\end{vmatrix}\boldsymbol{i}-\begin{vmatrix}2 & 0\\ 0 & 1\end{vmatrix}\boldsymbol{j}+\begin{vmatrix}2 & -1\\ 0 & 1\end{vmatrix}\boldsymbol{k}=-\boldsymbol{i}-2\boldsymbol{j}+2\boldsymbol{k}=(-1,-2,2)$. 平面 π 的法向量 $\boldsymbol{n}=(1,1,1)$，所以由公式(9)可得

$$\sin\varphi=\frac{|1\times(-1)+1\times(-2)+1\times 2|}{\sqrt{1^2+1^2+1^2}\cdot\sqrt{(-1)^2+(-2)^2+2^2}}=\frac{\sqrt{3}}{9},$$

所以 $\varphi=\arcsin\dfrac{\sqrt{3}}{9}\approx 11.1^\circ$.

习题 8-1(A)

1. 写出下列特殊点的坐标：(1) 原点；(2) x 轴上的点；(3) y 轴上的点；(4) z 轴上的点；(5) xOy 面上的点；(6) yOz 面上的点；(7) zOx 面上的点.

2. 写出下列平面的方程：(1) yOz 面；(2) zOx 面；(3) xOy 面；(4) 平行于 yOz 面的平面；(5) 平行于 zOx 面的平面；(6) 平行于 xOy 面的平面.

3. 写出下列直线的方程：(1) x 轴；(2) y 轴；(3) z 轴.

4. 已知 $\boldsymbol{a}=3\boldsymbol{i}-\boldsymbol{j}-2\boldsymbol{k}$，$\boldsymbol{b}=\boldsymbol{i}+2\boldsymbol{j}-\boldsymbol{k}$，$\boldsymbol{c}=\boldsymbol{i}+2\boldsymbol{j}$，求：

(1) $\boldsymbol{a}\cdot\boldsymbol{b}$；(2) $\boldsymbol{a}\times\boldsymbol{b}$；(3) $(\boldsymbol{a}+\boldsymbol{b})\cdot(2\boldsymbol{b}-\boldsymbol{c})$；(4) $\boldsymbol{a}\times(\boldsymbol{b}\times\boldsymbol{c})$.

5. 求过点 $(2,-2,1)$，且以 $\boldsymbol{n}=(-1,-1,-2)$ 为法向量的平面方程.

6. 求过点 $(1,1,-1)$，且以 $(3,0,-3)$ 为方向向量的直线方程.

7. 求过三点 $M_1(1,-1,-2)$，$M_2(-1,2,0)$，$M_3(1,3,1)$ 的平面方程.

8. 求与直线 $\begin{cases}x+y+z=1,\\ y-z=4\end{cases}$ 垂直，且与 z 轴交点的竖坐标为 -1 的平面方程.

9. 求平面 $2x-y+z=9$ 与平面 $x+y+2z=10$ 的夹角.

10. 求点 $(1,2,1)$ 到平面 $x+2y+2z=10$ 的距离.

11. 求直线$\begin{cases}x-y+z=4,\\2x+y-2z+5=0\end{cases}$与直线$\begin{cases}x+y+z=4,\\2x+3y-z-6=0\end{cases}$的夹角的余弦.

12. 求直线$\begin{cases}x-y=1,\\y+z=1\end{cases}$与平面 $2x+y+z=6$ 交点的坐标.

习题 8-1(B)

1. 已知 $\boldsymbol{a}=(3,3,-1)$,$\boldsymbol{b}=(2,-2,-1)$,计算 $\boldsymbol{a}\times\boldsymbol{b}$,$\boldsymbol{b}\times\boldsymbol{a}$.

2. 设 $\boldsymbol{a}=(1,2,3)$,$\boldsymbol{b}=(-2,y,4)$,求常数 y,使得 $\boldsymbol{a}\perp\boldsymbol{b}$.

3. 试确定 m 和 n 的值,使向量 $\boldsymbol{a}=-2\boldsymbol{i}+3\boldsymbol{j}+n\boldsymbol{k}$ 和 $\boldsymbol{b}=m\boldsymbol{i}-6\boldsymbol{j}+2\boldsymbol{k}$ 平行.

4. 指出下列平面位置的特点:

(1) $2x+z+1=0$;(2) $y-z=0$;(3) $x+2y-z=0$;(4) $9y-1=0$;(5) $x=0$.

5. 求过点$(2,-2,1)$,且与 yOz 平面平行的平面方程.

6. (1) 求过点$(5,-3,2)$,且与直线$\dfrac{x-1}{3}=\dfrac{y+3}{2}=\dfrac{z-1}{-1}$平行的直线方程;

(2) 求过点$(5,-3,2)$,且与平面 $x+y-z+8=0$ 垂直的直线方程.

7. 试写出与 x 轴平行的直线方程的一般形式.

8. 求满足下列条件的平面方程:

(1) 过点 $M_1(0,-2,1)$,$M_2(1,-2,0)$,法向量 $\boldsymbol{n}=\left(\cos\alpha,\cos\beta,\dfrac{1}{2}\right)$;

(2) 过直线 l_1:$\dfrac{x}{1}=\dfrac{y}{1}=\dfrac{z-1}{-2}$与直线 l_2:$\begin{cases}x+y+z=1,\\y-z=4\end{cases}$平行.

9. 求满足下列条件的直线方程:

(1) 过点 $M_0(1,-1,1)$且与平面 π_1:$x+y-2z=1$ 和 π_2:$-2x+y-2z=2$ 平行;

(2) 同时垂直于直线 l_1:$\begin{cases}x-y+z=1,\\x+y-z=4\end{cases}$和 l_2:$\begin{cases}x-y+z=1,\\x+y+z=4\end{cases}$且过原点.

10. 在 x 轴上求一点 P,使点 P 到平面 $x-2y+z=0$ 的距离为 1.

11. 已知直线$\dfrac{x-1}{1}=\dfrac{y}{-4}=\dfrac{z+3}{1}$上点$(1,0,-3)$到平面 $2x+y-2z=D$ 的距离为 4,试确定 D 的值.

12. 已知直线$\dfrac{x-x_0}{2}=\dfrac{y-y_0}{-1}=\dfrac{z-z_0}{1}$与$\dfrac{x-x_1}{-1}=\dfrac{y-y_1}{2}=\dfrac{z-z_1}{p}$的夹角为 45°,求 p 的值.

§8-2 多元函数的概念

一、多元函数的概念

在学习一元函数时,经常用到邻域和区间的概念,讨论多元函数时同样要用到类似的概念.现在我们将邻域和区间的概念加以推广,为学习多元函数的微积分打好基础.

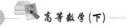

若点 $P_0(x_0, y_0)$ 是 xOy 面上的一个点，$\delta>0$，我们把点集

$$\{(x,y) \mid \sqrt{(x-x_0)^2+(y-y_0)^2}<\delta\}$$

称为点 $P_0(x_0, y_0)$ 的 δ **邻域**，记为 $U(P_0,\delta)$，即在几何上，$U(P_0,\delta)$ 就是 xOy 平面上以点 $P_0(x_0, y_0)$ 为圆心、δ 为半径的圆的内部的点 $P(x,y)$ 的全体(图 8-13).

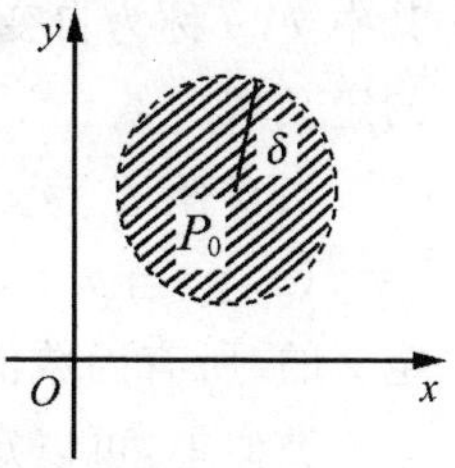

图 8-13

对于点 $P_0(x_0, y_0)$ 的 δ 邻域，当不包括点 $P_0(x_0, y_0)$ 时，称它为点 P_0 的**空心 δ 邻域**，记作 $\mathring{U}(P_0,\delta)$. 如不需强调邻域半径 δ，可记为 $\mathring{U}(P_0)$.

由 xOy 平面上的一条或几条曲线所围成的一部分平面或整个平面，称为 xOy 平面上的一个**平面区域**. 围成平面区域的曲线称为**区域边界**. 不包含边界的区域称为**开区域**，包含全部边界的区域称为**闭区域**，包含部分边界的区域称为**半开半闭区域**. 若能找到适当的圆，使区域内的所有点都在该圆内，则这样的区域称为**有界区域**. 否则，称为**无界区域**.

例如，$D=\{(x,y) \mid -\infty<x<+\infty, -\infty<y<+\infty\}$ 是无界区域，它表示整个 xOy 平面；

$D=\{(x,y) \mid 1<x^2+y^2<4\}$ 是有界开区域(图 8-14，不包括边界)；

$D=\{(x,y) \mid x+y>0\}$ 是无界开区域(图 8-15)，它是以直线 $x+y=0$ 为边界的上半平面，但不包括边界直线 $x+y=0$.

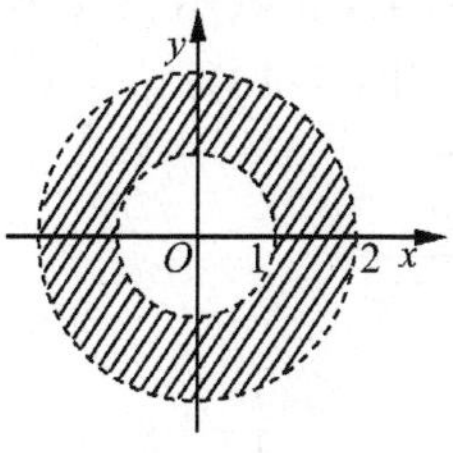

图 8-14

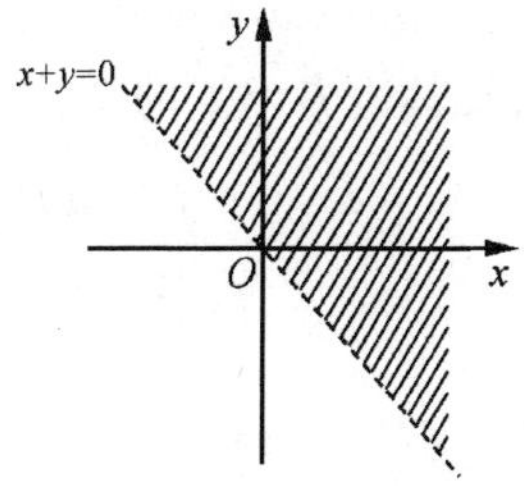

图 8-15

1. 多元函数的定义

在许多实际问题中，常常会遇到一个变量依赖于多个其他变量的情形，如：

例 1 三角形的面积 S 与其底长 a、高 h 有下列依赖关系：

$$S=\frac{1}{2}ah(a>0, h>0).$$

其中底长 a、高 h 是独立取值的两个变量. 在它们的变化范围内，当 a, h 取定值后，三角形的面积 S 有唯一确定的值与之对应.

例 2 一定质量的理想气体的压强 P 与体积 V 和绝对温度 T 之间满足下列确定性关系：

$$P=k\frac{T}{V}.$$

其中 k 为常数，T,V 为取值于集合 $\{(T,V) \mid T>T_0, V>0\}$ 中的实数对.

这些例子有一些共同的特性，抽出其共性就可以得到以下二元函数的定义.

定义 1 设有三个变量 x,y,z，如果对于变量 x,y，在它们的变化范围 D 内的每一对确定的值 (x,y)，按照某一对应法则 f，变量 z 都有确定的值与之对应，则称变量 z 为变量 x,y 在 D 上的**二元函数**，记作

$$z=f(x,y).$$

其中 x,y 称为自变量，z 称为 x,y 的函数（或因变量）. 自变量 x,y 的变化范围 D 称为函数的定义域.

当自变量 x,y 分别取 x_0,y_0 时，函数 z 的对应值为 z_0，记作 $z_0=f(x_0,y_0)$，称为函数 $z=f(x,y)$ 当 $x=x_0,y=y_0$ 时的函数值. 这时也称函数 $z=f(x,y)$ 在点 $P_0(x_0,y_0)$ 处是有定义的. 所有函数值的集合叫作函数 $z=f(x,y)$ 的值域.

类似地，可以定义三元函数 $u=f(x,y,z)$ 以及三元以上的函数. 二元及二元以上的函数统称为**多元函数**. 本章主要讨论二元函数.

2. 二元函数的定义域

同一元函数一样，二元函数的定义域也是函数概念的一个重要组成部分. 对于从实际问题中建立起来的函数，一般根据自变量所表示的实际意义确定函数的定义域，如例 1 中的 $a>0$，$h>0$. 而对于由数学式子表示的函数 $z=f(x,y)$，其定义域就是能使该数学式子有意义的那些自变量取值的全体. 求函数的定义域，就是求出使函数有意义的所有自变量的取值范围.

例 3 求函数 $z=\sqrt{9-x^2-y^2}$ 的定义域，并计算 $f(0,1)$ 和 $f(-1,1)$.

解 要使函数有意义，自变量 x,y 必须满足不等式

$$x^2+y^2\leqslant 9,$$

即函数的定义域为 $D=\{(x,y)\mid x^2+y^2\leqslant 9\}$. 在几何上，它表示在 xOy 平面上以原点为圆心、半径为 3 的圆及其边界上点的全体（有界闭区域）（图 8-16）.

$$f(0,1)=\sqrt{9-0^2-1^2}=2\sqrt{2},$$

$$f(-1,1)=\sqrt{9-(-1)^2-1^2}=\sqrt{7}.$$

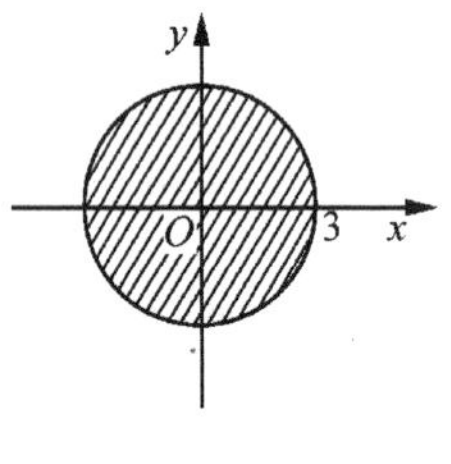

图 8-16

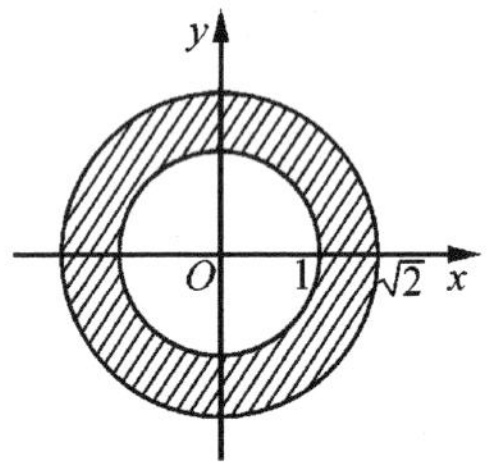

图 8-17

例 4 求函数 $z=\arcsin\dfrac{x^2+y^2}{2}+\sqrt{x^2+y^2-1}$ 的定义域.

解 要使函数有意义，x,y 应满足不等式组

$$\begin{cases}-1\leqslant\dfrac{x^2+y^2}{2}\leqslant 1,\\ x^2+y^2\geqslant 1,\end{cases}$$

即

$$1\leqslant x^2+y^2\leqslant 2.$$

因此，函数的定义域为 $D=\{(x,y)\mid 1\leqslant x^2+y^2\leqslant 2\}$. 在几何上，它表示 xOy 平面上的圆环（有界闭区域）（图 8-17）.

3. 二元函数的几何意义

我们知道，一元函数 $y=f(x)$ 的几何图形是 xOy 平面上的一条曲线. 对于二元函数 $z=$

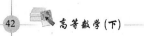

$f(x,y)$，设其定义域为 D，$P_0(x_0,y_0)$ 为函数定义域中的一点，与 P_0 点对应的函数值记为 $z_0=f(x_0,y_0)$，于是可在空间直角坐标系 $O\text{-}xyz$ 中作出点 $M_0(x_0,y_0,z_0)$. 当点 $P(x,y)$ 在定义域 D 内变动时，对应点 $M(x,y,z)$ 的轨迹就是函数 $z=f(x,y)$ 的几何图形，它通常是一张曲面. 这就是二元函数的几何意义，如图 8-18 所示. 定义域 D 正是这张曲面在 xOy 平面上的投影.

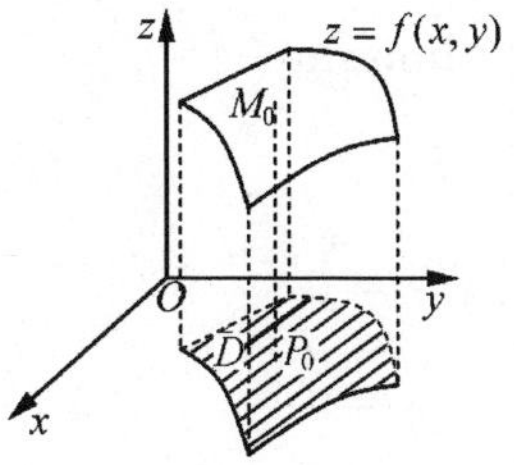

图 8-18

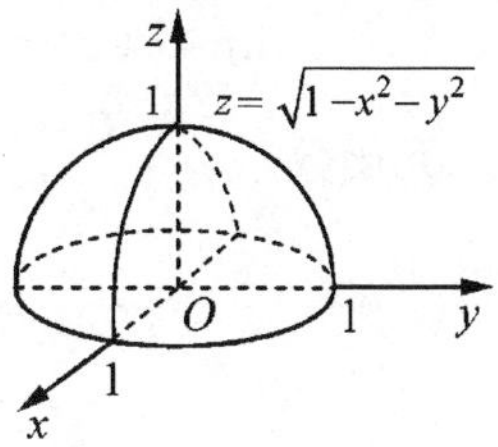

图 8-19

例 5 作二元函数 $z=\sqrt{1-x^2-y^2}$ 的图形.

解 函数 $z=\sqrt{1-x^2-y^2}$ 的定义域为 $D=\{(x,y)\mid x^2+y^2\leqslant 1\}$，即为单位圆的内部及其边界.

对表达式 $z=\sqrt{1-x^2-y^2}$ 的两边平方，得

$$z^2=1-x^2-y^2,$$

即

$$x^2+y^2+z^2=1.$$

在空间，它表示以 $(0,0,0)$ 为球心、1 为半径的球面. 又 $z\geqslant 0$，故函数 $z=\sqrt{1-x^2-y^2}$ 的图形是位于 xOy 平面上方的半球面(图 8-19).

二、二元函数的极限

我们知道，利用极限可以研究函数的变化趋势. 由于二元函数有两个自变量，所以二元函数的自变量的变化过程比一元函数的自变量的变化过程要复杂得多.

下面考虑当点 $P(x,y)$ 趋近于点 $P_0(x_0,y_0)$（记为 $P(x,y)\to P_0(x_0,y_0)$ 或 $x\to x_0,y\to y_0$）时，函数 $z=f(x,y)$ 的变化趋势.

定义 2 设函数 $z=f(x,y)$ 在点 $P_0(x_0,y_0)$ 的某一空心邻域内有定义，如果在此邻域内的动点 $P(x,y)$ 以任意方式趋近于点 $P_0(x_0,y_0)$ 时，对应的函数值 $f(x,y)$ 都趋近于一个确定的常数 A，那么称这个常数 A 为函数 $z=f(x,y)$ 当 $(x,y)\to(x_0,y_0)$ 时的极限，记为

$$\lim_{(x,y)\to(x_0,y_0)} f(x,y)=A,\ \lim_{\substack{x\to x_0\\ y\to y_0}} f(x,y)=A \text{ 或 } \lim_{P\to P_0} f(x,y)=A.$$

说明 (1) 二元函数的极限存在要求点 $P(x,y)$ 以任意方式趋近于点 $P_0(x_0,y_0)$ 时，$f(x,y)$ 都趋近于同一个确定的常数 A；反之，如果当 $P(x,y)$ 沿一些不同的路径趋近于点 $P_0(x_0,y_0)$ 时，函数 $z=f(x,y)$ 趋近于不同的值，那么可以断定 $\lim\limits_{\substack{x\to x_0\\ y\to y_0}} f(x,y)$ 不存在.

(2) 可把一元函数极限的四则运算法则及一些方法推广到二元函数的极限运算.

例 6 求下列极限：

(1) $\lim\limits_{(x,y)\to(1,2)}\dfrac{x^2+y^2}{xy}$；　　　　(2) $\lim\limits_{(x,y)\to(0,0)}(x^2+y^2)\sin\dfrac{1}{x^2+y^2}$.

解 (1) $\text{原式}=\dfrac{\lim\limits_{(x,y)\to(1,2)}(x^2+y^2)}{\lim\limits_{(x,y)\to(1,2)}(xy)}=\dfrac{\lim\limits_{(x,y)\to(1,2)}x^2+\lim\limits_{(x,y)\to(1,2)}y^2}{\lim\limits_{(x,y)\to(1,2)}x\cdot\lim\limits_{(x,y)\to(1,2)}y}=\dfrac{1^2+2^2}{1\times 2}=\dfrac{5}{2}$.

(2) 令 $r=x^2+y^2$，则当 $x\to 0, y\to 0$ 时，$r\to 0$. 故

$$\lim_{(x,y)\to(0,0)}(x^2+y^2)\sin\frac{1}{x^2+y^2}=\lim_{r\to 0}r\sin\frac{1}{r}=0.$$

例 7 讨论二元函数

$$f(x,y)=\begin{cases}\dfrac{xy}{x^2+y^2}, & x^2+y^2\neq 0,\\ 0, & x^2+y^2=0.\end{cases}$$

当 $P(x,y)\to O(0,0)$ 时，极限是否存在.

解 当 $P(x,y)$ 沿直线 $y=kx$ 趋近于点 $(0,0)$ 时，

$$f(x,y)=f(x,kx)=\frac{k}{1+k^2}\ (x\neq 0),$$

所以

$$\lim_{(x,y)\to(0,0)}f(x,y)=\lim_{x\to 0}\frac{k}{1+k^2}=\frac{k}{1+k^2}.$$

可见其极限值是随直线斜率 k 的不同而不同的，因此 $\lim\limits_{(x,y)\to(0,0)}f(x,y)$ 不存在.

三、二元函数的连续性

仿照一元函数连续性的定义，下面给出二元函数连续性的定义.

定义 3 设函数 $z=f(x,y)$ 在点 $P_0(x_0,y_0)$ 的某一邻域内有定义，如果当邻域内的任意一点 $P(x,y)$ 趋近于点 $P_0(x_0,y_0)$ 时，函数 $z=f(x,y)$ 的极限等于 $f(x,y)$ 在点 $P_0(x_0,y_0)$ 处的函数值 $f(x_0,y_0)$，即

$$\lim_{(x,y)\to(x_0,y_0)}f(x,y)=f(x_0,y_0),$$

则称**函数 $f(x,y)$ 在点 $P_0(x_0,y_0)$ 处连续**.

如果函数 $z=f(x,y)$ 在区域 D 上的每一点处都连续，则称函数 $z=f(x,y)$ **在区域 D 上连续**. 连续的二元函数 $z=f(x,y)$ 在几何上表示一张无缝隙的曲面.

如果函数 $z=f(x,y)$ 在点 $P_0(x_0,y_0)$ 处不连续，则称该点为函数 $z=f(x,y)$ 的**间断点**.

与一元函数类似，二元连续函数的和、差、积、商(分母不为零)仍为连续函数，二元连续函数的复合函数也是连续函数.

定义 4 由变量 x,y 的基本初等函数及常数经过有限次的四则运算或复合而构成的，且用一个数学式子表示的二元函数称为**二元初等函数**.

根据以上所述，可以得到以下结论：二元初等函数在其定义区域内是连续的. 即设 (x_0,y_0) 是二元初等函数 $z=f(x,y)$ 的定义域内的任一点，则有

$$\lim_{(x,y)\to(x_0,y_0)}f(x,y)=f(x_0,y_0).$$

例如，$\lim\limits_{(x,y)\to\left(0,\frac{1}{2}\right)}\arccos\sqrt{x^2+y^2}=\arccos\sqrt{0^2+\left(\dfrac{1}{2}\right)^2}=\dfrac{\pi}{3}$.

与闭区间上的一元连续函数的性质类似，在有界闭区域上的二元连续函数也有以下两个重要性质：

性质 1(最值性质) 如果函数 $f(x,y)$ 在有界闭区域 D 上连续，则 $f(x,y)$ 在 D 上一定存在最大值和最小值.

性质 2(介值性质) 如果函数 $f(x,y)$ 在有界闭区域 D 上连续，则 $f(x,y)$ 在 D 上一定可取得介于函数最大值 M 与最小值 m 之间的任何值. 即如果 μ 是 M 与 m 之间的任一常数 $(m<\mu<M)$，则在 D 上至少存在一点 $(\xi,\eta)\in D$，使得

$$f(\xi,\eta)=\mu.$$

二元函数的极限与连续的理论可以类似地推广到二元以上的函数.

习题 8-2(A)

1. 已知 $f(x,y)=x^2+y^2-\dfrac{x}{y}$，求 $f(2,1)$.

2. 已知 $f(x,y)=\dfrac{x^2+y^2}{xy}$，求 $f\left(1,\dfrac{1}{y}\right)$.

3. 求下列函数的定义域，并画出定义域所表示的区域：

(1) $z=\ln(x+y)$； (2) $z=\sqrt{9-x^2-y^2}+\sqrt{x^2+y^2-1}$.

4. 求 $\lim\limits_{\substack{x\to 1\\ y\to 0}}(3x^2+2y^2+xy)$.

5. 求 $\lim\limits_{\substack{x\to 1\\ y\to 0}}\dfrac{\ln(x+e^y)}{\sqrt{x^2+y^2}}$.

习题 8-2(B)

1. 确定并画出下列函数的定义域：

(1) $z=\ln(x^2-y-1)$； (2) $z=\sqrt{x+y}+\sqrt{2-x}$；

(3) $z=\sqrt{1-x^2}+\sqrt{y^2-1}$； (4) $z=\arcsin\dfrac{x}{y}$.

2. 设函数 $f(x,y)=x^3-2xy+3y^2$，求：

(1) $f(-2,3)$； (2) $f\left(\dfrac{1}{y},\dfrac{2}{x}\right)$.

3. 求极限(若不存在，说明理由)：

(1) $\lim\limits_{\substack{x\to 1\\ y\to 0}}\dfrac{1-xy}{x^2+y^2}$； (2) $\lim\limits_{\substack{x\to 0\\ y\to 0}}\dfrac{x+y}{x-y}$.

4. 求下列函数的间断点或间断曲线：

(1) $z=\dfrac{1+xy}{x^2-y^2}$； (2) $z=\dfrac{x}{y}-\dfrac{y}{x}$.

5. 作出二元函数 $z=\sqrt{4-x^2-y^2}$ 的图象.

§8-3 偏导数与全微分

一、偏导数的概念及求法

1. 偏导数的定义

在研究一元函数时，是从研究函数的变化率引入了导数的概念. 对于多元函数同样需要讨论它的变化率. 由于多元函数的自变量不止一个，多元函数与自变量的关系要比一元函数复杂得多. 为此，首先考虑多元函数关于其中一个自变量的变化率问题，于是引入偏导数的概念.

定义 1 设函数 $z=f(x,y)$ 在点 (x_0,y_0) 的某一邻域内有定义，当 y 固定在 y_0，而 x 在 x_0 处有增量 Δx 时，相应的函数有增量

$$f(x_0+\Delta x,y_0)-f(x_0,y_0).$$

如果极限

$$\lim_{\Delta x\to 0}\frac{f(x_0+\Delta x,y_0)-f(x_0,y_0)}{\Delta x}$$

存在，则称此极限值为函数 $z=f(x,y)$ 在点 (x_0,y_0) 处对 x 的**偏导数**. 记为

$$\left.\frac{\partial z}{\partial x}\right|_{(x_0,y_0)},\left.\frac{\partial f}{\partial x}\right|_{(x_0,y_0)},f'_x(x_0,y_0)\text{或 }z'_x(x_0,y_0).$$

即

$$\left.\frac{\partial z}{\partial x}\right|_{(x_0,y_0)}=\lim_{\Delta x\to 0}\frac{f(x_0+\Delta x,y_0)-f(x_0,y_0)}{\Delta x}.$$

类似地，函数 $z=f(x,y)$ 在点 (x_0,y_0) 处对 y 的**偏导数**，定义为

$$\left.\frac{\partial z}{\partial y}\right|_{(x_0,y_0)}=\lim_{\Delta y\to 0}\frac{f(x_0,y_0+\Delta y)-f(x_0,y_0)}{\Delta y}.$$

如果函数 $z=f(x,y)$ 在区域 D 内每一点 (x,y) 对 x（或 y）的偏导数都存在，则这些偏导数构成的 x,y 的二元函数，称为函数 $z=f(x,y)$ 对**自变量 x（或 y）的偏导函数**，记为

$$\frac{\partial z}{\partial x},\frac{\partial f}{\partial x},f'_x\text{或 }z'_x\left(\frac{\partial z}{\partial y},\frac{\partial f}{\partial y},f'_y\text{或 }z'_y\right),$$ ①

且有

$$\frac{\partial z}{\partial x}=\lim_{\Delta x\to 0}\frac{f(x+\Delta x,y)-f(x,y)}{\Delta x},$$

$$\frac{\partial z}{\partial y}=\lim_{\Delta y\to 0}\frac{f(x,y+\Delta y)-f(x,y)}{\Delta y}.$$

由此可知，$\left.\frac{\partial z}{\partial x}\right|_{(x_0,y_0)}$ 就是偏导函数 $\frac{\partial z}{\partial x}$ 在点 (x_0,y_0) 处的函数值. 同理，$\left.\frac{\partial z}{\partial y}\right|_{(x_0,y_0)}$ 就是偏导函数 $\frac{\partial z}{\partial y}$ 在点 (x_0,y_0) 处的函数值.

---

① 偏导数记号 f'_x，z'_x 也记成 f_x，z_x，下面高阶偏导数的记号也有类似的情形.

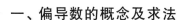

二元以上的多元函数的偏导数可类似地定义.

2. 二元函数偏导数的几何意义

由空间解析几何可知,曲面 $z=f(x,y)$ 被平面 $y=y_0$ 截得的空间曲线为

$$\begin{cases} z=f(x,y), \\ y=y_0. \end{cases}$$

而二元函数 $z=f(x,y)$ 在点 (x_0,y_0) 处对 x 的偏导数 $f'_x(x_0,y_0)$,就是一元函数 $z=f(x,y_0)$ 在 x_0 处的导数,由一元函数导数的几何意义知,二元函数 $z=f(x,y)$ 在 (x_0,y_0) 处对 x 的偏导数,就是平面 $y=y_0$ 上的一条曲线 $\begin{cases} z=f(x,y), \\ y=y_0 \end{cases}$ 在点 $M_0(x_0,y_0,f(x_0,y_0))$ 处的切线 M_0T_x 对 x 轴的斜率. 同样,$f'_y(x_0,y_0)$ 表示曲线 $\begin{cases} z=f(x,y), \\ x=x_0 \end{cases}$ 在点 M_0 处的切线 M_0T_y 对 y 轴的斜率(图 8-20).

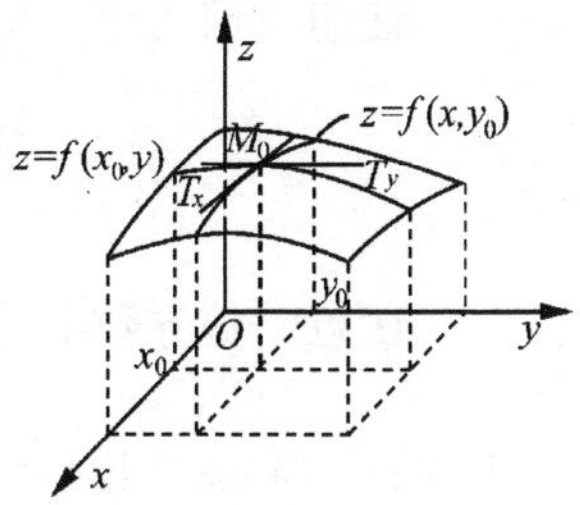

图 8-20

3. 偏导数的求法

由偏导数的定义可知,函数 $z=f(x,y)$ 在点 (x_0,y_0) 处对 x 的偏导数 $f'_x(x_0,y_0)$ 就是一元函数 $z=f(x,y_0)$ 在点 $x=x_0$ 处的导数. 因此,求函数 $z=f(x,y)$ 对 x 的偏导数时,将 y 看成常数,把函数 $z=f(x,y)$ 当作以 x 为自变量的一元函数 $f(x,y)$ 来求导. 同样,求 $z=f(x,y)$ 对 y 的偏导数时,只需将 x 看成常数. 因此,求二元函数的偏导数实质上就归结为求一元函数的导数,一元函数导数的基本公式和运算法则仍然适用于求二元函数的偏导数.

例 1 设 $z=2x^2y^5+y^2+2x$,求 $\dfrac{\partial z}{\partial x},\dfrac{\partial z}{\partial y},\left.\dfrac{\partial z}{\partial x}\right|_{(2,1)}$ 及 $\left.\dfrac{\partial z}{\partial y}\right|_{(2,1)}$.

解 要求 $\dfrac{\partial z}{\partial x}$,把 y 看成常数,函数看成是以 x 为自变量的一元函数,然后对 x 求导数,得

$$\frac{\partial z}{\partial x}=2\cdot 2x\cdot y^5+2=4xy^5+2.$$

同理可得

$$\frac{\partial z}{\partial y}=2x^2\cdot 5y^4+2y=10x^2y^4+2y.$$

所以

$$\left.\frac{\partial z}{\partial x}\right|_{(2,1)}=4\times 2\times 1^5+2=10,$$

$$\left.\frac{\partial z}{\partial y}\right|_{(2,1)}=10\times 2^2\times 1^4+2\times 1=42.$$

例 2 求下列函数的偏导数:

(1) $z=\ln(x^2+y^2)$; (2) $z=x^y$.

解 (1) 利用一元复合函数的求导法则,有

$$\frac{\partial z}{\partial x}=\frac{1}{x^2+y^2}\cdot\frac{\partial}{\partial x}(x^2+y^2)=\frac{2x}{x^2+y^2},$$

$$\frac{\partial z}{\partial y}=\frac{1}{x^2+y^2}\cdot\frac{\partial}{\partial y}(x^2+y^2)=\frac{2y}{x^2+y^2}.$$

(2) $\frac{\partial z}{\partial x}=yx^{y-1},\frac{\partial z}{\partial y}=x^y\ln x$.

例 3 已知理想气体的状态方程 $PV=RT$（R 是常数），证明：

$$\frac{\partial P}{\partial V}\cdot\frac{\partial V}{\partial T}\cdot\frac{\partial T}{\partial P}=-1.$$

证明 因为 $P=\frac{RT}{V},\frac{\partial P}{\partial V}=-\frac{RT}{V^2},V=\frac{RT}{P},\frac{\partial V}{\partial T}=\frac{R}{P},T=\frac{PV}{R},\frac{\partial T}{\partial P}=\frac{V}{R}$，所以

$$\frac{\partial P}{\partial V}\cdot\frac{\partial V}{\partial T}\cdot\frac{\partial T}{\partial P}=-\frac{RT}{V^2}\cdot\frac{R}{P}\cdot\frac{V}{R}=-\frac{RT}{VP}=-1.$$

注意 偏导数的记号$\frac{\partial y}{\partial x}$是一个整体记号，不能理解为“分子”$\partial y$ 与“分母”∂x 之商，否则上面这三个偏导数的积将等于 1. 这一点与一元函数的导数记号$\frac{\mathrm{d}y}{\mathrm{d}x}$不同，$\frac{\mathrm{d}y}{\mathrm{d}x}$可以看成函数的微分 $\mathrm{d}y$ 与自变量的微分 $\mathrm{d}x$ 的商.

4. 高阶偏导数

设函数 $z=f(x,y)$在区域 D 内有偏导数

$$\frac{\partial z}{\partial x}=f'_x(x,y),\frac{\partial z}{\partial y}=f'_y(x,y),$$

则在 D 内 $f'_x(x,y),f'_y(x,y)$都是 x,y 的函数. 如果它们的偏导数仍存在，则将其称为函数 $z=f(x,y)$的**二阶偏导数**. 按照变量求导次序的不同，共有下列四个二阶偏导数：

$$\frac{\partial}{\partial x}\left(\frac{\partial z}{\partial x}\right)=\frac{\partial^2 z}{\partial x^2}=f''_{xx}(x,y)=z''_{xx}(x,y),$$

$$\frac{\partial}{\partial y}\left(\frac{\partial z}{\partial x}\right)=\frac{\partial^2 z}{\partial x\partial y}=f''_{xy}(x,y)=z''_{xy}(x,y),$$

$$\frac{\partial}{\partial x}\left(\frac{\partial z}{\partial y}\right)=\frac{\partial^2 z}{\partial y\partial x}=f''_{yx}(x,y)=z''_{yx}(x,y),$$

$$\frac{\partial}{\partial y}\left(\frac{\partial z}{\partial y}\right)=\frac{\partial^2 z}{\partial y^2}=f''_{yy}(x,y)=z''_{yy}(x,y).$$

其中第二、三两个二阶偏导数称为**混合二阶偏导数**.

类似地，可以定义三阶、四阶以至 n 阶偏导数. 一个多元函数的 $n-1$ 阶偏导数的偏导数称为原来函数的 **n 阶偏导数**. 二阶及二阶以上的偏导数统称为**高阶偏导数**.

例 4 设 $z=x^3+y^3-2xy^2$，求它的所有二阶偏导数.

解 因为

$$\frac{\partial z}{\partial x}=3x^2-2y^2,\frac{\partial z}{\partial y}=3y^2-4xy,$$

所以

$$\frac{\partial^2 z}{\partial x^2}=\frac{\partial}{\partial x}\left(\frac{\partial z}{\partial x}\right)=\frac{\partial}{\partial x}(3x^2-2y^2)=6x,$$

$$\frac{\partial^2 z}{\partial x\partial y}=\frac{\partial}{\partial y}\left(\frac{\partial z}{\partial x}\right)=\frac{\partial}{\partial y}(3x^2-2y^2)=-4y,$$

$$\frac{\partial^2 z}{\partial y\partial x}=\frac{\partial}{\partial x}\left(\frac{\partial z}{\partial y}\right)=\frac{\partial}{\partial x}(3y^2-4xy)=-4y,$$

$$\frac{\partial^2 z}{\partial y^2}=\frac{\partial}{\partial y}\left(\frac{\partial z}{\partial y}\right)=\frac{\partial}{\partial y}(3y^2-4xy)=6y-4x.$$

注意 本例中两个二阶混合偏导数相等，这个结果并不是偶然的. 事实上，我们有下面的定理：

定理 1 如果函数 $z=f(x,y)$ 的两个混合偏导数 $\frac{\partial^2 z}{\partial x\partial y}$，$\frac{\partial^2 z}{\partial y\partial x}$ 在区域 D 内都连续，则在 D 内必相等，即

$$\frac{\partial^2 z}{\partial x\partial y}=\frac{\partial^2 z}{\partial y\partial x}.$$

例 5 设 $f(x,y)=\mathrm{e}^{xy}+\sin(x+y)$，求 $f''_{xx}\left(\frac{\pi}{2},0\right)$，$f''_{xy}\left(\frac{\pi}{2},0\right)$.

解 因为 $f'_x=y\mathrm{e}^{xy}+\cos(x+y)$，$f''_{xx}=y^2\mathrm{e}^{xy}-\sin(x+y)$，

$f''_{xy}=\mathrm{e}^{xy}+xy\mathrm{e}^{xy}-\sin(x+y)=\mathrm{e}^{xy}(1+xy)-\sin(x+y)$，

所以

$$f''_{xx}\left(\frac{\pi}{2},0\right)=-1,\ f''_{xy}\left(\frac{\pi}{2},0\right)=0.$$

二、全增量和全微分的概念

1. 二元函数的全增量

定义 2 设二元函数 $z=f(x,y)$ 在点 (x,y) 的某邻域内有定义，当自变量 x,y 在该邻域内分别有增量 $\Delta x,\Delta y$ 时，相应的函数 z 的增量为

$$\Delta z=f(x+\Delta x,y+\Delta y)-f(x,y).$$

称 Δz 为二元函数 $z=f(x,y)$ 在点 (x,y) 处的**全增量**. 若将 y 固定，当自变量 x 在该邻域有增量 Δx 时，相应的函数 z 的增量为

$$\Delta_x z=f(x+\Delta x,y)-f(x,y).$$

称 $\Delta_x z$ 为二元函数 $z=f(x,y)$ 在点 (x,y) 处**对 x 的偏增量**. 同样也可定义函数在点 (x,y) 处**对 y 的偏增量**

$$\Delta_y z=f(x,y+\Delta y)-f(x,y).$$

2. 全微分的概念

一般来说，计算全增量 Δz 往往比较复杂，类似于一元函数，我们希望能从 Δz 中分离出自变量的增量 $\Delta x,\Delta y$ 的线性函数作为 Δz 的近似值.

下面给出二元函数全微分的定义.

定义 3 设二元函数 $z=f(x,y)$ 在点 (x,y) 的某邻域内有定义，如果 $z=f(x,y)$ 在点 (x,y) 的全增量

$$\Delta z=f(x+\Delta x,y+\Delta y)-f(x,y)$$

可以表示为

$$\Delta z=A\Delta x+B\Delta y+o(\rho),$$

其中 A,B 与 $\Delta x,\Delta y$ 无关，$\rho=\sqrt{(\Delta x)^2+(\Delta y)^2}$，$o(\rho)$ 是当 $\rho\to 0$ 时比 ρ 更高阶的无穷小，则称二元函数 $z=f(x,y)$ 在点 (x,y) 处**可微**，并称 $A\Delta x+B\Delta y$ 为函数 $z=f(x,y)$ 在点 (x,y) 处的**全微分**，记作 $\mathrm{d}z$，即

$$dz = A\Delta x + B\Delta y.$$

当 $|\Delta x|$，$|\Delta y|$ 充分小时，可用全微分 dz 作为函数 $f(x,y)$ 的全增量 Δz 的近似值.

若函数 $z=f(x,y)$ 在区域 D 上的每一个点都可微，则称该函数在区域 D 上可微.

3. 可微与可偏导的关系

在一元函数中，可微与可导是等价的，且 $dy=f'(x)dx$，那么二元函数 $z=f(x,y)$ 在点 (x,y) 处的可微与偏导数存在之间有什么关系呢？全微分定义中的 A,B 又如何确定？它是否与函数 $f(x,y)$ 有关系呢？

定理 2(可微的第一必要条件) 若函数 $z=f(x,y)$ 在点 (x,y) 处可微，即 $\Delta z=A\Delta x+B\Delta y+o(\rho)$，则在该点 $f(x,y)$ 的两个偏导数存在，并且

$$A=f_x'(x,y),\ B=f_y'(x,y).$$

证明 因为 $z=f(x,y)$ 在点 (x,y) 处可微，则

$$\Delta z=A\Delta x+B\Delta y+o(\rho),$$

上式对任意的 $\Delta x,\Delta y$ 都成立. 当 $\Delta y=0$ 时，$\rho=|\Delta x|$，则

$$\Delta z=f(x+\Delta x,y)-f(x,y)=A\Delta x+o(|\Delta x|).$$

上式两边同除以 Δx，再令 $\Delta x\to 0$，取极限，得

$$f_x'(x,y)=\lim_{\Delta x\to 0}\frac{\Delta z}{\Delta x}=\lim_{\Delta x\to 0}\frac{f(x+\Delta x,y)-f(x,y)}{\Delta x}$$

$$=\lim_{\Delta x\to 0}\frac{A\Delta x+o(|\Delta x|)}{\Delta x}=A.$$

同理可证

$$f_y'(x,y)=B.$$

根据上面的定理，如果函数 $z=f(x,y)$ 在点 (x,y) 处可微，则在该点的全微分为

$$dz=f_x'(x,y)\Delta x+f_y'(x,y)\Delta y$$

或

$$dz=\frac{\partial z}{\partial x}\Delta x+\frac{\partial z}{\partial y}\Delta y.$$

若记 $\Delta x=dx,\Delta y=dy$，则全微分又可写成

$$dz=f_x'(x,y)dx+f_y'(x,y)dy$$

或

$$dz=\frac{\partial z}{\partial x}dx+\frac{\partial z}{\partial y}dy.$$

其中 dx,dy 分别是自变量 x,y 的微分. 这就是全微分的计算公式.

上面的定理指出，二元函数在一点可微，则在该点偏导数一定存在. 反过来，若在一点偏导数存在，则在该点函数是否一定可微呢？下面来讨论可微与连续的关系.

定理 3(可微的第二必要条件) 若二元函数 $z=f(x,y)$ 在点 (x,y) 处可微，则函数 $z=f(x,y)$ 在该点一定连续.（证明从略）

定理 4(可微的充分条件) 若二元函数 $z=f(x,y)$ 的两个偏导数 $f_x'(x,y)$，$f_y'(x,y)$ 在点 (x,y) 处存在且连续，则函数 $z=f(x,y)$ 在该点一定可微.（证明从略）

上述三个定理说明：

偏导数存在且连续 ⟹ 可微 ⟹ 偏导数存在
可微 ⟹ 连续

但反之不一定成立，函数的偏导数存在，函数不一定可微.

例如，函数

$$f(x,y)=\begin{cases}\dfrac{xy}{x^2+y^2}, & x^2+y^2\neq 0,\\ 0, & x^2+y^2\neq 0\end{cases}$$

在点(0,0)处不连续，故由定理 3 可知，函数 $f(x,y)$在(0,0)点是不可微的. 但这个函数在点(0,0)的两个偏导数是存在的，且

$$f'_x(0,0)=0,f'_y(0,0)=0.$$

函数 $f(x,y)$在点(0,0)处偏导数存在，但不可微.

例 6　求函数 $z=xy$ 在点(2,3)处关于 $\Delta x=0.1,\Delta y=0.2$ 的全增量与全微分.

解　$\Delta z=(x+\Delta x)(y+\Delta y)-xy=y\Delta x+x\Delta y+\Delta x\Delta y$,

$\mathrm{d}z=\dfrac{\partial z}{\partial x}\mathrm{d}x+\dfrac{\partial z}{\partial y}\mathrm{d}y=y\mathrm{d}x+x\mathrm{d}y=y\Delta x+x\Delta y.$

将 $x=2,y=3,\Delta x=0.1,\Delta y=0.2$ 代入 $\Delta z,\mathrm{d}z$ 的表达式，得 $\Delta z=0.72,\mathrm{d}z=0.7$.

例 7　求函数 $z=x^2y+y^2$ 的全微分 $\mathrm{d}z$.

解　$\dfrac{\partial z}{\partial x}=2xy,\dfrac{\partial z}{\partial y}=x^2+2y$,

$\mathrm{d}z=\dfrac{\partial z}{\partial x}\mathrm{d}x+\dfrac{\partial z}{\partial y}\mathrm{d}y=2xy\mathrm{d}x+(x^2+2y)\mathrm{d}y.$

例 8　求函数 $z=\mathrm{e}^{xy}$的全微分 $\mathrm{d}z$.

解　$\dfrac{\partial z}{\partial x}=y\mathrm{e}^{xy},\dfrac{\partial z}{\partial y}=x\mathrm{e}^{xy}$,

$\mathrm{d}z=\dfrac{\partial z}{\partial x}\mathrm{d}x+\dfrac{\partial z}{\partial y}\mathrm{d}y=y\mathrm{e}^{xy}\mathrm{d}x+x\mathrm{e}^{xy}\mathrm{d}y.$

习题 8-3(A)

1. 设函数 $f(x,y)=x^2+2xy-y^2$，求 $f'_x(1,3),f'_y(1,3)$.

2. 求函数 $z=x^2y^3$ 在点(2,−1)处，当 $\Delta x=0.02,\Delta y=-0.01$ 时的全增量与全微分.

3. 求下列函数的偏导数：

(1) $z=x^3y-xy^3$；　　(2) $z=x\mathrm{e}^{-xy}$；

(3) $z=(1+2x)^y$；　　(4) $z=\dfrac{x}{\sqrt{x^2+y^2}}$.

4. 设 $z=4x^3+3x^2y-3xy^2-x+y$，求所有二阶偏导数.

5. 求下列函数的全微分：

(1) $z=\sin xy$；　　(2) $z=x^{\ln y}$.

6. 设 $z=\dfrac{x-y}{x+y}\ln\dfrac{y}{x}$，证明：$x\dfrac{\partial z}{\partial x}+y\dfrac{\partial z}{\partial y}=0$.

习题 8-3(B)

1. 求下列函数的偏导数：

(1) $z=x^3y^3$；　　(2) $z=e^{xy}$；

(3) $z=\frac{xy}{x^2+y^2}$；　　(4) $z=x^y$；

(5) $z=e^{\sin x}\cos y$；　　(6) $z=\ln\tan\frac{x}{y}$.

2. 设 $f(x,y)=\arctan\frac{x+y}{1-xy}$，求 $\left.\frac{\partial f(x,y)}{\partial y}\right|_{\substack{x=0\\y=0}}$.

3. 求下列函数的所有二阶导数：

(1) $z=x\ln(x+y)$；　　(2) $z=x^2e^y$；

(3) $z=\sin(x^2+y^2)$；　　(4) $z=3x^2y^2+x^3+y^3$.

4. 求下列函数的全微分：

(1) $z=\frac{y}{x}$；　　(2) $z=\sqrt{x}\cos y$；

(3) $z=\arctan(xy)$；　　(4) $z=\ln\sqrt{1+x^2+y^2}$.

5. 求函数 $z=x\sin(x+y)$ 在点 $\left(\frac{\pi}{3},\frac{\pi}{6}\right)$ 处的全微分.

§8-4　多元复合函数与隐函数的偏导数

一、多元复合函数的求导法则

在本节中，我们将一元微分学中复合函数的求导法则推广到多元复合函数的情形.

定理 1　如果函数 $u=\varphi(x,y)$，$v=\psi(x,y)$ 在点 (x,y) 处具有对 x 及对 y 的偏导数，函数 $z=f(u,v)$ 在对应点 (u,v) 处具有连续偏导数，则复合函数 $z=f[\varphi(x,y),\psi(x,y)]$ 在 (x,y) 处的两个偏导数都存在，且

$$\frac{\partial z}{\partial x}=\frac{\partial z}{\partial u}\cdot\frac{\partial u}{\partial x}+\frac{\partial z}{\partial v}\cdot\frac{\partial v}{\partial x},\frac{\partial z}{\partial y}=\frac{\partial z}{\partial u}\cdot\frac{\partial u}{\partial y}+\frac{\partial z}{\partial v}\cdot\frac{\partial v}{\partial y}.$$

该公式称为**多元复合函数求导的链式法则**.其函数结构图如下：

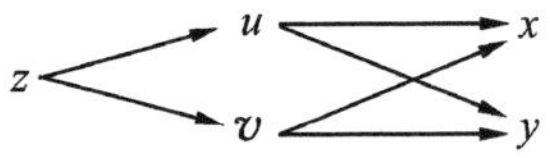

定理 1 的链式法则也适用于以下特殊情形：

情形 1　若 $z=f(u,v)$，$u=\varphi(x)$，$v=\psi(x)$，则复合函数 $z=f[\varphi(x),\psi(x)]$ 有链式法则

$$\frac{dz}{dx}=\frac{\partial z}{\partial u}\cdot\frac{du}{dx}+\frac{\partial z}{\partial v}\cdot\frac{dv}{dx},$$

其中 $\frac{dz}{dx}$ 称为全导数，函数结构图为

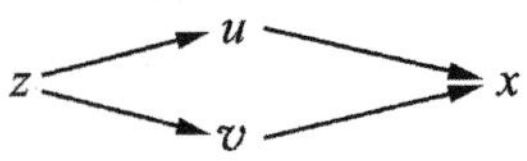

情形 2 若 $z=f(u), u=\varphi(x,y)$，则复合函数 $z=f[\varphi(x,y)]$ 有链式法则

$$\frac{\partial z}{\partial x}=\frac{\mathrm{d}z}{\mathrm{d}u}\cdot\frac{\partial u}{\partial x},\frac{\partial z}{\partial y}=\frac{\mathrm{d}z}{\mathrm{d}u}\cdot\frac{\partial u}{\partial y},$$

其函数结构图为

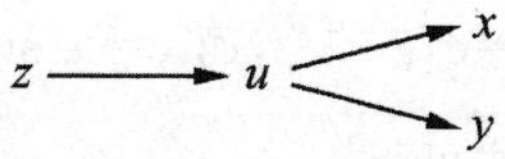

情形 3 若 $z=f(x,v), v=\psi(x,y)$，则复合函数 $z=f[x,\psi(x,y)]$ 有链式法则

$$\frac{\partial z}{\partial x}=\frac{\partial f}{\partial x}+\frac{\partial f}{\partial v}\cdot\frac{\partial v}{\partial x},\frac{\partial z}{\partial y}=\frac{\partial f}{\partial v}\cdot\frac{\partial v}{\partial y},$$

其函数结构图为

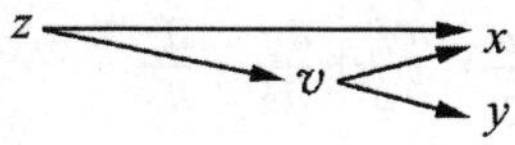

注意 将等式右端记为 $\frac{\partial f}{\partial x}$ 而不用 $\frac{\partial z}{\partial x}$，这是为防止和等式左端的 $\frac{\partial z}{\partial x}$ 混淆.

例 1 设 $z=u^v, u=x^2+y^2, v=xy$，求 $\frac{\partial z}{\partial x}$.

解 因为
$$\frac{\partial z}{\partial u}=v\cdot u^{v-1},\frac{\partial z}{\partial v}=u^v\ln u,\frac{\partial u}{\partial x}=2x,\frac{\partial v}{\partial x}=y,$$

所以
$$\begin{aligned}\frac{\partial z}{\partial x}&=\frac{\partial z}{\partial u}\cdot\frac{\partial u}{\partial x}+\frac{\partial z}{\partial v}\cdot\frac{\partial v}{\partial x}=v\cdot u^{v-1}\cdot 2x+u^v\ln u\cdot y\\&=2x^2y(x^2+y^2)^{xy-1}+y(x^2+y^2)^{xy}\ln(x^2+y^2).\end{aligned}$$

例 2 设 $z=uv, u=\mathrm{e}^t, v=\cos 2t$，求全导数 $\frac{\mathrm{d}z}{\mathrm{d}t}$.

解 $\frac{\mathrm{d}z}{\mathrm{d}t}=\frac{\partial z}{\partial u}\cdot\frac{\mathrm{d}u}{\mathrm{d}t}+\frac{\partial z}{\partial v}\cdot\frac{\mathrm{d}v}{\mathrm{d}t}=v\cdot\mathrm{e}^t+2u\cdot(-\sin 2t)=\mathrm{e}^t(\cos 2t-2\sin 2t).$

例 3 设 $z=f(x^2-y^2,\mathrm{e}^{xy})$，求 $\frac{\partial z}{\partial x},\frac{\partial z}{\partial y}$.

解 设 $u=x^2-y^2, v=\mathrm{e}^{xy}$，则 $z=f(u,v)$，于是

$$\frac{\partial u}{\partial x}=2x,\frac{\partial u}{\partial y}=-2y,\frac{\partial v}{\partial x}=y\mathrm{e}^{xy},\frac{\partial v}{\partial y}=x\mathrm{e}^{xy},$$

所以

$$\frac{\partial z}{\partial x}=\frac{\partial z}{\partial u}\cdot\frac{\partial u}{\partial x}+\frac{\partial z}{\partial v}\cdot\frac{\partial v}{\partial x}=2x\frac{\partial z}{\partial u}+y\mathrm{e}^{xy}\frac{\partial z}{\partial v},$$

$$\frac{\partial z}{\partial y}=\frac{\partial z}{\partial u}\cdot\frac{\partial u}{\partial y}+\frac{\partial z}{\partial v}\cdot\frac{\partial v}{\partial y}=-2y\frac{\partial z}{\partial u}+x\mathrm{e}^{xy}\frac{\partial z}{\partial v}.$$

例 4 设 $z=f(x^2+y^2)$，f 是可偏导函数，求证：$y\frac{\partial z}{\partial x}-x\frac{\partial z}{\partial y}=0$.

证明 设 $u=x^2+y^2$，则 $z=f(u)$，于是

$$\frac{\partial z}{\partial x}=\frac{\mathrm{d}z}{\mathrm{d}u}\cdot\frac{\partial u}{\partial x}=2x\frac{\mathrm{d}z}{\mathrm{d}u},$$

$$\frac{\partial z}{\partial y}=\frac{\mathrm{d}z}{\mathrm{d}u}\cdot\frac{\partial u}{\partial y}=2y\frac{\mathrm{d}z}{\mathrm{d}u},$$

因此

$$y\frac{\partial z}{\partial x}-x\frac{\partial z}{\partial y}=y\cdot 2x\frac{\mathrm{d}z}{\mathrm{d}u}-x\cdot 2y\frac{\mathrm{d}z}{\mathrm{d}u}=0.$$

即等式成立.

例 5 设函数 $u=f(x,y,z)=\mathrm{e}^{x^2+y^2+z^2}$，而 $z=x^2\sin y$，求$\frac{\partial u}{\partial x},\frac{\partial u}{\partial y}$.

解 由多元复合函数求导公式可得

$$\begin{aligned}\frac{\partial u}{\partial x}&=\frac{\partial f}{\partial x}+\frac{\partial f}{\partial z}\cdot\frac{\partial z}{\partial x}\\&=2x\mathrm{e}^{x^2+y^2+z^2}+2z\mathrm{e}^{x^2+y^2+z^2}\cdot 2x\sin y\\&=2x\mathrm{e}^{x^2+y^2+x^4\sin^2 y}(2x^2\sin^2 y+1).\end{aligned}$$

$$\begin{aligned}\frac{\partial u}{\partial y}&=\frac{\partial f}{\partial y}+\frac{\partial f}{\partial z}\cdot\frac{\partial z}{\partial y}\\&=2y\mathrm{e}^{x^2+y^2+z^2}+2z\mathrm{e}^{x^2+y^2+z^2}\cdot x^2\cos y\\&=2\mathrm{e}^{x^2+y^2+x^4\sin^2 y}(y+x^4\sin y\cos y).\end{aligned}$$

例 6 设函数 $z=f(xy,x^2-y^2)$，其中 f 具有二阶连续偏导数，求$\frac{\partial^2 z}{\partial x\partial y}$.

解 令 $u=xy,v=x^2-y^2$，则 $z=f(u,v)$.

为了简便起见，我们引入记号

$$f_1'=f_u'(u,v),f_2'=f_v'(u,v),$$

这里下标 1 表示对第一个变量 u 求偏导数，下标 2 表示对第二个变量 v 求偏导数，同理有 f_{11}'',f_{22}''等.

因为所给的函数由 $z=f(u,v),u=xy,v=x^2-y^2$ 复合而成，根据复合函数的求导法则，有

$$\frac{\partial z}{\partial x}=\frac{\partial z}{\partial u}\cdot\frac{\partial u}{\partial x}+\frac{\partial z}{\partial v}\cdot\frac{\partial v}{\partial x}=yf_1'+2xf_2'.$$

求$\frac{\partial f_1'}{\partial y},\frac{\partial f_2'}{\partial y}$时，应注意 f_1'和 f_2'仍是复合函数，故有

$$\frac{\partial f_1'}{\partial y}=\frac{\partial f_1'}{\partial u}\cdot\frac{\partial u}{\partial y}+\frac{\partial f_1'}{\partial v}\cdot\frac{\partial v}{\partial y}=xf_{11}''-2yf_{12}'',$$

$$\frac{\partial f_2'}{\partial y}=\frac{\partial f_2'}{\partial u}\cdot\frac{\partial u}{\partial y}+\frac{\partial f_2'}{\partial v}\cdot\frac{\partial v}{\partial y}=xf_{21}''-2yf_{22}''.$$

由于 f 具有二阶连续偏导数，由 § 8-3 定理 1，得 $f_{12}''=f_{21}''$，因而

$$\begin{aligned}\frac{\partial^2 z}{\partial x\partial y}&=f_1'+y(xf_{11}''-2yf_{12}'')+2x(xf_{21}''-2yf_{22}'')\\&=f_1'+xyf_{11}''+2(x^2-y^2)f_{12}''-4xyf_{22}''.\end{aligned}$$

二、隐函数的求导法则

定理 2 设函数 $F(x,y)$在点(x_0,y_0)的某个邻域内有连续的偏导数且 $F(x_0,y_0)=0$，$F_z'(x_0,y_0,z_0)\neq 0$，则方程 $F(x,y)=0$ 在点(x_0,y_0)的某个邻域内唯一确定一个连续且具有连续导数的函数 $y=f(x)$，它满足 $y_0=f(x_0)$，并且有

$$\frac{dy}{dx}=-\frac{F'_x}{F'_y}.$$

这就是隐函数的求导法则.

上述定理的证明从略,仅证明公式成立.

将 $y=f(x)$ 代入方程 $F(x,y)=0$,得到恒等式

$$F[x,f(x)]\equiv 0.$$

上式左端可以看作 x 的复合函数,等式两端对 x 求导,得

$$\frac{\partial F}{\partial x}+\frac{\partial F}{\partial y}\cdot\frac{dy}{dx}\equiv 0.$$

由于 F'_y 连续且 $F'_y(x_0,y_0)\neq 0$,所以存在 (x_0,y_0) 的一个邻域,在这个邻域内,有 $F'_y\neq 0$,故有 $\frac{dy}{dx}=-\frac{F'_x}{F'_y}$ 成立.

类似地,将定理 2 的结论推广到三元函数:

定理 3 设函数 $F(x,y,z)$ 在点 (x_0,y_0,z_0) 的某个邻域内有连续的偏导数 $F'_x(x_0,y_0,z_0)$ 和 $F'_y(x_0,y_0,z_0)$ 且 $F(x_0,y_0,z_0)=0$, $F'_z(x_0,y_0,z_0)\neq 0$,则方程 $F(x,y,z)=0$ 在点 (x_0,y_0,z_0) 的某个邻域内唯一确定一个连续且具有连续偏导数的函数 $z=f(x,y)$,它满足 $z_0=f(x_0,y_0)$,并且有

$$\frac{\partial z}{\partial x}=-\frac{F'_x}{F'_z},\frac{\partial z}{\partial y}=-\frac{F'_y}{F'_z}.$$

例 7 求由方程 $x\sin y+ye^x=0$ 所确定的隐函数 $y=f(x)$ 的导数.

解 设 $F(x,y)=x\sin y+ye^x$,则

$$F'_x=\sin y+ye^x,F'_y=x\cos y+e^x,$$

代入公式 $\frac{dy}{dx}=-\frac{F'_x}{F'_y}$,得

$$\frac{dy}{dx}=-\frac{\sin y+ye^x}{x\cos y+e^x}.$$

注意 计算 F'_x,F'_y,要把 x,y 看成两个独立的变量,不能再把 y 看成 x 的函数.

例 8 求由方程 $e^z-z=xy^3$ 所确定的隐函数 $z=f(x,y)$ 关于 x,y 的偏导数.

解 设 $F(x,y,z)=e^z-z-xy^3$,则

$$F'_x=-y^3,F'_y=-3xy^2,F'_z=e^z-1,$$

所以

$$\frac{\partial z}{\partial x}=-\frac{F'_x}{F'_z}=\frac{y^3}{e^z-1},\frac{\partial z}{\partial y}=-\frac{F'_y}{F'_z}=\frac{3xy^2}{e^z-1}.$$

例 9 设 $z=z(x,y)$ 是由方程 $z+\ln z-xy=0$ 确定的二元隐函数,求 $\frac{\partial^2 z}{\partial x^2}$.

解 令 $F(x,y,z)=z+\ln z-xy$,则

$$F'_x=-y,F'_z=1+\frac{1}{z},$$

$$\frac{\partial z}{\partial x}=-\frac{F'_x}{F'_z}=-\frac{-y}{1+\frac{1}{z}}=\frac{zy}{1+z},$$

$$\frac{\partial^2 z}{\partial x^2}=\frac{y(1+z)\frac{\partial z}{\partial x}-zy\frac{\partial z}{\partial x}}{(1+z)^2}=\frac{y}{(1+z)^2}\cdot\frac{\partial z}{\partial x}=\frac{y}{(1+z)^2}\cdot\frac{zy}{1+z}=\frac{zy^2}{(1+z)^3}.$$

习题 8-4(A)

1. 求下列函数的偏导数或全导数：

(1) 设 $u=\frac{x+2y}{x-2y}$，$x=e^t$，$y=e^{-t}$，求 $\frac{du}{dt}$；

(2) 设 $z=e^u\cos v$，$u=xy$，$v=x-y$，求 $\frac{\partial z}{\partial x}$，$\frac{\partial z}{\partial y}$；

(3) 设 $z=f(x^2+y^2,xy)$，求 $\frac{\partial z}{\partial x}$，$\frac{\partial z}{\partial y}$.

2. 设 $z=xf\left(\frac{y}{x},y\right)$，其中函数 f 具有二阶连续偏导数，求 $\frac{\partial^2 z}{\partial x\partial y}$.

3. 设 $z=z(x,y)$ 是由方程 $x^2+y^2+z^2-4z=0$ 所确定的隐函数，求 $\frac{\partial z}{\partial x}$，$\frac{\partial z}{\partial y}$，$\frac{\partial^2 z}{\partial x^2}$.

4. 设 $z=xy+x^2F\left(\frac{y}{x}\right)$，证明：$x\frac{\partial z}{\partial x}+y\frac{\partial z}{\partial y}=2z$.

习题 8-4(B)

1. 求下列函数的偏导数或全导数：

(1) 设 $u=\arcsin(x,y)$，$x=3t$，$y=4t^3$，求 $\frac{du}{dt}$；

(2) 设 $z=u^2\ln v$，$u=\frac{y}{x}$，$v=x^2+y^2$，求 $\frac{\partial z}{\partial x}$，$\frac{\partial z}{\partial y}$；

(3) 设 $z=f(x^2-y^2,e^{xy})$，求 $\frac{\partial z}{\partial x}$，$\frac{\partial z}{\partial y}$；

(4) 设 $z=f\left(xy+\frac{y}{x}\right)$，求 $\frac{\partial z}{\partial x}$，$\frac{\partial z}{\partial y}$.

2. 设 $z=f(\sin x,x^2-y^2)$，其中函数 f 具有二阶连续偏导数，求所有二阶偏导数.

3. 设 $z=f\left[\frac{x}{y},\varphi(x)\right]$，其中函数 f 具有二阶连续偏导数，函数 φ 具有连续导数，求 $\frac{\partial^2 z}{\partial x\partial y}$.

4. 求由下列方程所确定的隐函数的导数或偏导数：

(1) 设 $xy-\ln y=2$，求 $\frac{dy}{dx}$；

(2) 设 $x^2-4x+y^2+z^2=0$，求 $\frac{\partial z}{\partial x}$，$\frac{\partial z}{\partial y}$；

(3) 设 $z^x=y^z$，求 $\frac{\partial z}{\partial x}$，$\frac{\partial z}{\partial y}$.

5. 设 $z=z(x,y)$是由方程 $e^z-xyz=0$ 所确定的隐函数，求$\frac{\partial^2 z}{\partial x^2}, \frac{\partial^2 z}{\partial y^2}$.

6. 设 $z=z(x,y)$是由方程 $xyz=e^{xz}$ 所确定的隐函数，求全微分 dz.

7. 设 $z=\arctan(2x-y)$，证明：$\frac{\partial^2 z}{\partial x^2}+2\frac{\partial^2 z}{\partial x\partial y}=0$.

§8-5 多元函数的极值和最值

一、多元函数的极值

多元函数的极值在许多实际问题中有着广泛的应用. 现以二元函数为例，介绍多元函数极值的概念和求法，进而解决实际问题中的最大值和最小值问题.

定义 1 设函数 $z=f(x,y)$在点(x_0,y_0)的某邻域内有定义，如果对于该邻域内的任一异于(x_0,y_0)的点(x,y)，都有 $f(x,y)<f(x_0,y_0)$(或 $f(x,y)>f(x_0,y_0)$)，则称函数 $f(x,y)$在点(x_0,y_0)处有**极大值**(或**极小值**)，点(x_0,y_0)称为函数 $f(x,y)$的**极大值点**(或**极小值点**)(统称为**极值点**). 函数的极大值与极小值统称为**极值**.

例如，函数 $f(x,y)=1-x^2-y^2$ 在原点$(0,0)$处取得极大值 1，因为对于点$(0,0)$，存在某邻域，对于该邻域内异于$(0,0)$的点(x,y)，都有

$$f(x,y)<f(0,0)=1.$$

对于可导一元函数的极值，可以用一阶、二阶导数来确定，那么对于可偏导的二元函数的极值，也可以用偏导数来确定.

定理 1(极值存在的必要条件) 设函数 $z=f(x,y)$在点(x_0,y_0)处的两个偏导数都存在，且在该点处取得极值，则必有

$$f'_x(x_0,y_0)=0, f'_y(x_0,y_0)=0.$$

通常将满足上述条件的点(x_0,y_0)称为**驻点**.

证明 由于函数 $f(x,y)$在点(x_0,y_0)处取得极值，若将变量 y 固定在 y_0，则一元函数 $z=f(x,y_0)$在点 x_0 处也必取得极值. 根据一元可微函数极值存在的必要条件，得

$$f'_x(x_0,y_0)=0.$$

同理

$$f'_y(x_0,y_0)=0.$$

由以上定理知，对于偏导数存在的函数，它的极值点一定是驻点. 但是，驻点却未必是极值点. 例如，函数 $z=xy$ 在点$(0,0)$处的两个偏导数同时为零，即 $z_x(0,0)=0, z_y(0,0)=0$，但是因为在点$(0,0)$的任何一个邻域内，总有一些点的函数值比 0 大，而另一些点的函数值比 0 小，所以容易看出驻点$(0,0)$不是函数的极值点. 那么，在什么条件下，驻点才是极值点呢？下面的定理回答了这个问题.

定理 2(极值存在的充分条件) 设函数 $z=f(x,y)$在点(x_0,y_0)的某个邻域内连续且有一阶及二阶连续偏导数，且(x_0,y_0)是函数的驻点，即 $f'_x(x_0,y_0)=0, f'_y(x_0,y_0)=0$. 若记 $A=f''_{xx}(x_0,y_0), B=f''_{xy}(x_0,y_0), C=f''_{yy}(x_0,y_0), \Delta=B^2-AC$，则

(1) 当 $\Delta<0$ 时，点(x_0,y_0)是极值点，且

① 当 $A<0$ 时，(x_0,y_0)是极大值点，$f(x_0,y_0)$为极大值；

② 当 $A>0$ 时，(x_0,y_0)是极小值点，$f(x_0,y_0)$为极小值.

(2) 当 $\Delta>0$ 时，(x_0,y_0)不是极值点.

(3) 当 $\Delta=0$ 时，$f(x_0,y_0)$可能是极值，也可能不是极值，此时用该方法无法判定.

(证明从略)

综合以上两个定理，把具有二阶连续偏导数的函数 $z=f(x,y)$ 的极值的求法概括如下：

(1) 求方程组$\begin{cases} f'_x(x,y)=0, \\ f'_y(x,y)=0 \end{cases}$的一切实数解，得所有驻点.

(2) 求出二阶偏导数 $f''_{xx}(x,y)$，$f''_{xy}(x,y)$，$f''_{yy}(x,y)$，并对每一驻点，分别求出二阶偏导数的值 A,B,C.

(3) 对每一驻点(x_0,y_0)，判断 Δ 的符号，当 $\Delta\neq 0$ 时，可按上述定理的结论判定 $f(x_0,y_0)$是否为极值，是极大值还是极小值. 当 $\Delta=0$ 时，要用其他方法来求极值.

例 1 求函数 $f(x,y)=x^3-y^3+3x^2+3y^2-9x$ 的极值.

解 先计算函数的一阶偏导数：

$$f'_x(x,y)=3x^2+6x-9,\ f'_y(x,y)=-3y^2+6y.$$

解方程组

$$\begin{cases} f'_x(x,y)=3x^2+6x-9=0, \\ f'_y(x,y)=-3y^2+6y=0, \end{cases}$$

求得驻点为$(1,0)$，$(1,2)$，$(-3,0)$，$(-3,2)$，再求出二阶偏导数：

$A=f''_{xx}(x,y)=6x+6$，$B=f''_{xy}(x,y)=0$，$C=f''_{yy}(x,y)=-6y+6$.

在点$(1,0)$处，$\Delta=B^2-AC=-72<0$ 且 $A=12>0$，故函数在$(1,0)$处有极小值-5；

在点$(1,2)$及点$(-3,0)$处，Δ 都大于 0，所以它们都不是极值点；

在点$(-3,2)$处，$\Delta=B^2-AC=-72<0$，且 $A=-12<0$，故函数在$(-3,2)$处有极大值 31.

另外还需注意的是，某些函数的不可导点也可能成为极值点. 例如，函数 $z=\sqrt{x^2+y^2}$，点$(0,0)$是它的极值点，但在点$(0,0)$处，$z=\sqrt{x^2+y^2}$的偏导数不存在.

二、多元函数的最大值与最小值

求函数的最大值和最小值是实践中常常遇到的问题. 我们已经知道，在有界闭区域上连续的函数，在该区域上一定有最大值或最小值. 而取得最大值或最小值的点既可能是区域内部的点，也可能是区域边界上的点. 现在假设函数在有界闭区域上连续，在该区域内偏导数存在，如果函数在区域内部取得最大值或最小值，那么这个最大值或最小值必定是函数的极值. 由此可得到求函数最大值或最小值的一般方法：先求出函数在有界闭区域内的所有驻点处的函数值及函数在该区域边界上的最大值或最小值，然后比较这些函数值的大小，其中最大者就是最大值，最小者就是最小值.

在通常遇到的实际问题中，根据问题的性质，往往可以判定函数的最大值或最小值一定在区域内部取得. 此时，如果函数在区域内有唯一的驻点，那么就可以断定该驻点处的函数

值就是函数在该区域上的最大值或最小值.

例 2 要做一个容积为 8 m^3 的长方体箱子,问箱子各边长为多大时,所用材料最省?

解 设箱子的长、宽分别为 x,y,则高为$\frac{8}{xy}$.箱子所用材料的表面积为

$$S=2\left(xy+x\cdot\frac{8}{xy}+y\cdot\frac{8}{xy}\right)=2\left(xy+\frac{8}{y}+\frac{8}{x}\right)(D=\{(x,y)\mid x>0,y>0\}).$$

当面积 S 最小时,所用材料最省.为此,求函数 $S(x,y)$的驻点,令

$$\begin{cases}\dfrac{\partial S}{\partial x}=2\left(y-\dfrac{8}{x^2}\right)=0,\\ \dfrac{\partial S}{\partial y}=2\left(x-\dfrac{8}{y^2}\right)=0,\end{cases}$$

解这个方程组,得唯一驻点(2,2).

根据实际问题可以断定,S 一定存在最小值且在区域 D 内取得,而在区域 D 内只有唯一驻点(2,2),则该点就是其最小值点,即当 $x=y=z=2$ 时,所用的材料最省.

三、条件极值

前面讨论的函数极值问题,除了将自变量限制在其定义域内,并没有其他的限制条件,所以也称为**无条件极值**.但在有些实际问题中,常常会遇到对函数的自变量还有约束条件的极值问题.例如,在条件 $x+y-1=0$ 下,求函数

$$z=f(x,y)=\sqrt{1-x^2-y^2}$$

的极大值.这里,函数 $z=f(x,y)$的自变量 x,y 除了限制在函数 $f(x,y)$的定义域内,即$x^2+y^2\leqslant 1$,还要满足约束条件 $x+y-1=0$.这种对自变量有约束条件的极值问题称为**条件极值**.

某些条件极值也可以化为无条件极值,然后按无条件极值的方法加以解决.例如,上面提到的例子,可先把约束条件 $x+y-1=0$ 化为 $y=1-x$,然后代入函数 $z=f(x,y)=\sqrt{1-x^2-y^2}$,那么问题就转化为求函数 $y=\sqrt{1-x^2-(1-x)^2}$的无条件极值问题.但是,有些条件极值问题在转化为无条件极值问题时常会遇到烦琐的运算,甚至无法转化.为此,下面介绍直接求条件极值的一般方法,该方法称为**拉格朗日乘数法**.

拉格朗日乘数法 设 $f(x,y)$,$\varphi(x,y)$在区域 D 内有一阶连续偏导数,求函数 $u=f(x,y)$在约束条件 $\varphi(x,y)=0$ 下的可能极值点,按以下步骤进行:

(1) 构造辅助函数:

$$F(x,y,\lambda)=f(x,y)+\lambda\varphi(x,y).$$

其中 λ 是待定系数,称为拉格朗日乘数.

(2) 分别求 $F(x,y,\lambda)$对 x,y,λ 的偏导数,由极值存在的必要条件,建立以下方程组:

$$\begin{cases}F'_x(x,y,\lambda)=f'_x(x,y)+\lambda\varphi'_x(x,y)=0,\\ F'_y(x,y,\lambda)=f'_y(x,y)+\lambda\varphi'_y(x,y)=0,\\ F'_\lambda(x,y,\lambda)=\varphi(x,y)=0.\end{cases}$$

(3) 解上面的方程组得 x,y,则(x,y)就是可能的极值点.

如何判断所求得的可能极值点是否为极值点?限于篇幅,这里不再详述.但是在实际问

题中，通常可根据问题本身的性质来判断.

此外，拉格朗日乘数法对于多于两个变量的函数，或约束条件多于一个的情形也有类似的结果. 例如，求函数 $u=f(x,y,z)$ 在条件

$$\varphi(x,y,z)=0,\psi(x,y,z)=0$$

下的极值.

构造辅助函数

$$F(x,y,z,\lambda_1,\lambda_2)=f(x,y,z)+\lambda_1\varphi(x,y,z)+\lambda_2\psi(x,y,z),$$

求函数 $F(x,y,z,\lambda_1,\lambda_2)$ 的一阶偏导数，并令其为零，建立方程组，求解方程组得出的点 (x,y,z) 就是可能的极值点.

例 3 设周长为 6 m 的矩形，绕它的一边旋转构成圆柱体，求矩形的边长各为多少时，圆柱体的体积最大.

解 设矩形的边长分别为 x,y，且绕边长为 y 的边旋转，得到的圆柱体的体积为

$$V=\pi x^2 y(x>0,y>0).$$

其中矩形的边长 x,y 满足约束条件

$$2x+2y=6.$$

现在的问题就是求函数 $V=f(x,y)=\pi x^2 y$ 在约束条件 $x+y-3=0$ 下的最大值.

构造辅助函数

$$F(x,y,\lambda)=\pi x^2 y+\lambda(x+y-3).$$

求 $F(x,y,\lambda)$ 的偏导数，并建立方程组

$$\begin{cases}2\pi xy+\lambda=0,\\ \pi x^2+\lambda=0,\\ x+y-3=0.\end{cases}$$

由方程组中的前两个方程消去 λ，得 $x=2y$，代入第三个方程，得

$$x=2,y=1.$$

根据实际问题，可知最大值一定存在. 又只求得唯一的可能极值点，所以函数的最大值必在点(2,1)处取得. 即当矩形边长 $x=2,y=1$ 时，绕边长为 y 的边旋转所得圆柱体的体积最大，$V_{\max}=4\pi\ \mathrm{m}^3$.

习题 8-5(A)

1. 求下列函数的极值：

(1) $z=2x^2+y^2-xy+7x+5$；　　(2) $z=x^3+y^3-3xy$.

2. 做一个容积为 4 m^3 的无盖长方体容器，问尺寸是多少时，用料最省？

3. 求函数 $z=xy$ 在条件 $x^2+y^2=4$ 下的极值.

习题 8-5(B)

1. 求下列函数的极值：

(1) $z=y^3-x^2-6x-12y$；　　(2) $f(x,y)=\mathrm{e}^{2x}(x+y^2+2y)$.

2. 求函数 $z=x^2+y^2+1$ 在条件 $x+y-3=0$ 下的极值.

3. 做容量为 32 的无盖长方体水箱，当它的长、宽、高各为多少时，其表面积最小？

4. 某厂生产甲、乙两种产品，它们售出的单价分别为 10 元和 9 元，生产甲产品的数量 x 与生产乙产品的数量 y 的总费用为 $400+2x+3y+0.01(3x^2+xy+3y^2)$ 元，求取得最大利润时，两种产品的产量各是多少.

5. 要围一个面积为 60 m^2 的矩形场地，正面所有材料每米造价 10 元，其余三面每米造价 5 元，求场地的长、宽各为多少米时，所用的材料费最少.

6. 求抛物线 $y^2=2x$ 上与直线 $x-y+2=0$ 相距最近的点.

§8-6 二重积分

前面我们将一元函数的微分学推广到二元函数的微分学，同样也可将一元函数的积分学推广到多元函数的积分学，而二重积分是多元函数积分学的重要组成部分. 类似于定积分的讨论，我们仍从实例引入二重积分.

一、二重积分的概念

1. 两个实例

(1) 曲顶柱体的体积.

若有一个柱体，它的底是 xOy 平面上的闭区域 D，它的侧面是以 D 的边界曲线为准线，且母线平行于 z 轴的柱面，它的顶是曲面 $z=f(x,y)$. 设 $z=f(x,y)$ 为 D 上的连续函数，且 $f(x,y)\geqslant 0$，称这个柱体为曲顶柱体(图 8-21). 下面我们来求该曲顶柱体的体积 V.

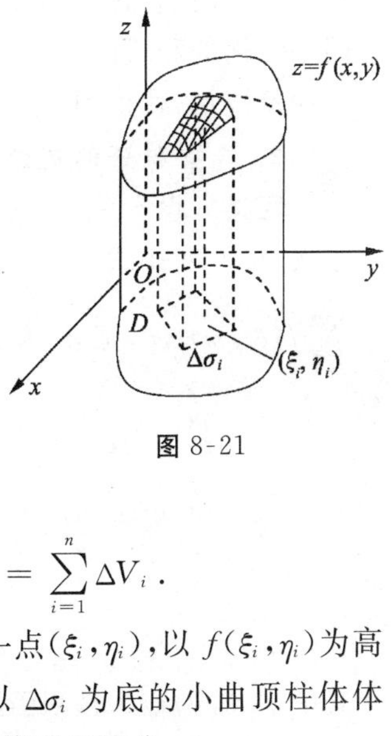

图 8-21

这里我们用类似于求曲边梯形面积的方法来求曲顶柱体的体积. 步骤如下：

① 分割：将区域 D 任意分割成 n 个小块

$$\Delta\sigma_1,\Delta\sigma_2,\cdots,\Delta\sigma_n,$$

且 $\Delta\sigma_i$ 也表示第 i 个小块的面积，这样就将曲顶柱体相应地分割成 n 个小曲顶柱体，它们的体积记为 $\Delta V_i(i=1,2,\cdots,n)$，则 $V=\sum\limits_{i=1}^{n}\Delta V_i$.

② 求和：记 d_i 为 $\Delta\sigma_i$ 的直径，则当 d_i 很小时，在 $\Delta\sigma_i$ 中任取一点 (ξ_i,η_i)，以 $f(\xi_i,\eta_i)$ 为高而底为 $\Delta\sigma_i$ 的平顶柱体的体积为 $f(\xi_i,\eta_i)\Delta\sigma_i$，可以将其看作是以 $\Delta\sigma_i$ 为底的小曲顶柱体体积的近似值，即 $\Delta V_i\approx f(\xi_i,\eta_i)\cdot\Delta\sigma_i$. 因此，曲顶柱体体积的近似值可以取为

$$V\approx\sum_{i=1}^{n}f(\xi_i,\eta_i)\Delta\sigma_i.$$

③ 取极限：若记 $\lambda=\max\{d_1,d_2,\cdots,d_n\}$，则

$$V=\lim_{\lambda\to 0}\sum_{i=1}^{n}f(\xi_i,\eta_i)\Delta\sigma_i.$$

(2) 平面薄片的质量.

已知一平面薄片,在 xOy 平面上占有闭区域 D,其质量分布的面密度函数 $\mu=\mu(x,y)$ 为 D 上的连续函数,试求薄片的质量 m(图 8-22).

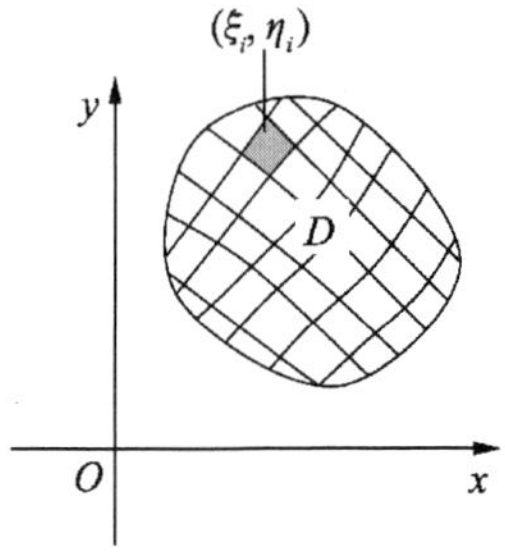

图 8-22

由于薄片质量分布不均匀,故我们采用以均匀代替不均匀的方法,分三步解决这个问题:

① 分割:将区域 D 任意分割成 n 个小块

$$\Delta\sigma_1,\Delta\sigma_2,\cdots,\Delta\sigma_n,$$

用 $\Delta\sigma_i(i=1,2,\cdots,n)$ 表示第 i 个小块,也表示第 i 个小块的面积.

② 求和:记 d_i 为 $\Delta\sigma_i$ 的直径(即 d_i 表示 $\Delta\sigma_i$ 中任意两点间距离的最大值). 当 d_i 很小时,可以认为在 $\Delta\sigma_i$ 上质量分布是均匀的,并用任意点 $(\xi_i,\eta_i)\in\Delta\sigma_i$ 处的密度 $\mu(\xi_i,\eta_i)$ 作为 $\Delta\sigma_i$ 的面密度,记 Δm_i 为第 i 个小块的质量,则

$$\Delta m_i\approx\mu(\xi_i,\eta_i)\Delta\sigma_i.$$

因此,薄片的质量可以表示为

$$m\approx\sum_{i=1}^{n}\mu(\xi_i,\eta_i)\Delta\sigma_i.$$

③ 取极限:若记 $\lambda=\max\{d_1,d_2,\cdots,d_n\}$,则

$$m=\lim_{\lambda\to 0}\sum_{i=1}^{n}\mu(\xi_i,\eta_i)\Delta\sigma_i.$$

以上两例,解决的具体问题虽然不同,但解决问题的方法却完全相同,且最后都归结为同一结构的和式的极限. 还有许多实际问题也与此两例类似,我们把其数量关系上的共性加以抽象概括,就得到二重积分的概念.

2. 二重积分的概念

定义 设 $z=f(x,y)$ 是定义在有界闭区域 D 上的有界函数. 将区域 D 任意分割成 n 个小块 $\Delta\sigma_i(i=1,2,\cdots,n)$,$\Delta\sigma_i$ 也表示第 i 个小块的面积. 任取一点 $(\xi_i,\eta_i)\in\Delta\sigma_i$,作和式 $\sum\limits_{i=1}^{n}f(\xi_i,\eta_i)\Delta\sigma_i$,记 d_i 为 $\Delta\sigma_i$ 的直径,$\lambda=\max\{d_1,d_2,\cdots,d_n\}$. 若

$$\lim_{\lambda\to 0}\sum_{i=1}^{n}f(\xi_i,\eta_i)\Delta\sigma_i$$

存在,则称此极限为函数 $z=f(x,y)$ 在区域 D 上的**二重积分**,记作 $\iint\limits_D f(x,y)\mathrm{d}\sigma$,即

$$\iint\limits_D f(x,y)\mathrm{d}\sigma=\lim_{\lambda\to 0}\sum_{i=1}^{n}f(\xi_i,\eta_i)\Delta\sigma_i,$$

其中 $f(x,y)$ 称为**被积函数**,D 称为**积分区域**,$f(x,y)\mathrm{d}\sigma$ 称为**被积表达式**,$\mathrm{d}\sigma$ 称为**面积元素**,x 和 y 称为**积分变量**.

关于二重积分的几点说明:

(1) $\iint\limits_D f(x,y)\mathrm{d}\sigma$ 与区域 D 及函数 $z=f(x,y)$ 有关,与 D 的分割点 (ξ_i,η_i) 的取法无关.

(2) 若函数 $f(x,y)$ 在有界闭区域 D 上的二重积分存在,则称 $f(x,y)$ 在区域 D 上**可积**.

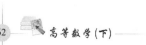

(3) 上述两个实例的结果都可用二重积分表示，即

$$V=\iint_D f(x,y)\mathrm{d}\sigma,$$

$$m=\iint_D \mu(x,y)\mathrm{d}\sigma.$$

3. 二重积分的几何意义

(1) 若在区域 D 上 $f(x,y)\geqslant 0$，则二重积分 $\iint_D f(x,y)\mathrm{d}\sigma$ 表示以区域 D 为底、以曲面 $z=f(x,y)$ 为顶的曲顶柱体的体积，即 $\iint_D f(x,y)\mathrm{d}\sigma=V$.

(2) 若在区域 D 上 $f(x,y)\leqslant 0$，则上述曲顶柱体在 xOy 面的下方，二重积分 $\iint_D f(x,y)\mathrm{d}\sigma$ 的值是负的，它的绝对值为该曲顶柱体的体积，即 $\iint_D f(x,y)\mathrm{d}\sigma=-V$.

特别地，若在区域 D 上，$f(x,y)\equiv 1$，且 D 的面积为 σ，则

$$\iint_D \mathrm{d}\sigma=\sigma.$$

这时，二重积分 $\iint_D \mathrm{d}\sigma$ 可以理解为以平面 $z=1$ 为顶、以 D 为底的平顶柱体的体积，该体积在数值上与区域 D 的面积相等.

4. 二重积分的基本性质

二重积分具有与定积分类似的性质. 设 $f(x,y)$，$g(x,y)$ 在有界闭区域 D 上均可积，则有如下性质：

性质 1(线性性质)

$$\iint_D [af(x,y)\pm bg(x,y)]\mathrm{d}\sigma=a\iint_D f(x,y)\mathrm{d}\sigma\pm b\iint_D g(x,y)\mathrm{d}\sigma\ (a,b\text{ 均为常数}).$$

性质 2(区域可加性) 如果区域 D 被连续曲线分割为 D_1 与 D_2 两部分，则

$$\iint_D f(x,y)\mathrm{d}\sigma=\iint_{D_1} f(x,y)\mathrm{d}\sigma+\iint_{D_2} f(x,y)\mathrm{d}\sigma.$$

性质 3(单调性) 如果在区域 D 上有 $f(x,y)\leqslant g(x,y)$，则

$$\iint_D f(x,y)\mathrm{d}\sigma\leqslant\iint_D g(x,y)\mathrm{d}\sigma.$$

性质 4(二重积分的估值定理) 设 M 和 m 分别为函数 $f(x,y)$ 在有界闭区域 D 上的最大值和最小值，则

$$m\sigma\leqslant\iint_D f(x,y)\mathrm{d}\sigma\leqslant M\sigma,$$

其中 σ 表示区域 D 的面积.

性质 5(二重积分的中值定理) 设 $f(x,y)$ 在有界闭区域 D 上连续，σ 是区域 D 的面积，则在 D 上至少存在一点 (ξ,η)，使得

$$\iint_D f(x,y)\mathrm{d}\sigma=f(\xi,\eta)\sigma.$$

上式右端是以 $f(\xi,\eta)$ 为高、D 为底的平顶柱体的代数体积.

这些性质可用二重积分的定义或几何意义证明或解析.

习题 8-6(A)

1. 根据二重积分的性质,比较下列积分的大小:

(1) $\iint\limits_D (x+y)^2 \mathrm{d}\sigma$ 与 $\iint\limits_D (x+y)^3 \mathrm{d}\sigma$,其中区域 D 由 x 轴、y 轴及直线 $x+y=1$ 所围成;

(2) $\iint\limits_D \ln(x+y) \mathrm{d}\sigma$ 与 $\iint\limits_D [\ln(x+y)]^2 \mathrm{d}\sigma$,其中区域 D 是由 $x=3, x=5, y=0, y=1$ 四条直线围成的矩形区域.

2. 利用二重积分的性质估计下列积分的值:

(1) $I=\iint\limits_D (x+y+1) \mathrm{d}\sigma$,其中 $D=\{(x,y) \mid 0 \leqslant x \leqslant 1, 0 \leqslant y \leqslant 2\}$;

(2) $I=\iint\limits_D (x^2+4y^2+9) \mathrm{d}\sigma$,其中 $D=\{(x,y) \mid x^2+y^2 \leqslant 4\}$.

习题 8-6(B)

1. 利用二重积分的几何意义计算下列二重积分的值:

(1) $\iint\limits_D 2 \mathrm{d}\sigma$,其中区域 $D=\{(x,y) \mid x^2+y^2 \leqslant 1\}$;

(2) $\iint\limits_D f(x,y) \mathrm{d}\sigma$,其中 $f(x,y)=\begin{cases}1, & -1 \leqslant x \leqslant 0, -1 \leqslant y \leqslant 1, \\ 2, & 0<x \leqslant 1, -1 \leqslant y \leqslant 1,\end{cases}$ 区域 $D=\{(x,y) \mid -1 \leqslant x \leqslant 1, -1 \leqslant y \leqslant 1\}$.

2. 利用二重积分的性质,比较下列二重积分的大小:

(1) $\iint\limits_D (x-y)^2 \mathrm{d}\sigma$ 与 $\iint\limits_D (x-y)^3 \mathrm{d}\sigma$,其中 D 由直线 $x-y=1$ 与坐标轴所围成;

(2) $\iint\limits_D \ln \sqrt{x^2+y^2} \mathrm{d}\sigma$ 与 $\iint\limits_D \ln \sqrt{(x^2+y^2)^3} \mathrm{d}\sigma$,其中区域 D 由圆周 $x^2+y^2=1$ 与 $x^2+y^2=4$ 所围成.

3. 利用二重积分的性质估计下列积分的值:

(1) $I=\iint\limits_D (2x+y-1) \mathrm{d}\sigma$,其中 $D=\{(x,y) \mid 1 \leqslant x \leqslant 3, 1 \leqslant y \leqslant 2\}$;

(2) $I=\iint\limits_D (x^2+2xy+y^2-1) \mathrm{d}\sigma$,其中 $D=\{(x,y) \mid -1 \leqslant x \leqslant 1, -1 \leqslant y \leqslant 1\}$.

§8-7　二重积分的计算与应用

利用二重积分的定义来计算二重积分，十分复杂. 通常是把二重积分化为二次积分（累次积分），即通过计算两次定积分来求二重积分.

一、二重积分的计算

1. 直角坐标系下二重积分的计算

我们由二重积分的定义知道，当 $f(x,y)$ 在区域 D 上可积时，其积分值与区域 D 的分割方法无关，因此可以采取特殊的分割方法来计算二重积分，以简化计算. 在直角坐标系中，用分别平行于 x 轴和 y 轴的直线将区域 D 分成许多小矩形，这时面积元素 $\mathrm{d}\sigma=\mathrm{d}x\mathrm{d}y$，二重积分也可记为

$$\iint_D f(x,y)\mathrm{d}\sigma=\iint_D f(x,y)\mathrm{d}x\mathrm{d}y.$$

下面根据二重积分的几何意义，通过计算以曲面 $z=f(x,y)$（在 D 内不妨设 $f(x,y)>0$）为顶，以 xOy 平面上闭区域 D 为底的曲顶柱体的体积来说明二重积分的计算方法.

(1) 若区域 D 可以表示为

$$D=\{(x,y)\,|\,\varphi_1(x)\leqslant y\leqslant\varphi_2(x),a\leqslant x\leqslant b\},$$

其中 $\varphi_1(x),\varphi_2(x)$ 在 $[a,b]$ 上连续，则称 D 为 **X 型区域**（图 8-23）.

如图 8-24 所示，过点 $(x,0,0)(a\leqslant x\leqslant b)$ 作垂直于 x 轴的平面与曲顶柱体相截，其截面是以 $[\varphi_1(x),\varphi_2(x)]$ 为底、以曲线 $z=f(x,y)$ 为曲边的曲边梯形（图 8-24 的阴影部分），记其面积为 $S(x)$，由定积分的几何意义可知

$$S(x)=\int_{\varphi_1(x)}^{\varphi_2(x)}f(x,y)\mathrm{d}y,$$

其中 $f(x,y)$ 中的 x 在关于 y 的积分过程中被看作常数.

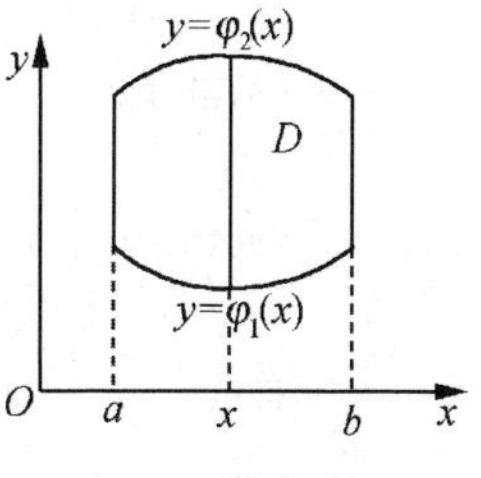

图 8-23

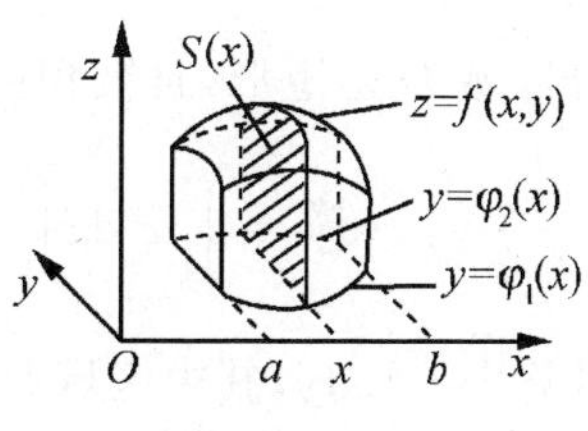

图 8-24

再由截面面积已知的立体体积的求法，便得到该曲顶柱体的体积为

$$V=\int_a^b S(x)\mathrm{d}x=\int_a^b\left[\int_{\varphi_1(x)}^{\varphi_2(x)}f(x,y)\mathrm{d}y\right]\mathrm{d}x.$$

于是

$$\iint_D f(x,y)\mathrm{d}x\mathrm{d}y=\int_a^b\left[\int_{\varphi_1(x)}^{\varphi_2(x)}f(x,y)\mathrm{d}y\right]\mathrm{d}x.$$

常记为

$$\iint_D f(x,y)\mathrm{d}x\mathrm{d}y=\int_a^b \mathrm{d}x\int_{\varphi_1(x)}^{\varphi_2(x)} f(x,y)\mathrm{d}y.$$

称上式为先对 y 后对 x 的二次积分或累次积分.

(2) 若区域 D 可以表示为

$$D=\{(x,y)\,|\,\psi_1(y)\leqslant x\leqslant \psi_2(y),c\leqslant y\leqslant d\},$$

其中 $\psi_1(y)$,$\psi_2(y)$在$[c,d]$上连续,则称 D 为 **Y 型区域**(图 8-25). 类似地,得

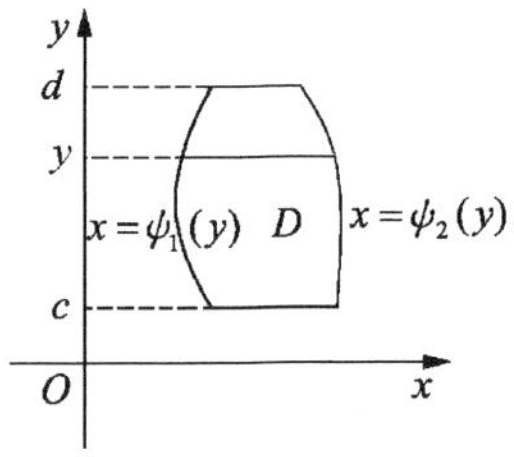

图 8-25

$$\iint_D f(x,y)\mathrm{d}x\mathrm{d}y=\int_c^d\left[\int_{\psi_1(y)}^{\psi_2(y)} f(x,y)\mathrm{d}x\right]\mathrm{d}y.$$

或记为

$$\iint_D f(x,y)\mathrm{d}x\mathrm{d}y=\int_c^d \mathrm{d}y\int_{\psi_1(y)}^{\psi_2(y)} f(x,y)\mathrm{d}x.$$

由上述分析可知,为了计算二重积分 $\iint\limits_D f(x,y)\mathrm{d}x\mathrm{d}y$,应该先将积分区域 D 用不等式 $\varphi_1(x)\leqslant y\leqslant \varphi_2(x)$,$a\leqslant x\leqslant b$ 或 $\psi_1(y)\leqslant x\leqslant \psi_2(y)$,$c\leqslant y\leqslant d$ 表示出来.

为了便于计算,将二重积分化为二次积分可以采用下列步骤(以积分区域 D 为 X 型区域为例):

第一步:画出积分区域 D 的图形,求出相应交点.

第二步:如图 8-23 所示,在区间$[a,b]$上任意取定一个 x 值,积分区域上以这个 x 值为横坐标的点在一段直线上,这段直线平行于 y 轴,该线段上的点的纵坐标从$\varphi_1(x)$变到$\varphi_2(x)$,这就是先把 x 看作常量而对 y 积分时的下限和上限. 因为 x 值在$[a,b]$上任意取定,故把 x 看作变量对 x 积分时,积分区间就是$[a,b]$.

第三步:确定 $D=\{(x,y)\,|\,\varphi_1(x)\leqslant y\leqslant \varphi_2(x),a\leqslant x\leqslant b\}$,则

$$\iint_D f(x,y)\mathrm{d}x\mathrm{d}y=\int_a^b \mathrm{d}x\int_{\varphi_1(x)}^{\varphi_2(x)} f(x,y)\mathrm{d}y.$$

例 1 计算$\iint\limits_D \dfrac{x^2}{1+y^2}\mathrm{d}x\mathrm{d}y$,其中区域 $D=\{(x,y)\,|\,1\leqslant x\leqslant 2,0\leqslant y\leqslant 1\}$.

解 积分区域 D 是矩形,且被积函数 $f(x,y)=x^2\cdot\dfrac{1}{1+y^2}$,故有

$$\iint_D \frac{x^2}{1+y^2}\mathrm{d}x\mathrm{d}y=\int_1^2 x^2\mathrm{d}x\int_0^1\frac{1}{1+y^2}\mathrm{d}y=\left[\frac{x^3}{3}\right]_1^2\cdot[\arctan y]_0^1=\frac{7}{12}\pi.$$

例 2 计算$\iint\limits_D xy\,\mathrm{d}x\mathrm{d}y$,其中区域$D$由$y=x$,$x=1$,$y=0$围成.

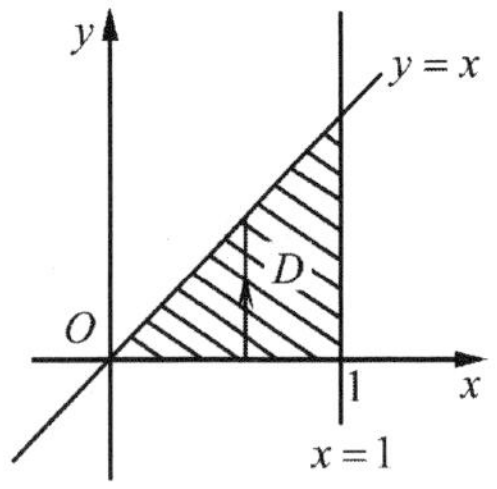

图 8-26

解 画出区域 D 的图形,如图 8-26 所示.

解法 1:把区域 D 看作 X 型区域(图 8-26).

在区间$[0,1]$上任意取定一个 x 值,积分区域上以这个 x 值为横坐标的点在一段直线上,这段直线平行于 y 轴,该线段上的点的纵坐标从 $y=0$ 变到 $y=x$,则 $D=\{(x,y)\,|\,0\leqslant x\leqslant 1,0\leqslant y\leqslant x\}$. 因此

$$\iint_D xy\,dxdy = \int_0^1 dx\int_0^x xy\,dy = \int_0^1 \frac{1}{2}x^3\,dx = \frac{1}{8}.$$

解法 2：把区域 D 看作 Y 型区域(图 8-27).

在区间[0,1]上任意取定一个 y 值，积分区域上以这个 y 值为纵坐标的点在一段直线上，这段直线平行于 x 轴，该线段上的点的横坐标从 $x=y$ 变到 $x=1$，则 $D=\{(x,y)\mid 0\leqslant y\leqslant 1, y\leqslant x\leqslant 1\}$. 因此

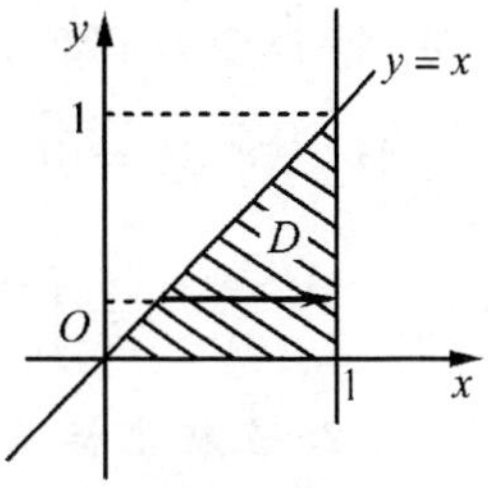

图 8-27

$$\iint_D xy\,dxdy = \int_0^1 dy\int_y^1 xy\,dx = \int_0^1 \frac{1}{2}y(1-y^2)\,dy$$
$$= \frac{1}{2}\int_0^1 (y-y^3)\,dy = \frac{1}{8}.$$

例 3 计算 $\iint_D y\,dxdy$，其中区域 D 由 $x^2+y^2\leqslant 1, y\geqslant 0$ 确定.

解 画出区域 D 的图形(图 8-28).

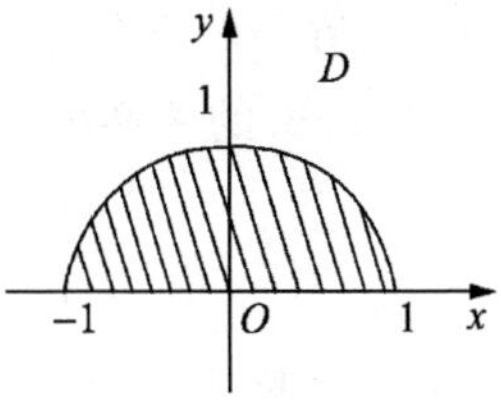

图 8-28

解法 1：把区域 D 看作 X 型区域，在区间[−1,1]上任意取定一个 x 值，积分区域上以这个 x 值为横坐标的点在一段直线上，这段直线平行于 y 轴，该线段上的点的纵坐标从 $y=0$ 变到 $y=\sqrt{1-x^2}$，则 $D=\{(x,y)\mid -1\leqslant x\leqslant 1, 0\leqslant y\leqslant \sqrt{1-x^2}\}$. 故

$$\iint_D y\,dxdy = \int_{-1}^1 dx\int_0^{\sqrt{1-x^2}} y\,dy = \frac{1}{2}\int_{-1}^1 (1-x^2)\,dx = \frac{2}{3}.$$

解法 2：把区域 D 看作 Y 型区域，在区间[0,1]上任意取定一个 y 值，积分区域上以这个 y 值为纵坐标的点在一段直线上，这段直线平行于 x 轴，该线段上的点的横坐标从 $x=-\sqrt{1-y^2}$ 变到 $x=\sqrt{1-y^2}$，即 $D=\{(x,y)\mid 0\leqslant y\leqslant 1, -\sqrt{1-y^2}\leqslant x\leqslant \sqrt{1-y^2}\}$. 故

$$\iint_D y\,dxdy = \int_0^1 dy\int_{-\sqrt{1-y^2}}^{\sqrt{1-y^2}} y\,dx = 2\int_0^1 y\sqrt{1-y^2}\,dy = \frac{2}{3}\left[-(1-y^2)^{\frac{3}{2}}\right]_0^1 = \frac{2}{3}.$$

例 4 计算 $\iint_D xy\cos(xy^2)\,dxdy$，其中 D 是长方形区域：$0\leqslant x\leqslant \frac{\pi}{2}, 0\leqslant y\leqslant 2$.

解 如果先对 x 积分，需要利用分部积分法；如果先对 y 积分，则不必利用分部积分法，计算会简单些. 因此，选择先对 y 积分.

$$\iint_D xy\cos(xy^2)\,dxdy = \int_0^{\frac{\pi}{2}} dx\int_0^2 xy\cos(xy^2)\,dy = \frac{1}{2}\int_0^{\frac{\pi}{2}} \left[\sin(xy^2)\right]_0^2 dx$$
$$= \frac{1}{2}\int_0^{\frac{\pi}{2}} \sin 4x\,dx = 0.$$

由例 3、例 4 可以发现，将二重积分化为二次积分时，不同的积分次序会导致计算的难易差异. 因此，计算时应注意选择积分次序. 并且还发现，选择积分次序要考虑被积函数和积分区域两个因素.

例 5 计算 $\int_0^2 dx\int_x^2 e^{-y^2}\,dy$.

解 由于 $\int e^{-y^2}\,dy$ 不能用初等函数表示出来，所以我们考虑用交换积分次序的方法来

计算这个二重积分.

$D=\{(x,y)\mid 0\leqslant x\leqslant 2, x\leqslant y\leqslant 2\}$为 X 型积分区域,如图 8-29 所示. 将 D 变为 Y 型积分区域:$D=\{(x,y)\mid 0\leqslant y\leqslant 2, 0\leqslant x\leqslant y\}$.

$$\int_0^2 \mathrm{d}x\int_x^2 \mathrm{e}^{-y^2}\,\mathrm{d}y=\iint\limits_D \mathrm{e}^{-y^2}\,\mathrm{d}x\mathrm{d}y=\int_0^2 \mathrm{d}y\int_0^y \mathrm{e}^{-y^2}\,\mathrm{d}x$$

$$=\int_0^2 y\mathrm{e}^{-y^2}\,\mathrm{d}y=-\frac{1}{2}\int_0^2 \mathrm{e}^{-y^2}\,\mathrm{d}(-y^2)=\frac{1}{2}(1-\mathrm{e}^{-4}).$$

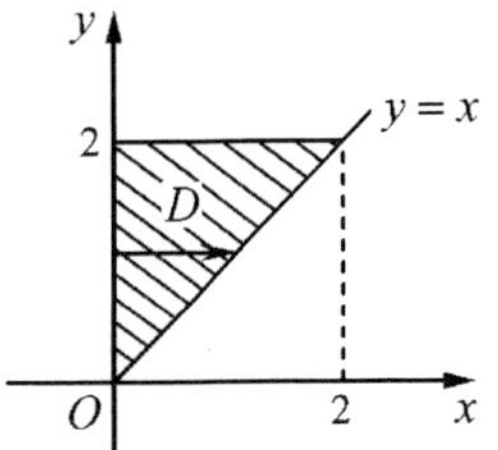

图 8-29

2. 在极坐标系下计算二重积分

在二重积分的计算中,当积分区域为圆域、环域、扇域等,或被积函数是 $f(x^2+y^2)$,$f\left(\frac{x}{y}\right)$等形式时,采用极坐标表示比较简单.

在解析几何中,平面上任意一点 M 的极坐标(r,θ)与它的直角坐标(x,y)的变换公式为(图 8-30)

$$\begin{cases} x=r\cos\theta, \\ y=r\sin\theta \end{cases} \quad (0\leqslant\theta\leqslant 2\pi, 0\leqslant r\leqslant +\infty).$$

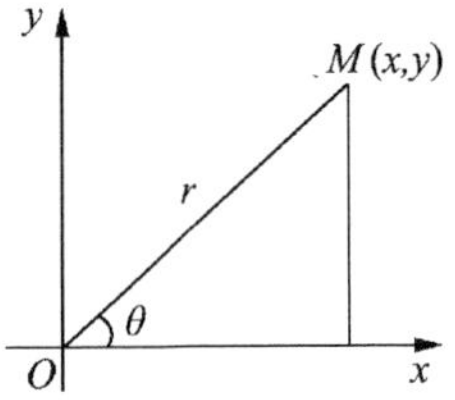

图 8-30

在极坐标系下,我们用两组曲线 $r=$常数及 $\theta=$常数,即一组同心圆与一组过原点的射线,将区域 D 任意分成 n 个小区域(图 8-31). 若第 i 个小区域 $\Delta\sigma_i$ 由 $r=r_i$,$r=r_i+\Delta r_i$,$\theta=\theta_i$,$\theta=\theta_i+\Delta\theta_i$ 所围成,则由扇形面积公式可得

$$\Delta\sigma_i=\frac{1}{2}(r_i+\Delta r_i)^2\Delta\theta-\frac{1}{2}r_i^2\Delta\theta$$

$$=\left(r_i+\frac{1}{2}\Delta r_i\right)\Delta r_i\Delta\theta_i\approx r_i\Delta r_i\Delta\theta_i.$$

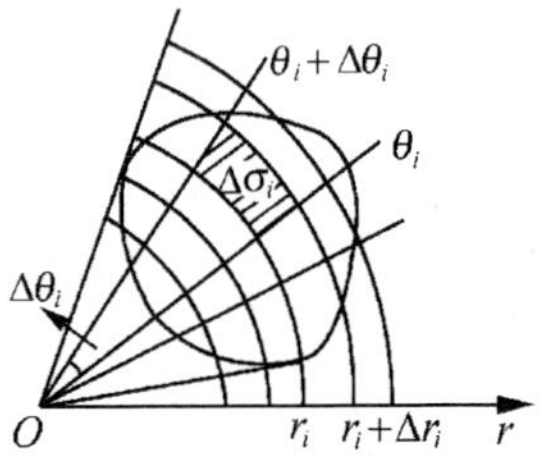

图 8-31

因此,面积微元 $\mathrm{d}\sigma=r\mathrm{d}r\mathrm{d}\theta$ 称为极坐标系中的面积微元.

由直角坐标与极坐标的关系 $x=r\cos\theta$,$y=r\sin\theta$,得

$$\iint\limits_D f(x,y)\,\mathrm{d}x\mathrm{d}y=\iint\limits_D f(r\cos\theta, r\sin\theta)\,r\mathrm{d}r\mathrm{d}\theta.$$

上式右端 D 的边界曲线要用极坐标方程表示.

计算极坐标系下的二重积分同样是将其化为二次积分计算,通常是选择先对 r 积分后对 θ 积分的次序.

下面分极点在积分区域 D 内、D 外、D 的边界上三种情况讨论.

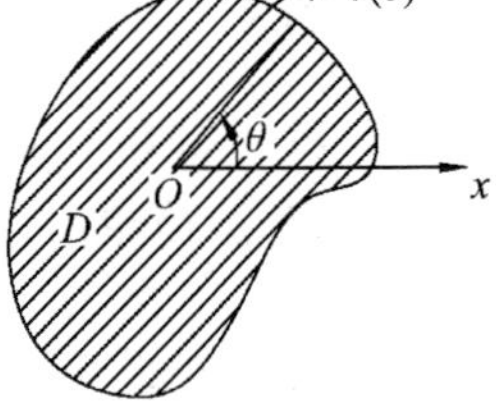

图 8-32

(1) 若极点 O 在积分区域 D 内,D 的边界是连续封闭曲线 $r=r(\theta)$(图 8-32),则

$$D=\{(r,\theta)\mid 0\leqslant\theta\leqslant 2\pi, 0\leqslant r\leqslant r(\theta)\},$$

$$\iint\limits_D f(r\cos\theta, r\sin\theta)\,r\mathrm{d}r\mathrm{d}\theta=\int_0^{2\pi}\mathrm{d}\theta\int_0^{r(\theta)} f(r\cos\theta, r\sin\theta)\,r\mathrm{d}r.$$

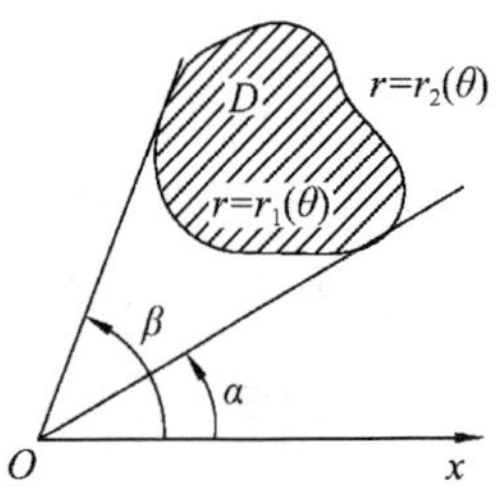

图 8-33

(2) 若极点 O 在积分区域 D 外,区域 D 由两条射线 $\theta=\alpha$,$\theta=\beta$ 以及两条连续曲线 $r=r_1(\theta)$,$r=r_2(\theta)$围成(图 8-33),则

$$D=\{(r,\theta)\mid \alpha\leqslant\theta\leqslant\beta, r_1(\theta)\leqslant r\leqslant r_2(\theta)\},$$

$$\iint\limits_D f(r\cos\theta, r\sin\theta) r\mathrm{d}r\mathrm{d}\theta = \int_\alpha^\beta \mathrm{d}\theta \int_{r_1(\theta)}^{r_2(\theta)} f(r\cos\theta, r\sin\theta) r\mathrm{d}r.$$

(3) 若极点 O 在积分区域 D 的边界曲线 $r=r(\theta)$ 上(图 8-34),则

$$D=\{(r,\theta)\mid\alpha\leqslant\theta\leqslant\beta, 0\leqslant r\leqslant r(\theta)\},$$

$$\iint\limits_D f(r\cos\theta, r\sin\theta) r\mathrm{d}r\mathrm{d}\theta = \int_\alpha^\beta \mathrm{d}\theta \int_0^{r(\theta)} f(r\cos\theta, r\sin\theta) r\mathrm{d}r.$$

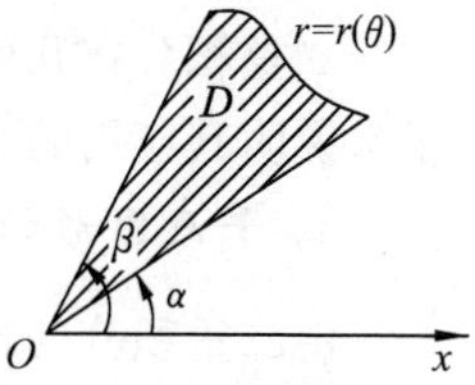

图 8-34

例 6 计算 $\iint\limits_D \mathrm{e}^{-x^2-y^2}\mathrm{d}x\mathrm{d}y$,其中 D 为圆域:$x^2+y^2\leqslant 4$.

解 画出 D 的图形(图 8-35),极点在区域 D 的内部,区域 D 可以表示为

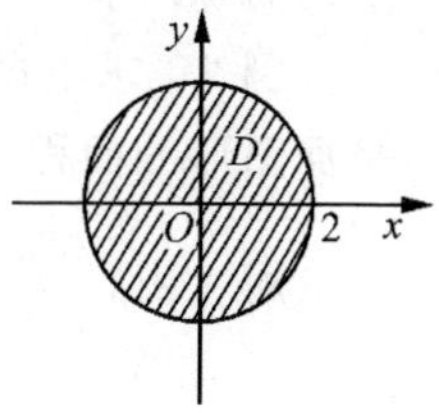

图 8-35

$$D=\{(r,\theta)\mid 0\leqslant\theta\leqslant 2\pi, 0\leqslant r\leqslant 2\},$$

于是
$$\iint\limits_D \mathrm{e}^{-x^2-y^2}\mathrm{d}x\mathrm{d}y = \int_0^{2\pi}\mathrm{d}\theta\int_0^2 \mathrm{e}^{-r^2} r\mathrm{d}r = \int_0^{2\pi}\left(-\frac{1}{2}\mathrm{e}^{-r^2}\Big|_0^2\right)\mathrm{d}\theta$$
$$= -\frac{1}{2}(\mathrm{e}^{-4}-1)\int_0^{2\pi}\mathrm{d}\theta = -\frac{1}{2}(\mathrm{e}^{-4}-1)\cdot\theta\Big|_0^{2\pi}$$
$$= \pi(1-\mathrm{e}^{-4}).$$

例 7 计算 $\iint\limits_D \sin\sqrt{x^2+y^2}\,\mathrm{d}x\mathrm{d}y$,其中 D 为圆环:$1\leqslant x^2+y^2\leqslant 4$.

解 画出 D 的图形(图 8-36),极点在区域 D 之外,区域 D 可以表示为

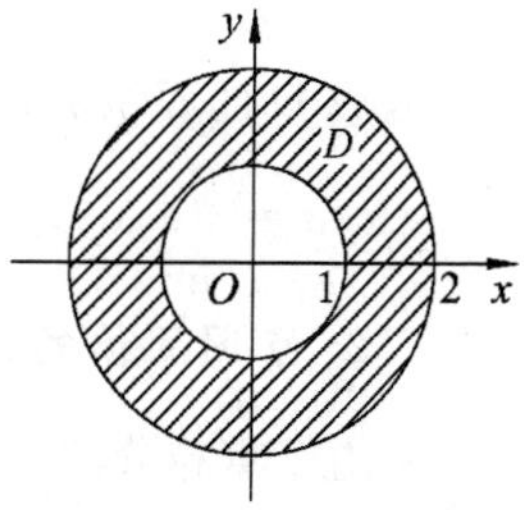

图 8-36

$$D=\{(r,\theta)\mid 0\leqslant\theta\leqslant 2\pi, 1\leqslant r\leqslant 2\},$$

于是
$$\iint\limits_D \sin\sqrt{x^2+y^2}\,\mathrm{d}x\mathrm{d}y = \int_0^{2\pi}\mathrm{d}\theta\int_1^2 \sin r\cdot r\mathrm{d}r$$
$$= \int_0^{2\pi}\left(-r\cos r\Big|_1^2 + \int_1^2 \cos r\mathrm{d}r\right)\mathrm{d}\theta$$
$$= \int_0^{2\pi}(\sin r - r\cos r)\Big|_1^2\mathrm{d}\theta$$
$$= 2\pi(\sin 2-\sin 1-2\cos 2+\cos 1).$$

例 8 计算 $\iint\limits_D \sqrt{x^2+y^2}\,\mathrm{d}x\mathrm{d}y$,其中区域 D 为 $\{(x,y)\mid 0\leqslant y\leqslant x, x^2+y^2\leqslant 2x\}$.

解 画出 D 的图形(图 8-37),极点在区域 D 的边界上,区域 D 可以表示为

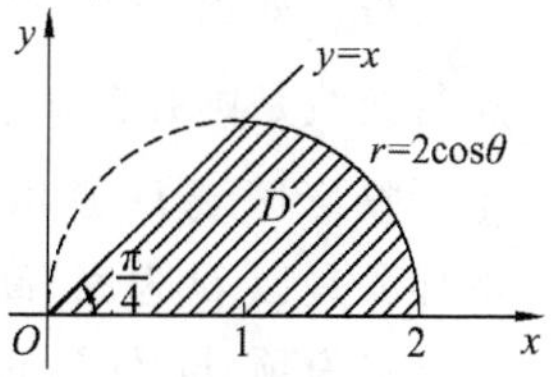

图 8-37

$$D=\left\{(r,\theta)\,\middle|\, 0\leqslant\theta\leqslant\frac{\pi}{4}, 0\leqslant r\leqslant 2\cos\theta\right\},$$

于是
$$\iint\limits_D \sqrt{x^2+y^2}\,\mathrm{d}x\mathrm{d}y = \int_0^{\frac{\pi}{4}}\mathrm{d}\theta\int_0^{2\cos\theta} r^2\mathrm{d}r = \int_0^{\frac{\pi}{4}}\left(\frac{1}{3}r^3\Big|_0^{2\cos\theta}\right)\mathrm{d}\theta$$
$$= \frac{8}{3}\int_0^{\frac{\pi}{4}}\cos^3\theta\mathrm{d}\theta = \frac{8}{3}\int_0^{\frac{\pi}{4}}(1-\sin^2\theta)\mathrm{d}(\sin\theta)$$
$$= \frac{8}{3}\left(\sin\theta - \frac{1}{3}\sin^3\theta\right)\Big|_0^{\frac{\pi}{4}} = \frac{10\sqrt{2}}{9}.$$

二、二重积分应用举例

二重积分在几何、物理学及其他工程学科的很多领域有着广泛的应用，下面仅举一些例子来说明其应用的方法.

1. 平面图形的面积

由二重积分的性质可知，当 $f(x,y)=1$ 时，二重积分 $\iint\limits_D 1\mathrm{d}\sigma=\sigma$ 表示平面区域 D 的面积. 由此可知，可以利用二重积分计算平面图形的面积.

例 9 求由抛物线 $y^2=x$ 和直线 $x-y=2$（图 8-38）所围成的平面图形的面积.

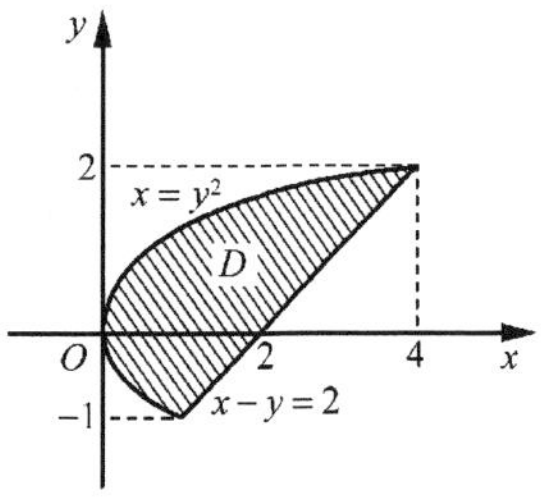

图 8-38

解 由 $\begin{cases}x=y^2,\\x-y=2,\end{cases}$ 解得

$$\begin{cases}x=1,\\y=-1\end{cases}\text{或}\begin{cases}x=4,\\y=2.\end{cases}$$

故所给两条曲线围成的区域 D 可以表示为

$$-1\leqslant y\leqslant 2,\ y^2\leqslant x\leqslant 2+y.$$

故区域 D 的面积 σ 为

$$\sigma=\iint\limits_D \mathrm{d}x\mathrm{d}y=\int_{-1}^{2}\mathrm{d}y\int_{y^2}^{2+y}\mathrm{d}x=\int_{-1}^{2}(2+y-y^2)\mathrm{d}y=\frac{9}{2}.$$

2. 空间立体的体积

由二重积分的几何意义知，当 $f(x,y)\geqslant 0$ 时，二重积分 $\iint\limits_D f(x,y)\mathrm{d}x\mathrm{d}y$ 的值等于以 D 为底、以 $z=f(x,y)$ 为顶的曲顶柱体的体积. 由此可知，可以利用二重积分计算空间立体的体积.

例 10 求由旋转抛物面 $z=x^2+y^2$ 与平面 $z=h$ 所围成的立体的体积.

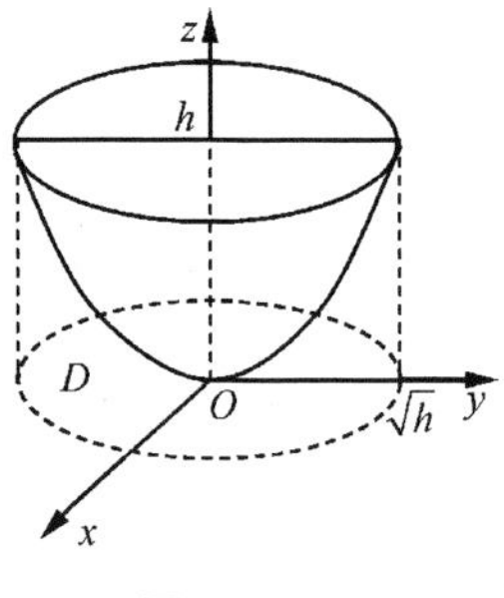

图 8-39

解 如图 8-39 所示. 由于抛物面 $z=x^2+y^2$ 与平面 $z=h$ 相截所得交线是圆心在 z 轴上、半径为 $\sqrt{h}$ 的圆，故所求立体在 xOy 面上的投影区域 D 是以原点为圆心、半径为 $\sqrt{h}$ 的圆. 易知所求立体的体积是以 D 为底、高为 h 的正圆柱的体积，与以旋转抛物面 $z=x^2+y^2$ 为顶、以 D 为底的曲顶柱体的体积之差.

正圆柱体的体积 $V_1=\pi h\cdot h=\pi h^2$.

以 $z=x^2+y^2$ 为顶的曲顶柱体的体积

$$V_2=\iint\limits_D (x^2+y^2)\mathrm{d}x\mathrm{d}y=\int_0^{2\pi}\mathrm{d}\theta\int_0^{\sqrt{h}}r^2\cdot r\mathrm{d}r=\frac{\pi}{2}h^2.$$

于是，所求立体的体积为

$$V=V_1-V_2=\pi h^2-\frac{\pi}{2}h^2=\frac{\pi}{2}h^2.$$

3. 质量与质心

由二重积分的物理意义可知，若平面薄板 D 的面密度为 $\mu=\mu(x,y)$，则 D 的质量为

$$m=\iint_D \mu(x,y)\mathrm{d}x\mathrm{d}y.$$

下面来研究平面薄板 D 的质心 $(\overline{x},\overline{y})$.

由中学物理知识可知：若质点系由 n 个质点 $m_1,m_2,\cdots,m_n$ 组成（其中 m_i 也表示第 i 个质点的质量），并设 m_i 的坐标为 $(x_i,y_i)(i=1,2,\cdots,n)$. 设它的质心为 $(\overline{x},\overline{y})$，则有

$$\left(\sum_{i=1}^{n}m_i\right)\overline{x}=\sum_{i=1}^{n}m_ix_i,\left(\sum_{i=1}^{n}m_i\right)\overline{y}=\sum_{i=1}^{n}m_iy_i.$$

故

$$\overline{x}=\frac{\sum_{i=1}^{n}m_ix_i}{\sum_{i=1}^{n}m_i},\overline{y}=\frac{\sum_{i=1}^{n}m_iy_i}{\sum_{i=1}^{n}m_i}.$$

将非均匀平面薄板 D 先任意分成 n 个小块 $\Delta\sigma_i(i=1,2,\cdots,n)$，再在 $\Delta\sigma_i$ 上任取一点 (x_i,y_i)，可认为在 $\Delta\sigma_i$ 上密度分布是均匀的，其密度为 $\mu=\mu(x_i,y_i)$，则 $\Delta\sigma_i$ 的质量近似等于 $\mu(x_i,y_i)\Delta\sigma_i$. 记 d_i 为 $\Delta\sigma_i$ 的直径，$\lambda=\max\{d_1,d_2,\cdots,d_n\}$. 可得平面薄板 D 的质心为

$$\overline{x}=\frac{\iint_D x\mu\mathrm{d}x\mathrm{d}y}{\iint_D \mu\mathrm{d}x\mathrm{d}y},\overline{y}=\frac{\iint_D y\mu\mathrm{d}x\mathrm{d}y}{\iint_D \mu\mathrm{d}x\mathrm{d}y}.$$

当平面薄板的密度分布均匀时，μ 为常数，则质心坐标为

$$\overline{x}=\frac{\iint_D x\mathrm{d}x\mathrm{d}y}{\iint_D \mathrm{d}x\mathrm{d}y}=\frac{1}{\sigma}\iint_D x\mathrm{d}x\mathrm{d}y,\overline{y}=\frac{\iint_D y\mathrm{d}x\mathrm{d}y}{\iint_D \mathrm{d}x\mathrm{d}y}=\frac{1}{\sigma}\iint_D y\mathrm{d}x\mathrm{d}y,$$

其中 σ 为 D 的面积. 又称上式表示的坐标为 D 的形心坐标.

例 11 求质量均匀分布的半圆形薄板的形心.

解 设半圆的圆心在原点，半径为 R（图 8-40），则半圆形区域 D 为

$$\{(x,y)\mid -R\leqslant x\leqslant R,0\leqslant y\leqslant\sqrt{R-x^2}\}.$$

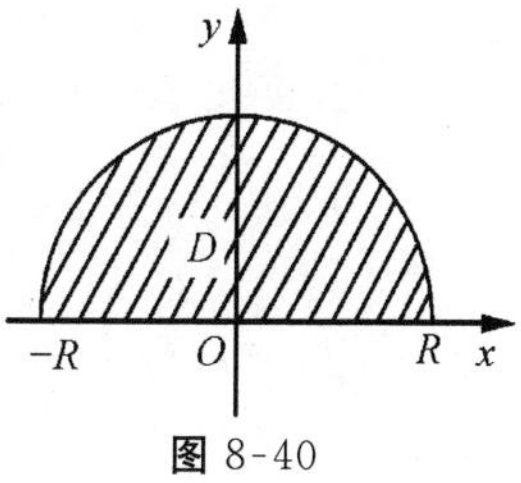

图 8-40

由于区域 D 关于 y 轴对称，所以 $\overline{x}=0$，下面只需计算 $\overline{y}$. 因质量分布均匀，故

$$\overline{y}=\frac{1}{\sigma}\iint_D y\mathrm{d}x\mathrm{d}y=\frac{1}{\frac{1}{2}\pi R^2}\int_{-R}^{R}\mathrm{d}x\int_0^{\sqrt{R^2-x^2}}y\mathrm{d}y=\frac{1}{\pi R^2}\int_{-R}^{R}(R^2-x^2)\mathrm{d}x=\frac{4R}{3\pi}.$$

因此，半圆的形心为 $\left(0,\frac{4R}{3\pi}\right)$.

二重积分的应用十分普遍，如还可求空间曲面的面积等.

习题 8-7(A)

1. 计算下列二重积分：

(1) $\iint\limits_D x^2 y\mathrm{d}x\mathrm{d}y$，其中 D 由 $x=1, x=2, y=1, y=3$ 围成；

(2) $\iint\limits_D xy\mathrm{d}x\mathrm{d}y$，其中 D 由 $x^2+y^2\leqslant 1, x\geqslant 0, y\geqslant 0$ 围成；

(3) $\iint\limits_D \frac{x}{y^2}\mathrm{d}x\mathrm{d}y$，其中 D 由 $y=2, y=x, xy=1$ 围成；

(4) $\iint\limits_D (x^2+y^2)\mathrm{d}x\mathrm{d}y$，其中 D 由 $y=x, y=x+2, y=1, y=6$ 围成.

2. 将二重积分 $\iint\limits_D f(x,y)\mathrm{d}x\mathrm{d}y$ 化为二次积分，其中 D 由抛物线 $y=x^2$、圆 $x^2+y^2=2$ 以及 x 轴的正半轴围成(写出两种积分次序).

3. 计算 $\iint\limits_D \frac{\sin x}{x}\mathrm{d}x\mathrm{d}y$，其中 D 由直线 $y=x$ 及抛物线 $y=x^2$ 围成.

4. 求由极轴、$\theta=\frac{\pi}{6}$ 和阿基米德螺线 $r=3\theta$ 所围成的图形的面积.

5. 求椭圆抛物面 $z=4-x^2-y^2$ 与平面 $z=0$ 所围成的立体的体积.

习题 8-7(B)

1. 求下列二次积分：

(1) $\int_0^1\mathrm{d}x\int_0^2(x-y)\mathrm{d}y$；　　(2) $\int_0^1\mathrm{d}x\int_0^1 x\mathrm{e}^{xy}\mathrm{d}y$；

(3) $\int_1^2\mathrm{d}x\int_x^{2x}\mathrm{e}^y\mathrm{d}y$；　　(4) $\int_1^{\mathrm{e}}\mathrm{d}x\int_0^{\ln x}x\mathrm{d}y$.

2. 画出积分区域，并计算下列二重积分：

(1) $\iint\limits_D (3x+2y)\mathrm{d}\sigma$，其中积分区域 D 是由 x 轴、y 轴及直线 $x+y=2$ 所围成的区域；

(2) $\iint\limits_D xy^2\mathrm{d}\sigma$，其中积分区域 D 是由圆周 $x^2+y^2=4$ 与 y 轴围成的右半区域；

(3) $\iint\limits_D \frac{x^2}{y^2}\mathrm{d}\sigma$，其中积分区域 D 是由三条曲线 $x=2, y=x$ 及 $y=\frac{1}{x}$ 所围成的区域.

3. 交换下列二次积分的积分次序：

(1) $\int_1^{\mathrm{e}}\mathrm{d}x\int_0^{\ln x}f(x,y)\mathrm{d}y$；　　(2) $\int_1^2\mathrm{d}x\int_{2-x}^{\sqrt{2x-x^2}}f(x,y)\mathrm{d}y$.

4. 利用极坐标计算下列二重积分：

(1) $\iint\limits_D (6-3x-2y)\mathrm{d}\sigma$，其中积分区域 $D=\{(x,y)\mid x^2+y^2\leqslant 9\}$；

(2) $\iint\limits_D \ln(1+x^2+y^2)\mathrm{d}\sigma$，其中积分区域 $D=\{(x,y)\mid x^2+y^2\leqslant 1, x\geqslant 0, y\geqslant 0\}$；

(3) $\iint\limits_D \sqrt{x^2+y^2}\mathrm{d}\sigma$，其中积分区域 $D=\{(x,y)\mid x^2+y^2\leqslant 2y, x\geqslant 0\}$.

5. 求由直线 $y=x+2$ 与抛物线 $y=x^2$ 所围成的图形的面积.

*6. 求面密度为 $\mu=x^2y$，由直线 $y=x$ 和抛物线 $y=x^2$ 所围成的薄片的质心坐标.

本章内容小结

1. 本章主要内容：空间直角坐标系的概念，向量的概念，平面和直线的概念，平面法向量的概念，空间直线方向向量的概念，多元函数的概念，偏导数、高阶偏导数、全微分的概念，多元函数求导法则，多元函数的极值、最值和条件极值，二重积分的概念和性质，二重积分的计算及二重积分的应用.

2. 本章概念较多，把二维向量推广到三维向量，理解二元函数与一元函数的异同是学好本章的关键.

3. 在向量运算中，要充分利用向量运算的性质和非零向量之间平行、垂直的条件. 在建立平面、直线方程时，要善于将一些几何条件转化为向量之间的关系.

4. 在学习微分学时，要注意偏导数与一元函数导数、全微分与一元函数微分的异同. 求偏导数的关键是先把多元函数作为一元函数看待，再用一元函数的方法求导；复合函数求偏导数必须先分析函数的复合形式，然后用链式法则求导；多元隐函数的求导是把隐函数看成复合函数，然后使用复合函数的求导方法.

在一元函数中，可导与可微是等价的，但在多元函数中则不然. 二元函数可微必可偏导；关于 x,y 的两个偏导数若连续，则此二元函数可微.

5. 注意求多元函数极值与求一元函数极值的异同，掌握用拉格朗日乘数法求条件极值的步骤：

(1) 构造拉格朗日辅助函数；

(2) 对拉格朗日辅助函数求一阶偏导数，令一阶偏导数为零并与约束条件联立成方程组，解方程组，得到可能的极值点；

(3) 结合问题的实际意义确定极值点和极值.

6. 在学习二重积分时，首先根据积分的实际意义来理解二重积分的概念，确定其积分区域. 掌握二重积分的性质，注意二重积分与定积分的异同.

7. 对二重积分的计算，重点是把二重积分化为二次积分来运算. 在化二重积分为二次积分时，特别应注意二次积分顺序的选择和积分变量上下限的确定. 当积分区域为扇形或圆形时，可以考虑使用极坐标系计算.

8. 掌握二重积分在实际生产活动中的应用，特别要注重对范例的学习，并能举一反三.

自测题八

一、选择题

1. 设 $\boldsymbol{a},\boldsymbol{b},\boldsymbol{c}$ 均为非零向量，则下列向量与 $\boldsymbol{a}$ 不垂直的是 （　　）

A. $(\boldsymbol{a}\cdot\boldsymbol{b})\boldsymbol{b}-(\boldsymbol{a}\cdot\boldsymbol{b})\boldsymbol{c}$　　B. $\boldsymbol{b}-\dfrac{(\boldsymbol{a}\cdot\boldsymbol{b})}{\boldsymbol{a}^2}\boldsymbol{a}$

C. $\boldsymbol{a}\times\boldsymbol{b}$　　D. $\boldsymbol{a}+(\boldsymbol{a}\times\boldsymbol{b})\times\boldsymbol{a}$

2. 已知两条直线 $\dfrac{x}{2}=\dfrac{y+2}{-2}=\dfrac{1-z}{1}$ 和 $\dfrac{x-1}{4}=\dfrac{y-3}{m}=\dfrac{z+1}{-2}$ 相互垂直，则 $m=$ （　　）

A. 3　　B. 5　　C. -2　　D. -4

3. 设有直线 $l:\begin{cases}x+3y+2z+1=0,\\2x-y-10z+3=0\end{cases}$ 及平面 $\pi:4x-2y+z-2=0$，则直线 l （　　）

A. 平行于 π　　B. 在 π 上　　C. 垂直于 π　　D. 与 π 斜交

4. $\lim\limits_{\substack{x\to0\\y\to0}}\dfrac{x}{x-y}=$ （　　）

A. 0　　B. 1　　C. ∞　　D. 不存在

5. 点 $(0,0)$ 是函数 $z=xy+1$ 的 （　　）

A. 极大值点　　B. 极小值点

C. 驻点而非极值点　　D. 非驻点

6. 设 $A=\iint\limits_D e^{x^2+y^2}\mathrm{d}\sigma$，$B=\iint\limits_D e^{\sqrt{x^2+y^2}}\mathrm{d}\sigma$，$D=\left\{(x,y)\middle|\dfrac{1}{4}\leqslant x^2+y^2\leqslant\dfrac{1}{2}\right\}$，则 A 与 B 的大小关系是 （　　）

A. $A>B$　　D. $A=B$　　C. $A<B$　　D. 无法确定

二、填空题

1. 设 $\boldsymbol{a}\cdot\boldsymbol{b}=3$，$\boldsymbol{a}\times\boldsymbol{b}=(1,1,1)$，则 $\boldsymbol{a}$ 与 $\boldsymbol{b}$ 的夹角 $\theta=$________.

2. 过点 $(2,0,3)$ 且与直线 $\begin{cases}x-2y+4z-7=0,\\3x+5y-2z+1=0\end{cases}$ 垂直的平面方程是________.

3. 一平面经过两点 $(1,0,1)$，$(2,1,3)$，且垂直于平面 $x-2y+3z-2=0$，则该平面方程为________.

4. 函数 $z=\dfrac{1}{\ln(1-x^2-y^2)}$ 的定义域是________.

5. 设 $y^2z-xz^2-x^2y+1=0$，则 $\dfrac{\partial z}{\partial y}=$________.

6. 设 $z=\sqrt{\dfrac{x}{y}}$，则 $\mathrm{d}z=$________.

7. 交换积分次序：$\int_1^2\mathrm{d}x\int_x^{3x}f(x,y)\mathrm{d}y=$________.

三、解答题

1. 写出下列平面方程：

(1) 经过点 $P_0(4,-3,-1)$，且通过 x 轴；

(2) 经过点 $P_0(1,8,2)$ 且通过两平面 $\pi_1: x+y-z-2=0$，$\pi_2: 3x+y-z-5=0$ 的交线.

2. 求直线 $\dfrac{x-2}{1}=\dfrac{y-3}{1}=\dfrac{z-4}{2}$ 与平面 $2x+y+z-6=0$ 的交点.

3. 求对角线长为 $10\sqrt{3}$ 且体积最大的长方体的体积.

4. 求由方程 $3xy^2+2x^2yz^2+\ln(yz)=0$ 所确定的函数 $z=f(x,y)$ 的全微分 dz.

5. 求函数 $f(x,y)=x^2+y^2$ 在约束条件 $xy-4=0$ 下的极值.

6. 计算二重积分 $\iint\limits_D |\sin(x-y)|\,d\sigma$，其中 D 是由直线 $x=0$，$x=\pi$，$y=0$，$y=\pi$ 所围成的正方形区域.

7. 求以 $D=\left\{(x,y)\left|-\dfrac{1}{2}\leqslant x\leqslant\dfrac{1}{2},-\dfrac{1}{2}\leqslant y\leqslant\dfrac{1}{2}\right.\right\}$ 为底，母线平行于 z 轴，以圆柱面 $z^2+y^2=4$ 为上、下顶面所围成的柱体体积.

8. 一块匀质薄片由一个半径为 R 的半圆形与一个一边长与半圆直径等长的矩形拼接而成. 问矩形的另一边长为多少时，薄片的质心正好落在圆心上？

第9章 行列式与矩阵

§9-1 n阶行列式

一、二阶与三阶行列式

我们来看下面一个例子.

求解二元线性方程组$\begin{cases}5x_1-2x_2=4, & ①\\ 2x_1+3x_2=13. & ②\end{cases}$

解 根据消元法,我们有

①×3+②×2 得 $19x_1=38$,即 $x_1=2$.

①×2−②×5 得 $-19x_2=-57$,即 $x_2=3$.

上述求解过程是我们在中学数学课程中已经学习过的,我们还可以归纳出对于一般二元线性方程组的求解过程.

用消元法解二元线性方程组

$$\begin{cases}a_{11}x_1+a_{12}x_2=b_1,\\ a_{21}x_1+a_{22}x_2=b_2.\end{cases} \tag{1}$$

为消去未知数 x_2,以 a_{22} 与 a_{12} 分别乘上面两个方程的两端,然后两个方程相减,得

$$(a_{11}a_{22}-a_{12}a_{21})x_1=b_1a_{22}-a_{12}b_2.$$

类似地,消去 x_1,得

$$(a_{11}a_{22}-a_{12}a_{21})x_2=a_{11}b_2-b_1a_{21}.$$

当 $a_{11}a_{22}-a_{12}a_{21}\neq 0$ 时,求得方程组(1)的解为

$$x_1=\frac{b_1a_{22}-a_{12}b_2}{a_{11}a_{22}-a_{12}a_{21}},x_2=\frac{a_{11}b_2-b_1a_{21}}{a_{11}a_{22}-a_{12}a_{21}}. \tag{2}$$

(2)式中的分子、分母都是四个数分成两对相乘再相减而得,其中分母 $a_{11}a_{22}-a_{12}a_{21}$ 是由方程组(1)的四个系数确定的,把这四个数按它们在方程组(1)中的位置排成二行二列(横排称行、竖排称列)的数表

$$\begin{matrix}a_{11} & a_{12}\\ a_{21} & a_{22}\end{matrix} \tag{3}$$

表达式 $a_{11}a_{22}-a_{12}a_{21}$ 称为由数表(3)所确定的**二阶行列式**,并记作

$$\begin{vmatrix}a_{11} & a_{12}\\ a_{21} & a_{22}\end{vmatrix}. \tag{4}$$

数 $a_{ij}(i=1,2;j=1,2)$ 称为行列式(4)的**元素**.元素 a_{ij} 的第一个下标 i 称为**行标**,表明该元素位于第 i 行;第二个下标 j 称为**列标**,表明该元素位于第 j 列.

上述二阶行列式的定义可用对角线法则来记忆.如图 9-1,把 a_{11} 到 a_{22} 的实连线称为主对角线,a_{21} 到 a_{12} 的虚连线称为副对角线,于是二阶行列式便是主对角线上的两元素之积减去副对角线上两元素之积所得的差.

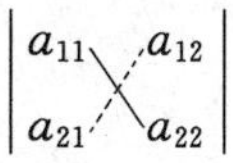

图 9-1

利用二阶行列式的概念,(2)式中 x_1,x_2 的分子也可写成二阶行列式,即

$$b_1a_{22}-a_{12}b_2=\begin{vmatrix} b_1 & a_{12} \\ b_2 & a_{22} \end{vmatrix},a_{11}b_2-b_1a_{21}=\begin{vmatrix} a_{11} & b_1 \\ a_{21} & b_2 \end{vmatrix}.$$

若记

$$D=\begin{vmatrix} a_{11} & a_{12} \\ a_{21} & a_{22} \end{vmatrix},D_1=\begin{vmatrix} b_1 & a_{12} \\ b_2 & a_{22} \end{vmatrix},D_2=\begin{vmatrix} a_{11} & b_1 \\ a_{21} & b_2 \end{vmatrix},$$

那么(2)式可写成

$$x_1=\frac{D_1}{D}=\frac{\begin{vmatrix} b_1 & a_{12} \\ b_2 & a_{22} \end{vmatrix}}{\begin{vmatrix} a_{11} & a_{12} \\ a_{21} & a_{22} \end{vmatrix}},x_2=\frac{D_2}{D}=\frac{\begin{vmatrix} a_{11} & b_1 \\ a_{21} & b_2 \end{vmatrix}}{\begin{vmatrix} a_{11} & a_{12} \\ a_{21} & a_{22} \end{vmatrix}}.$$

注意 这里的分母 D 是由方程组(1)的系数所确定的二阶行列式(称系数行列式),x_1 的分子 D_1 是用常数项 b_1,b_2 替换 D 中 x_1 的系数 a_{11},a_{21} 所得的二阶行列式,x_2 的分子 D_2 是常数项 b_1,b_2 替换 D 中 x_2 的系数 a_{12},a_{22} 所得的二阶行列式.

同样,我们可以定义三阶行列式.

设有 9 个数排成三行三列的数表

$$\begin{matrix} a_{11} & a_{12} & a_{13} \\ a_{21} & a_{22} & a_{23} \\ a_{31} & a_{32} & a_{33} \end{matrix} \tag{5}$$

记 $$\begin{vmatrix} a_{11} & a_{12} & a_{13} \\ a_{21} & a_{22} & a_{23} \\ a_{31} & a_{32} & a_{33} \end{vmatrix}=a_{11}a_{22}a_{33}+a_{12}a_{23}a_{31}+a_{13}a_{21}a_{32}-a_{11}a_{23}a_{32}-a_{12}a_{21}a_{33}-a_{13}a_{22}a_{31}. \tag{6}$$

(6)式称为由数表(5)所确定的**三阶行列式**.

上述定义表明三阶行列式含 6 项,每项均为不同行不同列的三个元素的乘积再冠以正负号,其规律遵循图 9-2 所示的对角线法则:图中的三条实线看作是平行于主对角线的连线,三条虚线看作是平行于副对角线的连线,实线上三个元素的乘积冠正号,虚线上三个元素的乘积冠负号.

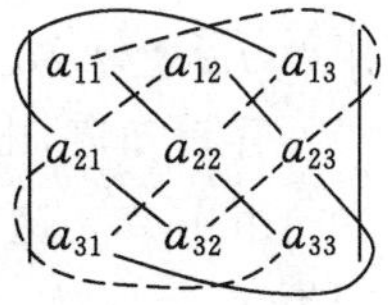

图 9-2

例 1 解二元线性方程组 $\begin{cases} 2x_1+5x_2=1, \\ 3x_1+7x_2=2. \end{cases}$

解 因为

$$D=\begin{vmatrix}2&5\\3&7\end{vmatrix}=14-15=-1\neq 0,$$

$$D_1=\begin{vmatrix}1&5\\2&7\end{vmatrix}=7-10=-3,$$

$$D_2=\begin{vmatrix}2&1\\3&2\end{vmatrix}=4-3=1,$$

所以 $x_1=\dfrac{D_1}{D}=\dfrac{-3}{-1}=3,x_2=\dfrac{D_2}{D}=\dfrac{1}{-1}=-1.$

例 2 计算三阶行列式：

$$D=\begin{vmatrix}1&2&-4\\-2&2&1\\-3&4&-2\end{vmatrix}.$$

解 按对角线法则，有

$$\begin{aligned}D&=1\times2\times(-2)+2\times1\times(-3)+(-4)\times(-2)\times4-1\times1\times4-\\&\quad 2\times(-2)\times(-2)-(-4)\times2\times(-3)\\&=-4-6+32-4-8-24=-14.\end{aligned}$$

例 3 计算三阶三角形行列式：

$$D=\begin{vmatrix}a_{11}&0&0\\a_{21}&a_{22}&0\\a_{31}&a_{32}&a_{33}\end{vmatrix}.$$

解 按对角线法则，有 $D=a_{11}a_{22}a_{33}$.

例 4 设 $D=\begin{vmatrix}a_{11}&a_{12}&a_{13}\\a_{21}&a_{22}&a_{23}\\a_{31}&a_{32}&a_{33}\end{vmatrix}$，其转置行列式为 $D^{\mathrm{T}}=\begin{vmatrix}a_{11}&a_{21}&a_{31}\\a_{12}&a_{22}&a_{32}\\a_{13}&a_{23}&a_{33}\end{vmatrix}$，求证 $D=D^{\mathrm{T}}$.

证明 按对角线法则，有

$$D^{\mathrm{T}}=a_{11}a_{22}a_{33}+a_{13}a_{21}a_{32}+a_{12}a_{23}a_{31}-a_{13}a_{22}a_{31}-a_{12}a_{21}a_{33}-a_{11}a_{23}a_{32}=D.$$

二、逆序数

考虑由前 n 个自然数组成的数字不重复的排列 $j_1j_2\cdots j_n$ 中，若有较大的数排在较小的数的前面，则称它们构成一个**逆序**，并称逆序的总数为排列 $j_1j_2\cdots j_n$ 的**逆序数**，记作$N(j_1j_2\cdots j_n)$.

容易知道，由 1,2 这两个数字组成的排列的逆序数为 $N(1\quad 2)=0,N(2\quad 1)=1$.

由 1,2,3 这三个数字组成的全排列有 123,231,312,321,213,132. 它们的逆序数分别为

$N(1\quad 2\quad 3)=0,N(2\quad 3\quad 1)=2,N(3\quad 1\quad 2)=2,$

$N(3\quad 2\quad 1)=3,N(2\quad 1\quad 3)=1,N(1\quad 3\quad 2)=1.$

一般地，逆序数为奇数的排列叫作**奇排列**，逆序数为偶数的排列叫作**偶排列**. 下面来看一下逆序数与三阶行列式的关系. 由定义知

$$\begin{vmatrix} a_{11} & a_{12} & a_{13} \\ a_{21} & a_{22} & a_{23} \\ a_{31} & a_{32} & a_{33} \end{vmatrix} = a_{11}a_{22}a_{33} + a_{12}a_{23}a_{31} + a_{13}a_{21}a_{32} - a_{11}a_{23}a_{32} - a_{12}a_{21}a_{33} - a_{13}a_{22}a_{31}. \quad (7)$$

容易看出：

(1) (7)式右边的每一项都恰是三个元素的乘积，这三个元素位于不同的行、不同的列. 因此，(7)式右端的任一项除正负号外可以写成 $a_{1p_1}a_{2p_2}a_{3p_3}$. 这里第一个下标(行标)排成标准次序 123，而第二个下标(列标)排成 $p_1p_2p_3$，它是 1,2,3 三个数的某个排列. 这样的排列共有 6 种，对应(7)式右端共含 6 项.

(2) 各项的正负号与列标的排列对照：

带正号的三项列标排列是：123,231,312；

带负号的三项列标排列是：132,213,321.

经计算可知前三个排列都是偶排列，而后三个排列都是奇排列. 因此，各项所带的正负号可以表示为$(-1)^t$，其中 t 为列标排列的逆序数.

总之，三阶行列式可以写成

$$\begin{vmatrix} a_{11} & a_{12} & a_{13} \\ a_{21} & a_{22} & a_{23} \\ a_{31} & a_{32} & a_{33} \end{vmatrix} = \sum (-1)^t a_{1p_1}a_{2p_2}a_{3p_3},$$

其中 t 为排列 $p_1p_2p_3$ 的逆序数，$t=N(p_1p_2p_3)$，$\sum$ 表示对 1,2,3 三个数的所有排列 $p_1p_2p_3$ 取和.

三、n 阶行列式的定义

仿照三阶行列式，可以把行列式推广到一般情形.

定义 设有 n^2 个数，排成 n 行 n 列的数表：

$$\begin{matrix} a_{11} & a_{12} & \cdots & a_{1n} \\ a_{21} & a_{22} & \cdots & a_{2n} \\ \vdots & \vdots & & \vdots \\ a_{n1} & a_{n2} & \cdots & a_{nn} \end{matrix}$$

写出表中位于不同行不同列的 n 个数的乘积，并冠以符号 $(-1)^t$，得到形如

$$(-1)^t a_{1p_1}a_{2p_2}\cdots a_{np_n} \quad (8)$$

的项，其中 $p_1p_2\cdots p_n$ 为自然数 $1,2,\cdots,n$ 的一个排列，t 为这个排列的逆序数. 由于这样的排列共有 $n!$ 个，因而形如(8)式的项共有 $n!$项. 所有这 $n!$项的代数和

$$\sum (-1)^t a_{1p_1}a_{2p_2}\cdots a_{np_n}$$

称为 n **阶行列式**，记作

$$D = \begin{vmatrix} a_{11} & a_{12} & \cdots & a_{1n} \\ a_{21} & a_{22} & \cdots & a_{2n} \\ \vdots & \vdots & & \vdots \\ a_{n1} & a_{n2} & \cdots & a_{nn} \end{vmatrix},$$

即
$$D=\begin{vmatrix} a_{11} & a_{12} & \cdots & a_{1n} \\ a_{21} & a_{22} & \cdots & a_{2n} \\ \vdots & \vdots & & \vdots \\ a_{n1} & a_{n2} & \cdots & a_{nn} \end{vmatrix} = \sum (-1)^t a_{1p_1} a_{2p_2} \cdots a_{np_n}.$$
其中 $t=N(p_1 p_2 \cdots p_n)$，数 $a_{ij}(i,j=1,2,\cdots,n)$称为行列式 D 的**元素**.

有时也用 D_n 表示 n 阶行列式.

注意 在 $\sum (-1)^t a_{1p_1} a_{2p_2} \cdots a_{np_n}$ 中连加号 $\sum$ 后面共有 $n!$项，每一项中的 $a_{1p_1} a_{2p_2} \cdots a_{np_n}$ 为行列式 D 中的 n 个元素相乘，这 n 个元素在行列式 D 中每行有且只有一个，同时每列有且只有一个.

按此定义与用对角线法则定义的二阶、三阶行列式显然是一致的. 当 $n=1$ 时，一阶行列式$|a|=a$，注意不要与绝对值记号相混淆.

现在我们有了 n 阶行列式的定义，自然就要想到它的计算问题. 注意到 n 阶行列式是由排成 n 行 n 列的数表中位于不同行不同列的元素的乘积作为一项的所有项的代数和. 因此，对角线法只适用于二阶和三阶行列式的计算，而不适用于四阶以上的行列式. 为了得出一般行列式的计算方法我们需要研究行列式的性质. 先看下面的特殊例题.

例 5 证明下三角形行列式
$$D=\begin{vmatrix} a_{11} & 0 & \cdots & 0 \\ a_{21} & a_{22} & \cdots & 0 \\ \vdots & \vdots & & \vdots \\ a_{n1} & a_{n2} & \cdots & a_{nn} \end{vmatrix} = a_{11} a_{22} \cdots a_{nn}.$$

证明 证法 1 由于当 $j>i$ 时，$a_{ij}=0$，故 D 中可能不为 0 的元素 a_{ij}，其下标应有 $p_i \leqslant i$，即$p_1 \leqslant 1, p_2 \leqslant 2, \cdots, p_n \leqslant n$. 在所有排列 $p_1 p_2 \cdots p_n$ 中，能满足上述关系的排列只有一个自然排列 $12\cdots n$，所以 D 中可能不为 0 的项只有一项$(-1)^t a_{11} a_{22} \cdots a_{nn}$. 此项的符号$(-1)^t=(-1)^0=1$，所以
$$D=a_{11} a_{22} \cdots a_{nn}.$$

证法 2 D 中可能不为 0 的项由 n 个元素相乘，这 n 个元素在行列式 D 中每行有且只有一个，同时每列有且只有一个，故第一行只能取第一个元素 a_{11}；则第二行的第一个元素不能再取，只能取第二个元素 a_{22}……依此类推，第 n 行只能取元素 a_{nn}. 所以
$$D=\begin{vmatrix} a_{11} & 0 & \cdots & 0 \\ a_{21} & a_{22} & \cdots & 0 \\ \vdots & \vdots & & \vdots \\ a_{n1} & a_{n2} & \cdots & a_{nn} \end{vmatrix} = (-1)^t a_{11} a_{22} \cdots a_{nn},$$
其中逆序数 $t=N(12\cdots n)=0$，所以
$$D=\begin{vmatrix} a_{11} & 0 & \cdots & 0 \\ a_{21} & a_{22} & \cdots & 0 \\ \vdots & \vdots & & \vdots \\ a_{n1} & a_{n2} & \cdots & a_{nn} \end{vmatrix} = a_{11} a_{22} \cdots a_{nn}.$$

例 6 计算对角行列式 D 的值：

$$D=\begin{vmatrix} a_{11} & 0 & \cdots & 0 \\ 0 & a_{22} & \cdots & 0 \\ \vdots & \vdots & & \vdots \\ 0 & 0 & \cdots & a_{nn} \end{vmatrix}.$$

解 对角行列式 D 是下三角形行列式的特殊情形，所以

$$D=a_{11}a_{22}\cdots a_{nn}.$$

例 7 计算第 k 行各元素均为 0 的行列式 D 的值：

$$D=\begin{vmatrix} a_{11} & a_{12} & \cdots & a_{1n} \\ a_{21} & a_{22} & \cdots & a_{2n} \\ \vdots & \vdots & & \vdots \\ a_{n1} & a_{n2} & \cdots & a_{nn} \end{vmatrix}, \text{其中 } a_{kj}=0(j=1,2,\cdots,n).$$

解

$$D=\begin{vmatrix} a_{11} & a_{12} & \cdots & a_{1n} \\ a_{21} & a_{22} & \cdots & a_{2n} \\ \vdots & \vdots & & \vdots \\ a_{n1} & a_{n2} & \cdots & a_{nn} \end{vmatrix}=\sum(-1)^t a_{1p_1}a_{2p_2}\cdots a_{kp_k}\cdots a_{np_n}$$

$$=\sum(-1)^t a_{1p_1}a_{2p_2}\cdots 0\cdots a_{np_k}=\sum 0=0.$$

习题 9-1(A)

1. 计算下列二阶行列式：

(1) $\begin{vmatrix} 2 & 1 \\ 5 & 3 \end{vmatrix}$； (2) $\begin{vmatrix} 0 & 3 \\ 5 & 4 \end{vmatrix}$； (3) $\begin{vmatrix} -3 & 5 \\ 6 & -8 \end{vmatrix}$； (4) $\begin{vmatrix} 2 & 1 \\ 4 & 2 \end{vmatrix}$.

2. 计算下列三阶行列式：

(1) $\begin{vmatrix} 2 & 4 & 1 \\ 0 & 0 & 0 \\ -5 & 6 & 3 \end{vmatrix}$； (2) $\begin{vmatrix} 8 & -1 & 0 \\ 11 & 2 & 0 \\ 6 & 4 & 0 \end{vmatrix}$；

(3) $\begin{vmatrix} 2 & 3 & 5 \\ 2 & 3 & 5 \\ 7 & 6 & 1 \end{vmatrix}$； (4) $\begin{vmatrix} 2 & 3 & 5 \\ 4 & 6 & 10 \\ 9 & 7 & 1 \end{vmatrix}$.

习题 9-1(B)

1. 解下列二元线性方程组：

(1) $\begin{cases} 2x_1+6x_2=8, \\ 3x_1-4x_2=-1; \end{cases}$ (2) $\begin{cases} 7x_1+4x_2=26; \\ 2x_1-5x_2=-11. \end{cases}$

2. 计算下列三阶行列式：

(1) $\begin{vmatrix} 2 & 6 & 1 \\ 1 & 1 & 1 \\ -5 & 2 & 3 \end{vmatrix}$；　(2) $\begin{vmatrix} 8 & -1 & 4 \\ 6 & 2 & 3 \\ 3 & 4 & 1 \end{vmatrix}$；

(3) $\begin{vmatrix} a & b & c \\ x & y & z \\ a & b & c \end{vmatrix}$；　(4) $\begin{vmatrix} x & y & z \\ 2x & 2y & 2z \\ a & b & c \end{vmatrix}$；

(5) $\begin{vmatrix} 2 & y & x \\ 0 & 1 & z \\ 0 & 0 & 3 \end{vmatrix}$；　(6) $\begin{vmatrix} 0 & -1 & 4 \\ 6 & 0 & 3 \\ 3 & 4 & 0 \end{vmatrix}$.

3. 求下列各排列的逆序数：

(1) $N(2\ \ 1)$；　(2) $N(2\ \ 3\ \ 1)$；

(3) $N(4\ \ 2\ \ 1\ \ 3)$；　(4) $N(5\ \ 2\ \ 1\ \ 4\ \ 3)$.

4. 判断在五阶行列式 D 中，下列各项前面应取什么符号：

(1) $a_{15}a_{24}a_{33}a_{42}a_{51}$；　(2) $a_{55}a_{22}a_{33}a_{44}a_{11}$.

5. 计算下列 n 阶行列式：

(1) $\begin{vmatrix} -1 & 0 & \cdots & 0 \\ -1 & -1 & \cdots & 0 \\ \vdots & \vdots & & \vdots \\ -1 & -1 & \cdots & -1 \end{vmatrix}$；　(2) $\begin{vmatrix} -1 & 5 & \cdots & 5 \\ 0 & -1 & \cdots & 5 \\ \vdots & \vdots & & \vdots \\ 0 & 0 & \cdots & -1 \end{vmatrix}$；

(3) $\begin{vmatrix} n & 0 & \cdots & 0 \\ 0 & n-1 & \cdots & 0 \\ \vdots & \vdots & & \vdots \\ 0 & 0 & \cdots & 1 \end{vmatrix}$.

§9-2　行列式的性质

一、对换

为了研究 n 阶行列式的性质，先介绍对换以及它与排列的奇偶性的关系.

在排列中，将任意两个元素对调，其余元素不动，这种构造新排列的方法叫作**对换**. 将相邻两个元素对换，叫作**相邻对换**.

定理 1　一个排列中的任意两个元素对换，排列改变奇偶性.

证明从略.

例如，$N(3\ \ 1\ \ 2)=2$，$N(3\ \ 2\ \ 1)=3$，而 $N(2\ \ 3\ \ 1\ \ 4)=2$，$N(1\ \ 3\ \ 2\ \ 4)=1$.

由定理 1 可得到下面的定理.

定理 2　n 阶行列式也可定义为

$$D=\begin{vmatrix} a_{11} & a_{12} & \cdots & a_{1n} \\ a_{21} & a_{22} & \cdots & a_{2n} \\ \vdots & \vdots & & \vdots \\ a_{n1} & a_{n2} & \cdots & a_{nn} \end{vmatrix}=\sum (-1)^t a_{p_1 1}a_{p_2 2}\cdots a_{p_n n}.$$

其中 t 为行标排列 $p_1p_2\cdots p_n$ 的逆序数,即 $t=N(p_1p_2\cdots p_n)$.

证明从略.

二、行列式的性质

记

$$D=\begin{vmatrix} a_{11} & a_{12} & \cdots & a_{n1} \\ a_{21} & a_{22} & \cdots & a_{2n} \\ \vdots & \vdots & & \vdots \\ a_{n1} & a_{n2} & \cdots & a_{nn} \end{vmatrix},D^{\mathrm{T}}=\begin{vmatrix} a_{11} & a_{21} & \cdots & a_{n1} \\ a_{12} & a_{22} & \cdots & a_{n2} \\ \vdots & \vdots & & \vdots \\ a_{1n} & a_{2n} & \cdots & a_{nn} \end{vmatrix},$$

行列式 D^{T} 称为行列式 D 的**转置行列式**.

性质 1 行列式与它的转置行列式相等.

证明 记行列式 D 的转置行列式为

$$D^{\mathrm{T}}=\begin{vmatrix} b_{11} & b_{12} & \cdots & b_{1n} \\ b_{21} & b_{22} & \cdots & b_{2n} \\ \vdots & \vdots & & \vdots \\ b_{n1} & b_{n2} & \cdots & b_{nn} \end{vmatrix},$$

即 $b_{ij}=a_{ji}(i,j=1,2,\cdots,n)$,按行列式的定义,有

$$D^{\mathrm{T}}=\sum (-1)^t b_{1p_1}b_{2p_2}\cdots b_{np_n}=\sum (-1)^t a_{p_1 1}a_{p_2 2}\cdots a_{p_n n},t=N(p_1p_2\cdots p_n).$$

而由定理 2,有

$$D=\sum (-1)^t a_{p_1 1}a_{p_2 2}\cdots a_{p_n n},t=N(p_1p_2\cdots p_n),$$

故

$$D^{\mathrm{T}}=D.$$

由此性质可知,行列式中的行与列具有同等的地位,行列式中凡是对行成立的性质对列也同样成立,反之亦然.

性质 2 互换行列式的两行(或列),行列式变号.

证明 只证明互换行列式的两行的情形,互换行列式的两列的情形请读者自己完成.

设行列式

$$D_1=\begin{vmatrix} b_{11} & b_{12} & \cdots & b_{1n} \\ b_{21} & b_{22} & \cdots & b_{2n} \\ \vdots & \vdots & & \vdots \\ b_{n1} & b_{n2} & \cdots & b_{nn} \end{vmatrix}$$

是由行列式 D 互换 i,j 两行得到的,即当 $k\neq i,j$ 时,$b_{kp}=a_{kp}$;当 $k=i,j$ 时,$b_{ip}=a_{jp}$,$b_{jp}=a_{ip}$. 于是

$$\begin{aligned} D_1 &= \sum (-1)^t b_{1p_1} \cdots b_{ip_i} \cdots b_{jp_j} \cdots b_{np_n} \\ &= \sum (-1)^t a_{1p_1} \cdots a_{jp_i} \cdots a_{ip_j} \cdots a_{np_n} \\ &= \sum (-1)^t a_{1p_1} \cdots a_{ip_j} \cdots a_{jp_i} \cdots a_{np_n}. \end{aligned}$$

其中 $1\cdots i\cdots j\cdots n$ 为自然排列，$t=N(p_1\cdots p_i\cdots p_j\cdots p_n)$，即 t 为排列 $p_1\cdots p_i\cdots p_j\cdots p_n$ 的逆序数. 设 $t_1=N(p_1\cdots p_j\cdots p_i\cdots p_n)$，即 t_1 为排列 $p_1\cdots p_j\cdots p_i\cdots p_n$ 的逆序数，则 $(-1)^t=-(-1)^{t_1}$，故

$$\begin{aligned} D_1 &= \sum -(-1)^{t_1} a_{1p_1} \cdots a_{ip_j} \cdots a_{jp_i} \cdots a_{np_n} \\ &= -\sum (-1)^{t_1} a_{1p_1} \cdots a_{ip_j} \cdots a_{jp_i} \cdots a_{np_n} \\ &= -D. \end{aligned}$$

以 r_i 表示行列式的第 i 行，以 c_i 表示第 i 列. 交换 i,j 两行记作 $r_i \leftrightarrow r_j$，交换 i,j 两列记作 $c_i \leftrightarrow c_j$.

推论 如果行列式有两行(或列)完全相同，则此行列式等于零.

证明 把这两行互换，有 $D=-D$，故 $D=0$.

例 1 计算：$D=\begin{vmatrix} 0 & 0 & 1 & 0 \\ 0 & 1 & 0 & 0 \\ 1 & 0 & 0 & 0 \\ 0 & 0 & 0 & 1 \end{vmatrix}$.

解 $D=\begin{vmatrix} 0 & 0 & 1 & 0 \\ 0 & 1 & 0 & 0 \\ 1 & 0 & 0 & 0 \\ 0 & 0 & 0 & 1 \end{vmatrix} \xlongequal{r_1 \leftrightarrow r_3} -\begin{vmatrix} 1 & 0 & 0 & 0 \\ 0 & 1 & 0 & 0 \\ 0 & 0 & 1 & 0 \\ 0 & 0 & 0 & 1 \end{vmatrix}=-1.$

例 2 已知 $D=\begin{vmatrix} 0 & 0 & 0 & 1 \\ 0 & 0 & a & 0 \\ 0 & 2 & 0 & 0 \\ 3 & 0 & 0 & a \end{vmatrix}=1$，求 a 的值.

解 $D=\begin{vmatrix} 0 & 0 & 0 & 1 \\ 0 & 0 & a & 0 \\ 0 & 2 & 0 & 0 \\ 3 & 0 & 0 & a \end{vmatrix} \xlongequal{c_1 \leftrightarrow c_4} -\begin{vmatrix} 1 & 0 & 0 & 0 \\ 0 & 0 & a & 0 \\ 0 & 2 & 0 & 0 \\ a & 0 & 0 & 3 \end{vmatrix} \xlongequal{c_2 \leftrightarrow c_3} (-1)^2 \begin{vmatrix} 1 & 0 & 0 & 0 \\ 0 & a & 0 & 0 \\ 0 & 0 & 2 & 0 \\ a & 0 & 0 & 3 \end{vmatrix}=6a.$

又由条件知 $D=\begin{vmatrix} 0 & 0 & 0 & 1 \\ 0 & 0 & a & 0 \\ 0 & 2 & 0 & 0 \\ 3 & 0 & 0 & a \end{vmatrix}=1$，所以 $6a=1$，$a=\dfrac{1}{6}$.

性质 3 行列式的某一行(或列)中所有的元素都乘以同一个数 k，等于用数 k 乘此行列式.

第 i 行(或列)乘以 k，记作 $r_i\times k$(或 $c_i\times k$).

证明 只证明行列式的某行乘以同一个数 k 的情形，行列式的某列乘以同一个数 k 的

情形请读者自己完成.

设 $D=\begin{vmatrix} a_{11} & a_{12} & \cdots & a_{1n} \\ \vdots & \vdots & & \vdots \\ a_{i1} & a_{i2} & \cdots & a_{in} \\ \vdots & \vdots & & \vdots \\ a_{n1} & a_{n2} & \cdots & a_{nn} \end{vmatrix}, D_1=\begin{vmatrix} a_{11} & a_{12} & \cdots & a_{1n} \\ \vdots & \vdots & & \vdots \\ ka_{i1} & ka_{i2} & \cdots & ka_{in} \\ \vdots & \vdots & & \vdots \\ a_{n1} & a_{n2} & \cdots & a_{nn} \end{vmatrix}$,

则 $D_1=\sum(-1)^t a_{1p_1}a_{2p_2}\cdots ka_{ip_i}\cdots a_{np_n}=k\sum(-1)^t a_{1p_1}a_{2p_2}\cdots a_{ip_i}\cdots a_{np_n}=kD$.

推论 行列式中某一行(或列)的所有元素的公因子可以提到行列式符号的外面.

第 i 行(或列)提出公因子 k,记作 $r_i\div k$(或 $c_i\div k$).

性质 4 行列式中如果有两行(或列)元素成比例,则此行列式等于零.

性质 5 若行列式的某一列(或行)的元素都是两数之和,如第 i 列的元素都是两数之和:

$$D=\begin{vmatrix} a_{11} & a_{12} & \cdots & (a_{1i}+a'_{1i}) & \cdots & a_{1n} \\ a_{21} & a_{22} & \cdots & (a_{2i}+a'_{2i}) & \cdots & a_{2n} \\ \vdots & \vdots & & \vdots & & \vdots \\ a_{n1} & a_{n2} & \cdots & (a_{ni}+a'_{ni}) & \cdots & a_{nn} \end{vmatrix},$$

则 D 等于下列两个行列式之和:

$$D=\begin{vmatrix} a_{11} & a_{12} & \cdots & a_{1i} & \cdots & a_{1n} \\ a_{21} & a_{22} & \cdots & a_{2i} & \cdots & a_{2n} \\ \vdots & \vdots & & \vdots & & \vdots \\ a_{n1} & a_{n2} & \cdots & a_{ni} & \cdots & a_{nn} \end{vmatrix}+\begin{vmatrix} a_{11} & a_{12} & \cdots & a'_{1i} & \cdots & a_{1n} \\ a_{21} & a_{22} & \cdots & a'_{2i} & \cdots & a_{2n} \\ \vdots & \vdots & & \vdots & & \vdots \\ a_{n1} & a_{n2} & \cdots & a'_{ni} & \cdots & a_{nn} \end{vmatrix}.$$

例 3 已知 $D=\begin{vmatrix} a_{11} & a_{12} & a_{13} & a_{14} \\ a_{21} & a_{22} & a_{23} & a_{24} \\ a_{31} & a_{32} & a_{33} & a_{34} \\ a_{41} & a_{42} & a_{43} & a_{44} \end{vmatrix}=1$,求 $D_1=\begin{vmatrix} a_{11} & 3a_{12}+2a_{13} & a_{13} & a_{14} \\ a_{21} & 3a_{22}+2a_{23} & a_{23} & a_{24} \\ a_{31} & 3a_{32}+2a_{33} & a_{33} & a_{34} \\ a_{41} & 3a_{42}+2a_{43} & a_{43} & a_{44} \end{vmatrix}$ 的值.

解 $D_1=\begin{vmatrix} a_{11} & 3a_{12}+2a_{13} & a_{13} & a_{14} \\ a_{21} & 3a_{22}+2a_{23} & a_{23} & a_{24} \\ a_{31} & 3a_{32}+2a_{33} & a_{33} & a_{34} \\ a_{41} & 3a_{42}+2a_{43} & a_{43} & a_{44} \end{vmatrix}=\begin{vmatrix} a_{11} & 3a_{12} & a_{13} & a_{14} \\ a_{21} & 3a_{22} & a_{23} & a_{24} \\ a_{31} & 3a_{32} & a_{33} & a_{34} \\ a_{41} & 3a_{42} & a_{43} & a_{44} \end{vmatrix}+\begin{vmatrix} a_{11} & 2a_{13} & a_{13} & a_{14} \\ a_{21} & 2a_{23} & a_{23} & a_{24} \\ a_{31} & 2a_{33} & a_{33} & a_{34} \\ a_{41} & 2a_{43} & a_{43} & a_{44} \end{vmatrix}$

$=3\times1+0=3$.

性质 6 把行列式的某一列(或行)的各元素乘以同一个数后加到另一列(或行)对应的元素上去,行列式的值不变.

证明 设 $D=\begin{vmatrix} a_{11} & \cdots & a_{1i} & \cdots & a_{1j} & \cdots & a_{1n} \\ a_{21} & \cdots & a_{2i} & \cdots & a_{2j} & \cdots & a_{2n} \\ \vdots & & \vdots & & \vdots & & \vdots \\ a_{n1} & \cdots & a_{ni} & \cdots & a_{nj} & \cdots & a_{nn} \end{vmatrix}$,则

$$D=\begin{vmatrix} a_{11} & \cdots & a_{1i} & \cdots & a_{1j} & \cdots & a_{1n} \\ a_{21} & \cdots & a_{2i} & \cdots & a_{2j} & \cdots & a_{2n} \\ \vdots & & \vdots & & \vdots & & \vdots \\ a_{n1} & \cdots & a_{ni} & \cdots & a_{nj} & \cdots & a_{nn} \end{vmatrix}+0$$

$$=\begin{vmatrix} a_{11} & \cdots & a_{1i} & \cdots & a_{1j} & \cdots & a_{1n} \\ a_{21} & \cdots & a_{2i} & \cdots & a_{2j} & \cdots & a_{2n} \\ \vdots & & \vdots & & \vdots & & \vdots \\ a_{n1} & \cdots & a_{ni} & \cdots & a_{nj} & \cdots & a_{nn} \end{vmatrix}+\begin{vmatrix} a_{11} & \cdots & ka_{1j} & \cdots & a_{1j} & \cdots & a_{1n} \\ a_{21} & \cdots & ka_{2j} & \cdots & a_{2j} & \cdots & a_{2n} \\ \vdots & & \vdots & & \vdots & & \vdots \\ a_{n1} & \cdots & ka_{nj} & \cdots & a_{nj} & \cdots & a_{nn} \end{vmatrix}$$

$$=\begin{vmatrix} a_{11} & \cdots & a_{1i}+ka_{1j} & \cdots & a_{1j} & \cdots & a_{1n} \\ a_{21} & \cdots & a_{2i}+ka_{2j} & \cdots & a_{2j} & \cdots & a_{2n} \\ \vdots & & \vdots & & \vdots & & \vdots \\ a_{n1} & \cdots & a_{ni}+ka_{nj} & \cdots & a_{nj} & \cdots & a_{nn} \end{vmatrix}.$$

证毕.

即以数 k 乘第 j 列加到第 i 列上(记作 c_i+kc_j),有

$$\begin{vmatrix} a_{11} & \cdots & a_{1i} & \cdots & a_{1j} & \cdots & a_{1n} \\ a_{21} & \cdots & a_{2i} & \cdots & a_{2j} & \cdots & a_{2n} \\ \vdots & & \vdots & & \vdots & & \vdots \\ a_{n1} & \cdots & a_{ni} & \cdots & a_{nj} & \cdots & a_{nn} \end{vmatrix} \xlongequal{c_i+kc_j} \begin{vmatrix} a_{11} & \cdots & (a_{1i}+ka_{1j}) & \cdots & a_{1j} & \cdots & a_{1n} \\ a_{21} & \cdots & (a_{2i}+ka_{2j}) & \cdots & a_{2j} & \cdots & a_{2n} \\ \vdots & & \vdots & & \vdots & & \vdots \\ a_{n1} & \cdots & (a_{ni}+ka_{nj}) & \cdots & a_{nj} & \cdots & a_{nn} \end{vmatrix} (i\neq j).$$

(注:以数 k 乘第 j 行加到第 i 行上,记作 r_i+kr_j)

性质 2、3、6 介绍了行列式关于行和列的三种运算,即 $r_i\leftrightarrow r_j$,$r_i\times k$,r_i+kr_j 和 $c_i\leftrightarrow c_j$,$c_i\times k$,c_i+kc_j. 利用这些运算可简化行列式的计算,特别是利用运算 r_i+kr_j(或 c_i+kc_j)可以把行列式中许多元素化为 0. 计算行列式常用的一种方法就是利用运算 r_i+kr_j 把行列式化为上三角形行列式,从而算得行列式的值. 请看下例:

例 4 计算:$D=\begin{vmatrix} 1 & 2 & 3 & 4 \\ -1 & 0 & 3 & 4 \\ -1 & -2 & 0 & 4 \\ -1 & -2 & -3 & 0 \end{vmatrix}$.

解 $D=\begin{vmatrix} 1 & 2 & 3 & 4 \\ -1 & 0 & 3 & 4 \\ -1 & -2 & 0 & 4 \\ -1 & -2 & -3 & 0 \end{vmatrix} \xlongequal{r_2+r_1,r_3+r_1,r_4+r_1} \begin{vmatrix} 1 & 2 & 3 & 4 \\ 0 & 2 & 6 & 8 \\ 0 & 0 & 3 & 8 \\ 0 & 0 & 0 & 4 \end{vmatrix} = \begin{vmatrix} 1 & 0 & 0 & 0 \\ 2 & 2 & 0 & 0 \\ 3 & 6 & 3 & 0 \\ 4 & 8 & 8 & 4 \end{vmatrix} =24.$

例 5 计算:

$$D=\begin{vmatrix} 3 & 1 & -1 & 2 \\ -5 & 1 & 3 & -4 \\ 2 & 0 & 1 & -1 \\ 1 & -5 & 3 & -3 \end{vmatrix}.$$

解

$$D\xlongequal{c_1\leftrightarrow c_2}-\begin{vmatrix}1&3&-1&2\\1&-5&3&-4\\0&2&1&-1\\-5&1&3&-3\end{vmatrix}\xlongequal[r_4+5r_1]{r_2-r_1}-\begin{vmatrix}1&3&-1&2\\0&-8&4&-6\\0&2&1&-1\\0&16&-2&7\end{vmatrix}\xlongequal{r_2\leftrightarrow r_3}$$

$$\begin{vmatrix}1&3&-1&2\\0&2&1&-1\\0&-8&4&-6\\0&16&-2&7\end{vmatrix}\xlongequal[r_4-8r_2]{r_3+4r_2}\begin{vmatrix}1&3&-1&2\\0&2&1&-1\\0&0&8&-10\\0&0&-10&15\end{vmatrix}\xlongequal{r_4+\frac{5}{4}r_3}\begin{vmatrix}1&3&-1&2\\0&2&1&-1\\0&0&8&-10\\0&0&0&\frac{5}{2}\end{vmatrix}=40.$$

例 6 计算：

$$D=\begin{vmatrix}3&1&1&1\\1&3&1&1\\1&1&3&1\\1&1&1&3\end{vmatrix}.$$

解 这个行列式的特点是各列 4 个数之和都是 6，现把第二、三、四行同时加到第一行，提出公因子 6，然后各行减去第一行：

$$D\xlongequal{r_1+r_2+r_3+r_4}\begin{vmatrix}6&6&6&6\\1&3&1&1\\1&1&3&1\\1&1&1&3\end{vmatrix}\xlongequal{r_1\div 6}6\begin{vmatrix}1&1&1&1\\1&3&1&1\\1&1&3&1\\1&1&1&3\end{vmatrix}\xlongequal[\substack{r_3-r_1\\r_4-r_1}]{r_2-r_1}6\begin{vmatrix}1&1&1&1\\0&2&0&0\\0&0&2&0\\0&0&0&2\end{vmatrix}=48.$$

例 6 中的行列式每行元素之和相同，这种类型的行列式的计算都可仿照本例的做法.

上述诸例都是利用运算 r_i+kr_j 把行列式化为上三角形行列式，用归纳法不难证明（这里不证）任何 n 阶行列式总能利用运算 r_i+kr_j 化为上三角形或下三角形行列式（这时要先把 $a_{1n},\cdots,a_{n-1\,n}$ 化为 0）. 类似地，利用列运算 c_i+kc_j 也可以把行列式化为上三角形行列式或下三角形行列式.

习题 9-2(A)

计算下列行列式：

(1) $\begin{vmatrix}1&1&1&1\\1&-1&1&1\\1&1&-1&1\\1&1&1&1\end{vmatrix}$；　　(2) $\begin{vmatrix}0&0&1&1\\0&1&0&1\\0&0&0&1\\1&0&0&2\end{vmatrix}$；

(3) $\begin{vmatrix}a&1&1&1\\1&a&1&1\\1&1&a&1\\1&1&1&a\end{vmatrix}$；　　(4) $\begin{vmatrix}0&1&2&-1\\-1&0&1&2\\2&-1&0&1\\1&2&-1&0\end{vmatrix}$；

(5) $\begin{vmatrix} a & b & c & d \\ -a & b & c & d \\ -a & -b & c & d \\ -a & -b & -c & d \end{vmatrix}$;　　(6) $\begin{vmatrix} x & y & x+y \\ y & x+y & x \\ x+y & x & y \end{vmatrix}$.

习题 9-2(B)

1. 计算下列行列式：

(1) $\begin{vmatrix} 1 & 1 & 1 & 1 \\ 1 & -1 & 1 & 1 \\ 1 & 1 & -1 & 1 \\ 1 & 1 & 1 & -1 \end{vmatrix}$;　　(2) $\begin{vmatrix} 2 & -5 & 1 & 2 \\ -3 & 7 & -1 & 4 \\ 5 & -9 & 2 & 7 \\ 4 & -6 & 1 & 2 \end{vmatrix}$;

(3) $\begin{vmatrix} a & b & b & b \\ b & a & b & b \\ b & b & a & b \\ b & b & b & a \end{vmatrix}$;　　(4) $\begin{vmatrix} 2 & 1 & 4 & 1 \\ 3 & -1 & 2 & 1 \\ 1 & 2 & 3 & 2 \\ 5 & 0 & 6 & 2 \end{vmatrix}$;

(5) $\begin{vmatrix} -ab & ac & ae \\ bd & -cd & de \\ bf & cf & -ef \end{vmatrix}$;　　(6) $D_n=\begin{vmatrix} x & a & \cdots & a \\ a & x & \cdots & a \\ \vdots & \vdots & & \vdots \\ a & a & \cdots & x \end{vmatrix}$.

2. 证明：$\begin{vmatrix} p+q & q+r & r+p \\ p_1+q_1 & q_1+r_1 & r_1+p_1 \\ p_2+q_2 & q_2+r_2 & r_2+p_2 \end{vmatrix}=2\begin{vmatrix} p & q & r \\ p_1 & q_1 & r_1 \\ p_2 & q_2 & r_2 \end{vmatrix}$.

§9-3　行列式的展开

本节我们讨论行列式的另一个重要性质.

一般来说,低阶行列式的计算比高阶行列式的计算要简便,于是,我们自然考虑用低阶行列式来表示高阶行列式的问题.为此,先引进余子式和代数余子式的概念.

在 n 阶行列式中,把元素 a_{ij} 所在的第 i 行和第 j 列划去后,留下来的 $n-1$ 阶行列式叫作元素 a_{ij} 的**余子式**,记作 M_{ij}. 记 $A_{ij}=(-1)^{i+j}M_{ij}$,称为**代数余子式**.

例如,四阶行列式

$$D=\begin{vmatrix} a_{11} & a_{12} & a_{13} & a_{14} \\ a_{21} & a_{22} & a_{23} & a_{24} \\ a_{31} & a_{32} & a_{33} & a_{34} \\ a_{41} & a_{42} & a_{43} & a_{44} \end{vmatrix}$$

中,元素 a_{32} 的余子式和代数余子式分别为

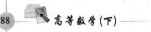

$$M_{32}=\begin{vmatrix} a_{11} & a_{13} & a_{14} \\ a_{21} & a_{23} & a_{24} \\ a_{41} & a_{43} & a_{44} \end{vmatrix},$$

$$A_{32}=(-1)^{3+2}M_{32}=-M_{32}.$$

例 1 已知 $D=\begin{vmatrix} 1 & -1 & 0 & 1 \\ 4 & 3 & 2 & 0 \\ -2 & 7 & 8 & 3 \\ 5 & 6 & 9 & 4 \end{vmatrix}$，写出 D 的元素 a_{23} 的余子式 M_{23} 与代数余子式 A_{23}，并计算 A_{23} 的值.

解 $M_{23}=\begin{vmatrix} 1 & -1 & 1 \\ -2 & 7 & 3 \\ 5 & 6 & 4 \end{vmatrix}$，$A_{23}=(-1)^{2+3}M_{23}=-\begin{vmatrix} 1 & -1 & 1 \\ -2 & 7 & 3 \\ 5 & 6 & 4 \end{vmatrix}=60$.

对于三阶行列式 $D=\begin{vmatrix} a_{11} & a_{12} & a_{13} \\ a_{21} & a_{22} & a_{23} \\ a_{31} & a_{32} & a_{33} \end{vmatrix}$，容易求得第一行各元素的代数余子式：

元素 a_{11} 的代数余子式 $A_{11}=(-1)^{1+1}\begin{vmatrix} a_{22} & a_{23} \\ a_{32} & a_{33} \end{vmatrix}=a_{22}a_{33}-a_{23}a_{32}$；

元素 a_{12} 的代数余子式 $A_{12}=(-1)^{1+2}\begin{vmatrix} a_{21} & a_{23} \\ a_{31} & a_{33} \end{vmatrix}=-(a_{21}a_{33}-a_{23}a_{31})=a_{23}a_{31}-a_{21}a_{33}$；

元素 a_{13} 的代数余子式 $A_{13}=(-1)^{1+3}\begin{vmatrix} a_{21} & a_{22} \\ a_{31} & a_{32} \end{vmatrix}=a_{21}a_{32}-a_{22}a_{31}$.

可以得到三阶行列式 $D=\begin{vmatrix} a_{11} & a_{12} & a_{13} \\ a_{21} & a_{22} & a_{23} \\ a_{31} & a_{32} & a_{33} \end{vmatrix}$ 的值与这些代数余子式之间有以下关系：

$$\begin{aligned} D=\begin{vmatrix} a_{11} & a_{12} & a_{13} \\ a_{21} & a_{22} & a_{23} \\ a_{31} & a_{32} & a_{33} \end{vmatrix} &= a_{11}a_{22}a_{33}+a_{13}a_{21}a_{32}+a_{12}a_{23}a_{31}-a_{13}a_{22}a_{31}-a_{12}a_{21}a_{33}-a_{11}a_{23}a_{32} \\ &= a_{11}(a_{22}a_{33}-a_{23}a_{32})+a_{12}(a_{23}a_{31}-a_{21}a_{33})+a_{13}(a_{21}a_{32}-a_{22}a_{31}) \\ &= a_{11}A_{11}+a_{12}A_{12}+a_{13}A_{13}. \end{aligned}$$

进一步分析还能得到三阶行列式 $D=\begin{vmatrix} a_{11} & a_{12} & a_{13} \\ a_{21} & a_{22} & a_{23} \\ a_{31} & a_{32} & a_{33} \end{vmatrix}$ 的值与代数余子式之间有另外类似的关系：

$$\begin{aligned} D=\begin{vmatrix} a_{11} & a_{12} & a_{13} \\ a_{21} & a_{22} & a_{23} \\ a_{31} & a_{32} & a_{33} \end{vmatrix} &= a_{21}A_{21}+a_{22}A_{22}+a_{23}A_{23}=a_{31}A_{31}+a_{32}A_{32}+a_{33}A_{33} \\ &= a_{11}A_{11}+a_{21}A_{21}+a_{31}A_{31}=a_{12}A_{12}+a_{22}A_{22}+a_{32}A_{32}=a_{13}A_{13}+a_{23}A_{23}+a_{33}A_{33}. \end{aligned}$$

总之，三阶行列式 $D=\begin{vmatrix} a_{11} & a_{12} & a_{13} \\ a_{21} & a_{22} & a_{23} \\ a_{31} & a_{32} & a_{33} \end{vmatrix}$ 的值等于任意一行（或列）各元素与其代数余子式乘积之和.

一般地，n 阶行列式与三阶行列式类似，n 阶行列式的值与它的代数余子式之间有以下关系：

定理　n 阶行列式等于它的任一行（或列）的各元素与其对应的代数余子式乘积之和，即

$$D=\begin{vmatrix} a_{11} & a_{12} & \cdots & a_{1n} \\ a_{21} & a_{22} & \cdots & a_{2n} \\ \vdots & \vdots & & \vdots \\ a_{n1} & a_{n2} & \cdots & a_{nn} \end{vmatrix}=a_{i1}A_{i1}+a_{i2}A_{i2}+\cdots+a_{in}A_{in}\ (i=1,2,\cdots,n)$$

或 $$D=\begin{vmatrix} a_{11} & a_{12} & \cdots & a_{1n} \\ a_{21} & a_{22} & \cdots & a_{2n} \\ \vdots & \vdots & & \vdots \\ a_{n1} & a_{n2} & \cdots & a_{nn} \end{vmatrix}=a_{1j}A_{1j}+a_{2j}A_{2j}+\cdots+a_{nj}A_{nj}\ (j=1,2,\cdots,n)$$

证明从略.

这个定理叫作行列式按行（或列）展开法则. 利用这一法则并结合行列式的性质，可以简化行列式的计算.

例 2　已知五阶行列式 D 中第二行的元素分别为 4，5，3，2，9，它们的余子式的值分别为 5，6，7，8，0，试计算五阶行列式 D 的值.

解　根据代数余子式 A_{ij} 与余子式 M_{ij} 之间的关系

$$A_{ij}=(-1)^{i+j}M_{ij},$$

可得五阶行列式 D 中第二行的各元素的代数余子式的值分别为

$$A_{21}=(-1)^{2+1}M_{21}=-5,A_{22}=(-1)^{2+2}M_{22}=6,A_{23}=(-1)^{2+3}M_{23}=-7,$$

$$A_{24}=(-1)^{2+4}M_{24}=8,A_{25}=(-1)^{2+5}M_{25}=0,$$

所以由定理，五阶行列式 D 按第二行展开，有

$$\begin{aligned} D&=a_{21}A_{21}+a_{22}A_{22}+a_{23}A_{23}+a_{24}A_{24}+a_{25}A_{25} \\ &=4\times(-5)+5\times6+3\times(-7)+2\times8+9\times0=5. \end{aligned}$$

在具体计算行列式时，考虑到零元素与其代数余子式的乘积等于零，于是在应用定理计算行列式的值时，应该按零元素比较多的一行（或列）展开，以减少计算量.

例 3　计算行列式 $D=\begin{vmatrix} 1 & -1 & 0 & 0 \\ 4 & 3 & 0 & 0 \\ -2 & 7 & 8 & -3 \\ 5 & 6 & 9 & 0 \end{vmatrix}$.

解　（先按第四列展开）

$$D=\begin{vmatrix}1&-1&0&0\\4&3&0&0\\-2&7&8&-3\\5&6&9&0\end{vmatrix}=0\times A_{14}+0\times A_{24}+(-3)\times A_{34}+0\times A_{44}$$

$$=-3\times A_{34}=-3\times(-1)^{3+4}\begin{vmatrix}1&-1&0\\4&3&0\\5&6&9\end{vmatrix}=3\times\begin{vmatrix}1&-1&0\\4&3&0\\5&6&9\end{vmatrix}$$

(再按三阶行列式的第三列展开)

$$=3\times9\times A_{33}=27\times(-1)^{3+3}\begin{vmatrix}1&-1\\4&3\end{vmatrix}=27\times7=189.$$

例 4 计算 $n(n\geqslant2)$阶行列式

$$D=\begin{vmatrix}a&0&0&\cdots&0&1\\0&a&0&\cdots&0&0\\0&0&a&\cdots&0&0\\\vdots&\vdots&\vdots&&\vdots&\vdots\\1&0&0&\cdots&0&a\end{vmatrix}.$$

解 按第一行展开,得

$$D=a\begin{vmatrix}a&0&\cdots&0&0\\0&a&\cdots&0&0\\\vdots&\vdots&&\vdots&\vdots\\0&0&\cdots&0&a\end{vmatrix}+(-1)^{1+n}\begin{vmatrix}0&a&0&\cdots&0\\0&0&a&\cdots&0\\\vdots&\vdots&\vdots&&\vdots\\0&0&0&\cdots&a\\1&0&0&\cdots&0\end{vmatrix},$$

再将上式等号右边的第二个行列式按第一列展开,则可得到

$$D=a^n+(-1)^{1+n}(-1)^{(n-1)+1}a^{n-2}=a^n-a^{n-2}=a^{n-2}(a^2-1).$$

由定理,还可得下述重要推论.

推论 行列式某一行(或列)的元素与另一行(或列)的对应元素的代数余子式乘积之和等于零,即

$$a_{i1}A_{j1}+a_{i2}A_{j2}+\cdots+a_{in}A_{jn}=0,i\neq j$$

或
$$a_{1i}A_{1j}+a_{2i}A_{2j}+\cdots+a_{ni}A_{nj}=0,i\neq j.$$

证明从略.

习题 9-3(A)

计算下列行列式:

(1) $\begin{vmatrix}a&1&0&0\\-1&b&1&0\\0&-1&c&1\\0&0&-1&d\end{vmatrix}$; (2) $\begin{vmatrix}1&2&0&0\\0&1&2&0\\0&0&1&2\\2&0&0&1\end{vmatrix}$.

习题 9-3(B)

1. 计算下列行列式：

(1) $\begin{vmatrix} 1 & 2 & 1 & 3 \\ 0 & 0 & 1 & 1 \\ 0 & 0 & -1 & 1 \\ 1 & 1 & 1 & -1 \end{vmatrix}$；　　(2) $\begin{vmatrix} a & 0 & 0 & b \\ 0 & a & b & 0 \\ 0 & b & a & 0 \\ b & 0 & 0 & a \end{vmatrix}$；

(3) $\begin{vmatrix} 0 & 0 & 1 & 0 \\ 0 & 2 & 0 & 0 \\ 3 & 0 & 5 & 0 \\ 7 & 6 & 10 & 4 \end{vmatrix}$.

2. 计算 $n(n\geqslant 2)$ 阶行列式：

(1) $\begin{vmatrix} 0 & -1 & 1 & \cdots & 1 & 1 \\ 0 & 0 & -1 & \cdots & 1 & 1 \\ \vdots & \vdots & \vdots & & \vdots & \vdots \\ 0 & 0 & 0 & \cdots & 0 & -1 \\ 5 & 5 & 5 & \cdots & 5 & 5 \end{vmatrix}$；　　(2) $\begin{vmatrix} 1 & 1 & 0 & \cdots & 0 & 0 \\ 0 & 1 & 1 & \cdots & 0 & 0 \\ \vdots & \vdots & \vdots & & \vdots & \vdots \\ 0 & 0 & 0 & \cdots & 1 & 1 \\ 1 & 0 & 0 & \cdots & 0 & 1 \end{vmatrix}$.

§9-4　克莱姆法则

在第一节中，我们知道当系数行列式 $D=\begin{vmatrix} a_{11} & a_{12} \\ a_{21} & a_{22} \end{vmatrix}=a_{11}a_{22}-a_{12}a_{21}\neq 0$ 时，二元线性方程组 $\begin{cases} a_{11}x_1+a_{12}x_2=b_1, \\ a_{21}x_1+a_{22}x_2=b_2 \end{cases}$ 的解为

$$x_1=\frac{D_1}{D}=\frac{\begin{vmatrix} b_1 & a_{12} \\ b_2 & a_{22} \end{vmatrix}}{\begin{vmatrix} a_{11} & a_{12} \\ a_{21} & a_{22} \end{vmatrix}},\ x_2=\frac{D_2}{D}=\frac{\begin{vmatrix} a_{11} & b_1 \\ a_{21} & b_2 \end{vmatrix}}{\begin{vmatrix} a_{11} & a_{12} \\ a_{21} & a_{22} \end{vmatrix}},$$

而对于三元线性方程组 $\begin{cases} a_{11}x_1+a_{12}x_2+a_{13}x_3=b_1, \\ a_{21}x_1+a_{22}x_2+a_{23}x_3=b_2, \\ a_{31}x_1+a_{32}x_2+a_{33}x_3=b_3, \end{cases}$ 当系数行列式 $D=\begin{vmatrix} a_{11} & a_{12} & a_{13} \\ a_{21} & a_{22} & a_{23} \\ a_{31} & a_{32} & a_{33} \end{vmatrix}\neq 0$ 时，我们记

$$D_1=\begin{vmatrix} b_1 & a_{12} & a_{13} \\ b_2 & a_{22} & a_{23} \\ b_3 & a_{32} & a_{33} \end{vmatrix},D_2=\begin{vmatrix} a_{11} & b_1 & a_{13} \\ a_{21} & b_2 & a_{23} \\ a_{31} & b_3 & a_{33} \end{vmatrix},D_3=\begin{vmatrix} a_{11} & a_{12} & b_1 \\ a_{21} & a_{22} & b_2 \\ a_{31} & a_{32} & b_3 \end{vmatrix},$$

则不难得到三元线性方程组$\begin{cases}a_{11}x_1+a_{12}x_2+a_{13}x_3=b_1,\\a_{21}x_1+a_{22}x_2+a_{23}x_3=b_2,\\a_{31}x_1+a_{32}x_2+a_{33}x_3=b_3\end{cases}$的解为

$$x_1=\frac{D_1}{D},x_2=\frac{D_2}{D},x_3=\frac{D_3}{D}.$$

一般地，含有 n 个未知数 $x_1,x_2,\cdots,x_n$ 的 n 个线性方程的方程组

$$\begin{cases}a_{11}x_1+a_{12}x_2+\cdots+a_{1n}x_n=b_1,\\a_{21}x_1+a_{22}x_2+\cdots+a_{2n}x_n=b_2,\\\qquad\vdots\\a_{n1}x_1+a_{n2}x_2+\cdots+a_{nn}x_n=b_n\end{cases}\tag{1}$$

与二、三元线性方程组相类似，它的解可用 n 阶行列式表示，即有下面的克莱姆法则.

克莱姆法则 如果线性方程组(1)的系数行列式不等于零，即

$$D=\begin{vmatrix}a_{11}&a_{12}&\cdots&a_{1n}\\a_{21}&a_{22}&\cdots&a_{2n}\\\vdots&\vdots&&\vdots\\a_{n1}&a_{n2}&\cdots&a_{nn}\end{vmatrix}\neq0,$$

那么方程组(1)有唯一解

$$x_1=\frac{D_1}{D},x_2=\frac{D_2}{D},\cdots,x_n=\frac{D_n}{D},$$

其中 $D_j(j=1,2,\cdots,n)$是把系数行列式 D 中第 j 列的元素用方程组右端的常数项代替后所得到的 n 阶行列式，即

$$D_j=\begin{vmatrix}a_{11}&a_{12}&\cdots&a_{1\,j-1}&b_1&a_{1\,j+1}&\cdots&a_{1n}\\a_{21}&a_{22}&\cdots&a_{2\,j-1}&b_2&a_{2\,j+1}&\cdots&a_{2n}\\\vdots&\vdots&&\vdots&\vdots&\vdots&&\vdots\\a_{n1}&a_{n2}&\cdots&a_{n\,j-1}&b_n&a_{n\,j+1}&\cdots&a_{nn}\end{vmatrix}.$$

证明从略.

例 1 解线性方程组$\begin{cases}x_1-2x_2+3x_3=0,\\x_1-2x_2-\ x_3=0,\\3x_1+\ x_2+2x_3=7.\end{cases}$

解 因为

$$D=\begin{vmatrix}1&-2&3\\1&-2&-1\\3&1&2\end{vmatrix}\xlongequal[r_3-3r_1]{r_2-r_1}\begin{vmatrix}1&-2&3\\0&0&-4\\0&7&-7\end{vmatrix}\xlongequal{r_2\leftrightarrow r_3}-\begin{vmatrix}1&-2&3\\0&7&-7\\0&0&-4\end{vmatrix}=28\neq0,$$

$$D_1=\begin{vmatrix}0&-2&3\\0&-2&-1\\7&1&2\end{vmatrix}\xlongequal{r_2-r_1}\begin{vmatrix}0&-2&3\\0&0&-4\\7&1&2\end{vmatrix}\xlongequal[r_1\leftrightarrow r_2]{r_2\leftrightarrow r_3}\begin{vmatrix}7&1&2\\0&-2&3\\0&0&-4\end{vmatrix}=56,$$

$$D_2=\begin{vmatrix}1&0&3\\1&0&-1\\3&7&2\end{vmatrix}\xlongequal[r_3-3r_1]{r_2-r_1}\begin{vmatrix}1&-2&3\\0&0&-4\\0&7&-7\end{vmatrix}\xlongequal{r_2\leftrightarrow r_3}-\begin{vmatrix}1&-2&3\\0&7&-7\\0&0&-4\end{vmatrix}=28,$$

$$D_3=\begin{vmatrix}1 & -2 & 0\\1 & -2 & 0\\3 & 1 & 7\end{vmatrix}=0,$$

所以 $x_1=\dfrac{D_1}{D}=\dfrac{56}{28}=2, x_2=\dfrac{D_2}{D}=\dfrac{28}{28}=1, x_3=\dfrac{D_3}{D}=\dfrac{0}{28}=0$，即原方程组的解为 $\begin{cases}x_1=2,\\x_2=1,\\x_3=0.\end{cases}$

例 2 解线性方程组

$$\begin{cases}2x_1+x_2-5x_3+x_4=8,\\x_1-3x_2-6x_4=9,\\2x_2-x_3+2x_4=-5,\\x_1+4x_2-7x_3+6x_4=0.\end{cases}$$

解

$$D=\begin{vmatrix}2 & 1 & -5 & 1\\1 & -3 & 0 & -6\\0 & 2 & -1 & 2\\1 & 4 & -7 & 6\end{vmatrix}\xlongequal[r_4-r_2]{r_1-2r_2}\begin{vmatrix}0 & 7 & -5 & 13\\1 & -3 & 0 & -6\\0 & 2 & -1 & 2\\0 & 7 & -7 & 12\end{vmatrix}$$

$$=-\begin{vmatrix}7 & -5 & 13\\2 & -1 & 2\\7 & -7 & 12\end{vmatrix}\xlongequal[c_3+2c_2]{c_1+2c_2}-\begin{vmatrix}-3 & -5 & 3\\0 & -1 & 0\\-7 & -7 & -2\end{vmatrix}=\begin{vmatrix}-3 & 3\\-7 & -2\end{vmatrix}=27,$$

$$D_1=\begin{vmatrix}8 & 1 & -5 & 1\\9 & -3 & 0 & -6\\-5 & 2 & -1 & 2\\0 & 4 & -7 & 6\end{vmatrix}=81, D_2=\begin{vmatrix}2 & 8 & -5 & 1\\1 & 9 & 0 & -6\\0 & -5 & -1 & 2\\1 & 0 & -7 & 6\end{vmatrix}=-108,$$

$$D_3=\begin{vmatrix}2 & 1 & 8 & 1\\1 & -3 & 9 & -6\\0 & 2 & -5 & 2\\1 & 4 & 0 & 6\end{vmatrix}=-27, D_4=\begin{vmatrix}2 & 1 & -5 & 8\\1 & -3 & 0 & 9\\0 & 2 & -1 & -5\\1 & 4 & -7 & 0\end{vmatrix}=27,$$

于是得

$$x_1=3, x_2=-4, x_3=-1, x_4=1.$$

克莱姆法则有重大的理论价值，撇开求解公式，克莱姆法则可叙述为下面的重要定理.

定理 1 如果线性方程组(1)的系数行列式 $D\neq 0$，则方程组(1)一定有解，且解是唯一的.

定理 1 的逆否定理为：

定理 2 如果线性方程组(1)无解或有两个不同的解，则它的系数行列式必为零.

习题 9-4(A)

用克莱姆法则解线性方程组：

(1) $\begin{cases}3x+5y=21,\\2x-7y=-17;\end{cases}$　　(2) $\begin{cases}3x_1+x_2=0,\\5x_1-7x_2=-26.\end{cases}$

习题 9-4(B)

用克莱姆法则解线性方程组：

(1) $\begin{cases}x_1-x_2+x_3=1,\\x_1-2x_2-x_3=0,\\3x_1+x_2+2x_3=7;\end{cases}$　　(2) $\begin{cases}x_1-3x_2+7x_3=5,\\2x_1+4x_2-3x_3=3,\\-3x_1+7x_2+2x_3=6;\end{cases}$

(3) $\begin{cases}x_1-x_2+2x_4=-5,\\3x_1+2x_2-x_3-2x_4=6,\\4x_1+3x_2-x_3-x_4=0,\\2x_1-x_3=0.\end{cases}$

§9-5　矩阵的概念与运算

一、矩阵的概念

1. 矩阵的定义

定义 1　由 $m\times n$ 个数 $a_{ij}(i=1,2,\cdots,m;j=1,2,\cdots,n)$ 排列成的 m 行 n 列的数表

$$\begin{bmatrix}a_{11}&a_{12}&\cdots&a_{1n}\\a_{21}&a_{22}&\cdots&a_{2n}\\\vdots&\vdots&&\vdots\\a_{m1}&a_{m2}&\cdots&a_{mn}\end{bmatrix}$$

称为 m 行 n 列**矩阵**，简称 $m\times n$ **矩阵**. $a_{ij}(i=1,2,\cdots,m;j=1,2,\cdots,n)$ 称为矩阵的**元素**，简称**元**. 数 a_{ij} 位于矩阵的第 i 行第 j 列，称为矩阵的 (i,j) 元.

元素是实数的矩阵称为实矩阵，元素是复数的矩阵称为复矩阵. 本书中除特别说明外，都指实矩阵.

矩阵通常用大写字母 $\boldsymbol{A},\boldsymbol{B},\boldsymbol{C},\cdots$ 来表示. 例如，上述定义中的矩阵可表示为

$$\boldsymbol{A}=\begin{bmatrix}a_{11}&a_{12}&\cdots&a_{1n}\\a_{21}&a_{22}&\cdots&a_{2n}\\\vdots&\vdots&&\vdots\\a_{m1}&a_{m2}&\cdots&a_{mn}\end{bmatrix},$$

或简写为 $\boldsymbol{A}=(a_{ij})_{m\times n}$.

2. 一些特殊的矩阵

(1) 行矩阵:只有一行的矩阵 $\boldsymbol{A}=[a_1 \quad a_2 \quad \cdots \quad a_n]$.

(2) 列矩阵:只有一列的矩阵 $\boldsymbol{B}=\begin{bmatrix} b_1 \\ b_2 \\ \vdots \\ b_m \end{bmatrix}$.

(3) 零矩阵:元素全为零的矩阵,记为 $\boldsymbol{O}$.

(4) 负矩阵:矩阵 $\begin{bmatrix} -a_{11} & -a_{12} & \cdots & -a_{1n} \\ -a_{21} & -a_{22} & \cdots & -a_{2n} \\ \vdots & \vdots & & \vdots \\ -a_{m1} & -a_{m2} & \cdots & -a_{mn} \end{bmatrix}$ 称为 $\boldsymbol{A}=\begin{bmatrix} a_{11} & a_{12} & \cdots & a_{1n} \\ a_{21} & a_{22} & \cdots & a_{2n} \\ \vdots & \vdots & & \vdots \\ a_{m1} & a_{m2} & \cdots & a_{mn} \end{bmatrix}$ 的负矩阵,记为 $-\boldsymbol{A}$.

(5) 方阵:行数和列数均为 n 的矩阵称为 n 阶方阵,记为 $\boldsymbol{A}_n$,即

$$\boldsymbol{A}_n=\begin{bmatrix} a_{11} & a_{12} & \cdots & a_{1n} \\ a_{21} & a_{22} & \cdots & a_{2n} \\ \vdots & \vdots & & \vdots \\ a_{n1} & a_{n2} & \cdots & a_{nn} \end{bmatrix}.$$

在 n 阶方阵 $\boldsymbol{A}_n$ 中,从左上角到右下角的对角线称为主对角线.

(6) 对角矩阵:除主对角线上的元素外,其余元素全为零的方阵称为对角矩阵,即

$$\boldsymbol{A}_n=\begin{bmatrix} a_{11} & 0 & \cdots & 0 \\ 0 & a_{22} & \cdots & 0 \\ \vdots & \vdots & & \vdots \\ 0 & 0 & \cdots & a_{nn} \end{bmatrix}.$$

(7) 单位矩阵:主对角线上的元素全为 1,其余元素全为零的方阵称为单位矩阵,记为 $\boldsymbol{E}_n$,即

$$\boldsymbol{E}_n=\begin{bmatrix} 1 & 0 & \cdots & 0 \\ 0 & 1 & \cdots & 0 \\ \vdots & \vdots & & \vdots \\ 0 & 0 & \cdots & 1 \end{bmatrix}.$$

(8) 数量矩阵:矩阵 $k\boldsymbol{E}_n=\begin{bmatrix} k & 0 & \cdots & 0 \\ 0 & k & \cdots & 0 \\ \vdots & \vdots & & \vdots \\ 0 & 0 & \cdots & k \end{bmatrix}$.

(9) 三角矩阵:主对角线下方元素全为零的矩阵

$$\begin{bmatrix} a_{11} & a_{12} & \cdots & a_{1n} \\ 0 & a_{22} & \cdots & a_{2n} \\ \vdots & \vdots & & \vdots \\ 0 & 0 & \cdots & a_{nn} \end{bmatrix}$$

称为上三角矩阵；主对角线上方元素全为零的矩阵

$$\begin{bmatrix} a_{11} & 0 & \cdots & 0 \\ a_{21} & a_{22} & \cdots & 0 \\ \vdots & \vdots & & \vdots \\ a_{n1} & a_{n2} & \cdots & a_{nn} \end{bmatrix}$$

称为下三角矩阵. 上三角矩阵和下三角矩阵统称为三角矩阵.

二、矩阵的运算

1. 矩阵的相等

定义 2 两个矩阵的行数、列数均相等时，称它们是同型矩阵. 如果矩阵 $\boldsymbol{A}=(a_{ij})$ 与 $\boldsymbol{B}=(b_{ij})$ 是同型矩阵，并且它们对应的元素都相等，即

$$a_{ij}=b_{ij}\,(i=1,2,\cdots,m;j=1,2,\cdots,n),$$

那么就称矩阵 $\boldsymbol{A}$ 与 $\boldsymbol{B}$ 相等，记为 $\boldsymbol{A}=\boldsymbol{B}$.

2. 矩阵的加法

定义 3 设

$$\boldsymbol{A}=(a_{ij})_{m\times n}=\begin{bmatrix} a_{11} & a_{12} & \cdots & a_{1n} \\ a_{21} & a_{22} & \cdots & a_{2n} \\ \vdots & \vdots & & \vdots \\ a_{m1} & a_{m2} & \cdots & a_{mn} \end{bmatrix},\boldsymbol{B}=(b_{ij})_{m\times n}=\begin{bmatrix} b_{11} & b_{12} & \cdots & b_{1n} \\ b_{21} & b_{22} & \cdots & b_{2n} \\ \vdots & \vdots & & \vdots \\ b_{m1} & b_{m2} & \cdots & b_{mn} \end{bmatrix}$$

是两个 $m\times n$ 矩阵，则

$$\boldsymbol{C}=(c_{ij})_{m\times n}=(a_{ij}+b_{ij})_{m\times n}=\begin{bmatrix} a_{11}+b_{11} & a_{12}+b_{12} & \cdots & a_{1n}+b_{1n} \\ a_{21}+b_{21} & a_{22}+b_{22} & \cdots & a_{2n}+b_{2n} \\ \vdots & \vdots & & \vdots \\ a_{m1}+b_{m1} & a_{m2}+b_{m2} & \cdots & a_{mn}+b_{mn} \end{bmatrix}$$

称为矩阵 $\boldsymbol{A}$ 与 $\boldsymbol{B}$ 的和，记为 $\boldsymbol{C}=\boldsymbol{A}+\boldsymbol{B}$.

说明 （1）矩阵的加法就是矩阵对应元素相加，当然，相加的矩阵必须是同型的；

（2）根据负矩阵的定义，我们定义矩阵的减法如下：$\boldsymbol{A}-\boldsymbol{B}=\boldsymbol{A}+(-\boldsymbol{B})$.

容易验证矩阵的加法满足以下规律：

（1）交换律：$\boldsymbol{A}+\boldsymbol{B}=\boldsymbol{B}+\boldsymbol{A}$；

（2）结合律：$(\boldsymbol{A}+\boldsymbol{B})+\boldsymbol{C}=\boldsymbol{A}+(\boldsymbol{B}+\boldsymbol{C})$.

例 1 设 $\boldsymbol{A}=\begin{bmatrix} 0 & 1 & 2 \\ 3 & 4 & 5 \\ -6 & 7 & 8 \end{bmatrix},\boldsymbol{B}=\begin{bmatrix} 1 & x_1 & x_2 \\ -1 & -2 & 3 \\ 5 & 6 & 7 \end{bmatrix},\boldsymbol{C}=\begin{bmatrix} 1 & 0 & 5 \\ 2 & y_1 & 8 \\ -1 & 13 & y_2 \end{bmatrix}$，已知 $\boldsymbol{C}=\boldsymbol{A}+\boldsymbol{B}$，求 $\boldsymbol{B}$ 与 $\boldsymbol{C}$ 及 x_1,x_2,y_1,y_2.

解 因为 $\boldsymbol{C}=\boldsymbol{A}+\boldsymbol{B}$，所以

$$\begin{bmatrix} 1 & 0 & 5 \\ 2 & y_1 & 8 \\ -1 & 13 & y_2 \end{bmatrix}=\begin{bmatrix} 1 & x_1+1 & x_2+2 \\ 2 & 2 & 8 \\ -1 & 13 & 15 \end{bmatrix}.$$

由矩阵相等可知

$$\begin{cases} x_1+1=0, \\ x_2+2=5, \\ y_1=2, \\ y_2=15, \end{cases}$$

解之得 $x_1=-1, x_2=3, y_1=2, y_2=15$. 进而

$$\boldsymbol{B}=\begin{bmatrix} 1 & -1 & 3 \\ -1 & -2 & 3 \\ 5 & 6 & 7 \end{bmatrix}, \boldsymbol{C}=\begin{bmatrix} 1 & 0 & 5 \\ 2 & 2 & 8 \\ -1 & 13 & 15 \end{bmatrix}.$$

3. 数与矩阵相乘

定义 4 设 $\boldsymbol{A}=(a_{ij})_{m\times n}=\begin{bmatrix} a_{11} & a_{12} & \cdots & a_{1n} \\ a_{21} & a_{22} & \cdots & a_{2n} \\ \vdots & \vdots & & \vdots \\ a_{m1} & a_{m2} & \cdots & a_{mn} \end{bmatrix}$, λ 为任意实数, 则

$$\boldsymbol{C}=(c_{ij})_{m\times n}=(\lambda a_{ij})_{m\times n}=\begin{bmatrix} \lambda a_{11} & \lambda a_{12} & \cdots & \lambda a_{1n} \\ \lambda a_{21} & \lambda a_{22} & \cdots & \lambda a_{2n} \\ \vdots & \vdots & & \vdots \\ \lambda a_{m1} & \lambda a_{m2} & \cdots & \lambda a_{mn} \end{bmatrix}$$

称为数 λ 与矩阵 $\boldsymbol{A}$ 的乘积, 记为 $\lambda\boldsymbol{A}$, 且规定 $\lambda\boldsymbol{A}=\boldsymbol{A}\lambda$.

数乘矩阵满足以下规律(设 $\boldsymbol{A},\boldsymbol{B}$ 为 $m\times n$ 矩阵, λ,μ 为实数):

(1) $(\lambda\mu)\boldsymbol{A}=\lambda(\mu\boldsymbol{A})$;

(2) $(\lambda+\mu)\boldsymbol{A}=\lambda\boldsymbol{A}+\mu\boldsymbol{A}$;

(3) $\lambda(\boldsymbol{A}+\boldsymbol{B})=\lambda\boldsymbol{A}+\lambda\boldsymbol{B}$.

例 2 设 $\boldsymbol{A}=\begin{bmatrix} 1 & 0 \\ 3 & -1 \end{bmatrix}, \boldsymbol{B}=\begin{bmatrix} 1 & 2 \\ 3 & 4 \end{bmatrix}$, 求 $3\boldsymbol{A}+2\boldsymbol{B}$.

解 因为

$$3\boldsymbol{A}=\begin{bmatrix} 3 & 0 \\ 9 & -3 \end{bmatrix}, 2\boldsymbol{B}=\begin{bmatrix} 2 & 4 \\ 6 & 8 \end{bmatrix},$$

所以

$$3\boldsymbol{A}+2\boldsymbol{B}=\begin{bmatrix} 5 & 4 \\ 15 & 5 \end{bmatrix}.$$

4. 矩阵的乘法

定义 5 设

$$\boldsymbol{A}=(a_{ij})_{m\times s}=\begin{bmatrix} a_{11} & a_{12} & \cdots & a_{1s} \\ a_{21} & a_{22} & \cdots & a_{2s} \\ \vdots & \vdots & & \vdots \\ a_{m1} & a_{m2} & \cdots & a_{ms} \end{bmatrix}, \boldsymbol{B}=(b_{ij})_{s\times n}=\begin{bmatrix} b_{11} & b_{12} & \cdots & b_{1n} \\ b_{21} & b_{22} & \cdots & b_{2n} \\ \vdots & \vdots & & \vdots \\ b_{s1} & b_{s2} & \cdots & b_{sn} \end{bmatrix},$$

那么规定矩阵 $\boldsymbol{A}$ 与矩阵 $\boldsymbol{B}$ 的乘积是一个 $m\times n$ 矩阵 $\boldsymbol{C}=(c_{ij})_{m\times n}$, 其中

$$C_{ij}=a_{i1}b_{1j}+a_{i2}b_{2j}+\cdots+a_{is}b_{sj}=\sum_{k=1}^{s}a_{ik}b_{kj}\ (i=1,2,\cdots,m;\ j=1,2,\cdots,n),$$

并把此乘积记作

$$\boldsymbol{C}=\boldsymbol{AB}.$$

说明 (1) 只有当第一个矩阵 $\boldsymbol{A}$(左矩阵)的列数等于第二个矩阵 $\boldsymbol{B}$(右矩阵)的行数时，两个矩阵才能相乘，并且 $\boldsymbol{AB}$ 的行数等于左矩阵 $\boldsymbol{A}$ 的行数，列数等于右矩阵 $\boldsymbol{B}$ 的列数；

(2) 乘积矩阵 $\boldsymbol{AB}$ 中的(i,j)元等于矩阵 $\boldsymbol{A}$ 的第 i 行与矩阵 $\boldsymbol{B}$ 的第 j 列对应的元素乘积之和.

例 3 求矩阵

$$\boldsymbol{A}=\begin{bmatrix}1&0&3&-1\\2&1&0&2\end{bmatrix},\boldsymbol{B}=\begin{bmatrix}4&1&0\\-1&1&3\\2&0&1\\1&3&4\end{bmatrix}$$

的乘积 $\boldsymbol{AB}$.

解 因为 $\boldsymbol{A}$ 是 2×4 矩阵，$\boldsymbol{B}$ 是 4×3 矩阵，$\boldsymbol{A}$ 的列数等于 $\boldsymbol{B}$ 的行数，所以矩阵 $\boldsymbol{A}$ 与 $\boldsymbol{B}$ 可以相乘，其乘积 $\boldsymbol{AB}=\boldsymbol{C}$ 是一个 2×3 矩阵. 按矩阵乘法的定义有

$$\boldsymbol{C}=\boldsymbol{AB}=\begin{bmatrix}1&0&3&-1\\2&1&0&2\end{bmatrix}\begin{bmatrix}4&1&0\\-1&1&3\\2&0&1\\1&3&4\end{bmatrix}=\begin{bmatrix}9&-2&-1\\9&9&11\end{bmatrix}.$$

例 4 设 $\boldsymbol{A}=\begin{bmatrix}-2&4\\1&-2\end{bmatrix},\boldsymbol{B}=\begin{bmatrix}2&4\\-3&-6\end{bmatrix}$，求 $\boldsymbol{AB},\boldsymbol{BA}$.

解

$$\boldsymbol{AB}=\begin{bmatrix}-2&4\\1&-2\end{bmatrix}\begin{bmatrix}2&4\\-3&-6\end{bmatrix}=\begin{bmatrix}-16&-32\\8&16\end{bmatrix},$$

$$\boldsymbol{BA}=\begin{bmatrix}2&4\\-3&-6\end{bmatrix}\begin{bmatrix}-2&4\\1&-2\end{bmatrix}=\begin{bmatrix}0&0\\0&0\end{bmatrix}=\boldsymbol{O}.$$

说明 (1) 在例 3 中，$\boldsymbol{A}$ 是 2×4 矩阵，$\boldsymbol{B}$ 是 4×3 矩阵，乘积 $\boldsymbol{AB}$ 有意义而 $\boldsymbol{BA}$ 却没有意义. 而在例 4 中，$\boldsymbol{AB}$ 与 $\boldsymbol{BA}$ 都有意义，但 $\boldsymbol{AB}\neq\boldsymbol{BA}$，即在一般情况下，矩阵的乘法不满足交换律. (2) 例 4 还表明，矩阵 $\boldsymbol{A}\neq\boldsymbol{O},\boldsymbol{B}\neq\boldsymbol{O}$，但却有 $\boldsymbol{AB}=\boldsymbol{O}$，即由 $\boldsymbol{AB}=\boldsymbol{O}$ 不能得出 $\boldsymbol{A}=\boldsymbol{O}$ 或 $\boldsymbol{B}=\boldsymbol{O}$.

矩阵乘法满足以下规律：

(1) $(\boldsymbol{AB})\boldsymbol{C}=\boldsymbol{A}(\boldsymbol{BC})$；

(2) $\lambda(\boldsymbol{AB})=(\lambda\boldsymbol{A})\boldsymbol{B}$，$\lambda$ 为实数；

(3) $\boldsymbol{A}(\boldsymbol{B}+\boldsymbol{C})=\boldsymbol{AB}+\boldsymbol{AC},(\boldsymbol{B}+\boldsymbol{C})\boldsymbol{A}=\boldsymbol{BA}+\boldsymbol{CA}$.

对于单位矩阵 $\boldsymbol{E}$，容易验证

$$\boldsymbol{E}_m\boldsymbol{A}_{m\times n}=\boldsymbol{A}_{m\times n},\boldsymbol{A}_{m\times n}\boldsymbol{E}_n=\boldsymbol{A}_{m\times n},$$

或简写成

$$\boldsymbol{EA}=\boldsymbol{AE}=\boldsymbol{A}.$$

可见单位矩阵 $\boldsymbol{E}$ 在矩阵乘法中的作用类似于数 1.

有了矩阵的乘法，就可以定义矩阵的幂. 设 $\boldsymbol{A}$ 是 n 阶方阵，定义

$$A^1=A, A^2=A^1A^1, \cdots, A^{k+1}=A^kA^1,$$

其中 k 为正整数. 这就是说, A^k 就是 k 个 A 连乘. 显然只有方阵的幂才有意义. 由于矩阵乘法满足结合律, 所以矩阵的幂满足以下运算规律:

$$A^kA^l=A^{k+l}, (A^k)^l=A^{kl},$$

其中 k, l 为正整数. 又因矩阵乘法一般不满足交换律, 所以对于两个 n 阶矩阵 A 与 B, 一般说来 $(AB)^k \neq A^kB^k$.

5. 矩阵的转置

定义 6 把矩阵 A 的行换成同序数的列得到一个新矩阵, 叫作 A 的转置矩阵, 记作 A^{T}.

例如, 矩阵 $A=\begin{bmatrix}1 & 2 & 0\\ 3 & -1 & 1\end{bmatrix}$ 的转置矩阵为 $A^{\mathrm{T}}=\begin{bmatrix}1 & 3\\ 2 & -1\\ 0 & 1\end{bmatrix}$.

矩阵的转置也是一种运算, 它满足下述规律(假设运算都是可行的):

(1) $(A^{\mathrm{T}})^{\mathrm{T}}=A$;

(2) $(A+B)^{\mathrm{T}}=A^{\mathrm{T}}+B^{\mathrm{T}}$;

(3) $(\lambda A)^{\mathrm{T}}=\lambda A^{\mathrm{T}}$;

(4) $(AB)^{\mathrm{T}}=B^{\mathrm{T}}A^{\mathrm{T}}$.

规律(4)可以推广为任意有限个矩阵相乘的情况, 即 $(A_1A_2\cdots A_n)^{\mathrm{T}}=A_n^{\mathrm{T}}\cdots A_2^{\mathrm{T}}A_1^{\mathrm{T}}$.

例 5 已知

$$A=\begin{bmatrix}2 & 0 & -1\\ 1 & 3 & 2\end{bmatrix}, B=\begin{bmatrix}1 & 7 & -1\\ 4 & 2 & 3\\ 2 & 0 & 1\end{bmatrix},$$

求 $(AB)^{\mathrm{T}}$.

解 解法 1

$$(AB)^{\mathrm{T}}=\left(\begin{bmatrix}2 & 0 & -1\\ 1 & 3 & 2\end{bmatrix}\begin{bmatrix}1 & 7 & -1\\ 4 & 2 & 3\\ 2 & 0 & 1\end{bmatrix}\right)^{\mathrm{T}}=\begin{bmatrix}0 & 17\\ 14 & 13\\ -3 & 10\end{bmatrix}.$$

解法 2

$$(AB)^{\mathrm{T}}=B^{\mathrm{T}}A^{\mathrm{T}}=\begin{bmatrix}1 & 4 & 2\\ 7 & 2 & 0\\ -1 & 3 & 1\end{bmatrix}\begin{bmatrix}2 & 1\\ 0 & 3\\ -1 & 2\end{bmatrix}=\begin{bmatrix}0 & 17\\ 14 & 13\\ -3 & 10\end{bmatrix}.$$

设 A 为 n 阶方阵, 如果满足 $A^{\mathrm{T}}=A$, 即

$$a_{ij}=a_{ji}(i, j=1,2,\cdots,n),$$

那么 A 称为**对称矩阵**. 对称矩阵的特点是: 它的元素以主对角线为对称轴对应相等.

例如, $\begin{bmatrix}4 & 1\\ 1 & 1\end{bmatrix}$, $\begin{bmatrix}2 & 1 & 2\\ 1 & -3 & -5\\ 2 & -5 & 7\end{bmatrix}$ 等都是对称矩阵.

例 6 试证: 对于任意方阵 A, 都有 $A+A^{\mathrm{T}}$ 是对称矩阵.

证明 因为 $(A+A^{\mathrm{T}})^{\mathrm{T}}=A^{\mathrm{T}}+(A^{\mathrm{T}})^{\mathrm{T}}=A^{\mathrm{T}}+A=A+A^{\mathrm{T}}$, 所以 $A+A^{\mathrm{T}}$ 是对称矩阵.

习题 9-5(A)

1. 设 $A=\begin{bmatrix}1 & -1 & 2\\3 & 0 & 2\end{bmatrix}$，$B=\begin{bmatrix}4 & 2\\3 & -1\\0 & 1\end{bmatrix}$，求：(1) $A-2B^{\mathrm{T}}$；(2) $(AB)^{\mathrm{T}}$.

2. 设 $A=\begin{bmatrix}3 & 7 & 4\\-3 & 4 & 4\\-2 & 0 & 3\end{bmatrix}$，$B=\begin{bmatrix}3 & x_1 & x_2\\x_1 & 4 & x_3\\x_2 & x_3 & 3\end{bmatrix}$，$C=\begin{bmatrix}0 & y_1 & y_2\\-y_1 & 0 & y_3\\-y_2 & -y_3 & 0\end{bmatrix}$，且 $A=B+C$，求 B，C 及 x_1,x_2,x_3,y_1,y_2,y_3.

3. 设 $A=\begin{bmatrix}3 & 1 & 1\\2 & 1 & 2\\1 & 1 & 2\end{bmatrix}$，$B=\begin{bmatrix}1 & 1 & 1\\-1 & 2 & 0\\1 & 0 & 1\end{bmatrix}$，求 $AB-BA$.

4. 计算：

(1) $\begin{bmatrix}4 & 3 & 1\\0 & -1 & 3\\5 & 7 & 0\end{bmatrix}\begin{bmatrix}7 & -1\\0 & 1\\1 & 0\end{bmatrix}$；　　(2) $\begin{bmatrix}1\\2\\3\end{bmatrix}\begin{bmatrix}-1 & 2\end{bmatrix}$；

(3) $\begin{bmatrix}x & y\end{bmatrix}\begin{bmatrix}9 & -12\\-12 & 16\end{bmatrix}\begin{bmatrix}x\\y\end{bmatrix}$.

习题 9-5(B)

1. 设 $A=\begin{bmatrix}-1 & 2 & 1\\0 & -1 & 2\end{bmatrix}$，$B=\begin{bmatrix}1 & 0 & 3\\2 & 1 & -1\end{bmatrix}$，$C=\begin{bmatrix}3 & 1 & 2\\-1 & -2 & 4\\0 & 0 & 2\end{bmatrix}$，求 $AC+BC$.

2. 设 $A=\begin{bmatrix}1 & 0 & 0\\0 & -2 & 0\\0 & 0 & 3\end{bmatrix}$，$B=\begin{bmatrix}5 & 0 & 0\\0 & -4 & 0\\0 & 0 & 2\end{bmatrix}$，求 $(2A-AB)^{\mathrm{T}}$.

3. 已知 $\begin{bmatrix}a & b & c & d\\1 & 4 & 9 & 2\end{bmatrix}\begin{bmatrix}1 & 0 & 2 & 0\\0 & 0 & 1 & 1\\0 & 1 & 0 & 0\\0 & 0 & 1 & 0\end{bmatrix}=\begin{bmatrix}1 & 0 & 6 & 6\\1 & 9 & 8 & 4\end{bmatrix}$，求 a,b,c,d.

4. 设 $A=\begin{bmatrix}-1 & 2 & 5\\0 & -3 & 4\end{bmatrix}$，$B=\begin{bmatrix}2 & x\\y & 6\\-10 & z\end{bmatrix}$，试确定 x,y,z，使 $2A+B^{\mathrm{T}}=O$.

5. 设 $A=\begin{bmatrix}1 & 0 & 2\\-1 & 2 & 4\\3 & 1 & 1\end{bmatrix}$，$B=\begin{bmatrix}2 & 1\\-1 & 3\\0 & 3\end{bmatrix}$，求 $(3E_3-A^{\mathrm{T}})B$.

6. 试证明：设 A,B 都是 n 阶矩阵，且 A 为对称矩阵，则 $B^{\mathrm{T}}AB$ 是对称矩阵.

§9-6 逆矩阵

一、逆矩阵的定义

定义 1 对于 n 阶矩阵 $\boldsymbol{A}$，如果有一个 n 阶矩阵 $\boldsymbol{B}$，使

$$\boldsymbol{AB}=\boldsymbol{BA}=\boldsymbol{E},$$

则称矩阵 $\boldsymbol{A}$ 是可逆的，并把矩阵 $\boldsymbol{B}$ 称为 $\boldsymbol{A}$ 的**逆矩阵**，记为 $\boldsymbol{B}=\boldsymbol{A}^{-1}$.

二、逆矩阵的性质

性质 1 如果矩阵 $\boldsymbol{A}$ 是可逆的，那么 $\boldsymbol{A}$ 的逆矩阵是唯一的.

证明 设 $\boldsymbol{B},\boldsymbol{C}$ 都是 $\boldsymbol{A}$ 的逆矩阵，则有

$$\boldsymbol{B}=\boldsymbol{BE}=\boldsymbol{B}(\boldsymbol{AC})=(\boldsymbol{BA})\boldsymbol{C}=\boldsymbol{EC}=\boldsymbol{C},$$

所以 $\boldsymbol{A}$ 的逆矩阵是唯一的.

性质 2 若 $\boldsymbol{A}$ 可逆，则 $\boldsymbol{A}^{-1}$ 亦可逆，且 $(\boldsymbol{A}^{-1})^{-1}=\boldsymbol{A}$.

证明 因为 $\boldsymbol{AA}^{-1}=\boldsymbol{A}^{-1}\boldsymbol{A}=\boldsymbol{E}$，由矩阵可逆的定义可知，$\boldsymbol{A}^{-1}$ 可逆，且 $(\boldsymbol{A}^{-1})^{-1}=\boldsymbol{A}$.

性质 3 若 $\boldsymbol{A}$ 可逆，数 $\lambda\neq 0$，则 $\lambda\boldsymbol{A}$ 可逆，且 $(\lambda\boldsymbol{A})^{-1}=\dfrac{1}{\lambda}\boldsymbol{A}^{-1}$.

证明 因为 $(\lambda\boldsymbol{A})\left(\dfrac{1}{\lambda}\boldsymbol{A}^{-1}\right)=\lambda\cdot\dfrac{1}{\lambda}(\boldsymbol{AA}^{-1})=\boldsymbol{AA}^{-1}=\boldsymbol{E}=\boldsymbol{A}^{-1}\boldsymbol{A}=\left(\dfrac{1}{\lambda}\boldsymbol{A}^{-1}\right)(\lambda\boldsymbol{A})$，所以 $\lambda\boldsymbol{A}$ 可逆，且 $(\lambda\boldsymbol{A})^{-1}=\dfrac{1}{\lambda}\boldsymbol{A}^{-1}$.

性质 4 若 $\boldsymbol{A},\boldsymbol{B}$ 为同阶矩阵且均可逆，则 $\boldsymbol{AB}$ 可逆，且 $(\boldsymbol{AB})^{-1}=\boldsymbol{B}^{-1}\boldsymbol{A}^{-1}$.

证明 因为 $\boldsymbol{A},\boldsymbol{B}$ 为同阶矩阵且均可逆，所以

$$\boldsymbol{AA}^{-1}=\boldsymbol{A}^{-1}\boldsymbol{A}=\boldsymbol{E},\boldsymbol{BB}^{-1}=\boldsymbol{B}^{-1}\boldsymbol{B}=\boldsymbol{E}.$$

因为

$$(\boldsymbol{AB})(\boldsymbol{B}^{-1}\boldsymbol{A}^{-1})=\boldsymbol{A}(\boldsymbol{BB}^{-1})\boldsymbol{A}^{-1}=\boldsymbol{AEA}^{-1}=\boldsymbol{AA}^{-1}=\boldsymbol{E},$$
$$(\boldsymbol{B}^{-1}\boldsymbol{A}^{-1})(\boldsymbol{AB})=\boldsymbol{B}^{-1}(\boldsymbol{A}^{-1}\boldsymbol{A})\boldsymbol{B}=\boldsymbol{B}^{-1}\boldsymbol{EB}=\boldsymbol{B}^{-1}\boldsymbol{B}=\boldsymbol{E},$$

所以 $\boldsymbol{AB}$ 可逆，且 $(\boldsymbol{AB})^{-1}=\boldsymbol{B}^{-1}\boldsymbol{A}^{-1}$.

我们可将性质 4 推广至有限个矩阵相乘的情形，即设 $\boldsymbol{A}_1,\boldsymbol{A}_2,\cdots,\boldsymbol{A}_n$ 均为同阶矩阵且可逆，则 $\boldsymbol{A}_1\boldsymbol{A}_2\cdots\boldsymbol{A}_n$ 可逆，且

$$(\boldsymbol{A}_1\boldsymbol{A}_2\cdots\boldsymbol{A}_n)^{-1}=\boldsymbol{A}_n^{-1}\cdots\boldsymbol{A}_2^{-1}\,\boldsymbol{A}_1^{-1}.$$

性质 5 设 $\boldsymbol{A},\boldsymbol{B}$ 为同阶方阵，则 $|\boldsymbol{AB}|=|\boldsymbol{A}||\boldsymbol{B}|$.

三、矩阵可逆的判定及求法

定理 1 若矩阵 $\boldsymbol{A}$ 可逆，则 $|\boldsymbol{A}|\neq 0$.

证明 因为 $\boldsymbol{A}$ 可逆，所以存在 $\boldsymbol{A}^{-1}$，使 $\boldsymbol{AA}^{-1}=\boldsymbol{E}$，所以 $|\boldsymbol{A}||\boldsymbol{A}^{-1}|=1$，故 $|\boldsymbol{A}|\neq 0$.

定义 2 对于 n 阶方阵

$$A=\begin{bmatrix} a_{11} & a_{12} & \cdots & a_{1n} \\ a_{21} & a_{22} & \cdots & a_{2n} \\ \vdots & \vdots & & \vdots \\ a_{n1} & a_{n2} & \cdots & a_{nn} \end{bmatrix},$$

称 n 阶方阵

$$\begin{bmatrix} A_{11} & A_{21} & \cdots & A_{n1} \\ A_{12} & A_{22} & \cdots & A_{n2} \\ \vdots & \vdots & & \vdots \\ A_{1n} & A_{2n} & \cdots & A_{nn} \end{bmatrix}$$

为矩阵 $\boldsymbol{A}$ 的**伴随矩阵**，记为 $\boldsymbol{A}^*$，其中的元素 A_{ij} 为行列式 $|\boldsymbol{A}|$ 中元素 a_{ij} 的代数余子式.

由行列式的性质可得

$$\begin{cases} a_{i1}A_{i1}+a_{i2}A_{i2}+\cdots+a_{in}A_{in}=|\boldsymbol{A}|, i=1,2,\cdots,n, \\ a_{j1}A_{i1}+a_{j2}A_{i2}+\cdots+a_{jn}A_{in}=0, \quad j\neq i, \end{cases}$$

于是由矩阵乘法可得 $\boldsymbol{A}\boldsymbol{A}^*=|\boldsymbol{A}|\boldsymbol{E}.$

同理， $\boldsymbol{A}^*\boldsymbol{A}=|\boldsymbol{A}|\boldsymbol{E}.$

例 1 设

$$\boldsymbol{A}=\begin{bmatrix} 1 & -2 & 5 \\ -3 & 0 & 4 \\ 2 & 1 & 6 \end{bmatrix},$$

求 $\boldsymbol{A}^*$.

解 因为

$$A_{11}=\begin{vmatrix} 0 & 4 \\ 1 & 6 \end{vmatrix}=-4, A_{12}=-\begin{vmatrix} -3 & 4 \\ 2 & 6 \end{vmatrix}=26, A_{13}=\begin{vmatrix} -3 & 0 \\ 2 & 1 \end{vmatrix}=-3,$$

$$A_{21}=-\begin{vmatrix} -2 & 5 \\ 1 & 6 \end{vmatrix}=17, A_{22}=\begin{vmatrix} 1 & 5 \\ 2 & 6 \end{vmatrix}=-4, A_{23}=-\begin{vmatrix} 1 & -2 \\ 2 & 1 \end{vmatrix}=-5,$$

$$A_{31}=\begin{vmatrix} -2 & 5 \\ 0 & 4 \end{vmatrix}=-8, A_{32}=-\begin{vmatrix} 1 & 5 \\ -3 & 4 \end{vmatrix}=-19, A_{33}=\begin{vmatrix} 1 & -2 \\ -3 & 0 \end{vmatrix}=-6,$$

所以

$$\boldsymbol{A}^*=\begin{bmatrix} -4 & 17 & -8 \\ 26 & -4 & -19 \\ -3 & -5 & -6 \end{bmatrix}.$$

定理 2 若 $|\boldsymbol{A}|\neq 0$，则矩阵 $\boldsymbol{A}$ 可逆，且 $\boldsymbol{A}^{-1}=\frac{1}{|\boldsymbol{A}|}\boldsymbol{A}^*$.

证明 因为

$$\boldsymbol{A}\boldsymbol{A}^*=\boldsymbol{A}^*\boldsymbol{A}=|\boldsymbol{A}|\boldsymbol{E},$$

又 $|\boldsymbol{A}|\neq 0$，所以有

$$\boldsymbol{A}\left(\frac{1}{|\boldsymbol{A}|}\boldsymbol{A}^*\right)=\frac{1}{|\boldsymbol{A}|}(\boldsymbol{A}\boldsymbol{A}^*)=\boldsymbol{E},$$

$$\left(\frac{1}{|\boldsymbol{A}|}\boldsymbol{A}^*\right)\boldsymbol{A}=\frac{1}{|\boldsymbol{A}|}(\boldsymbol{A}^*\boldsymbol{A})=\boldsymbol{E},$$

从而矩阵 $\boldsymbol{A}$ 可逆，且

$$\boldsymbol{A}^{-1}=\frac{1}{|\boldsymbol{A}|}\boldsymbol{A}^{*}.$$

说明 当$|\boldsymbol{A}|=0$时，矩阵$\boldsymbol{A}$称为奇异矩阵；当$|\boldsymbol{A}|\neq 0$时，矩阵$\boldsymbol{A}$称为非奇异矩阵. 综合定理1及定理2，矩阵$\boldsymbol{A}$是可逆矩阵的充分必要条件是$|\boldsymbol{A}|\neq 0$，即可逆矩阵就是非奇异矩阵.

推论 若$\boldsymbol{AB}=\boldsymbol{E}$(或$\boldsymbol{BA}=\boldsymbol{E}$)，则$\boldsymbol{B}=\boldsymbol{A}^{-1}$.

证明 (以$\boldsymbol{AB}=\boldsymbol{E}$为例)因为$|\boldsymbol{A}||\boldsymbol{B}|=1$，所以$|\boldsymbol{A}|\neq 0$，因而$\boldsymbol{A}^{-1}$存在，于是

$$\boldsymbol{B}=\boldsymbol{EB}=(\boldsymbol{A}^{-1}\boldsymbol{A})\boldsymbol{B}=\boldsymbol{A}^{-1}(\boldsymbol{AB})=\boldsymbol{A}^{-1}\boldsymbol{E}=\boldsymbol{A}^{-1}.$$

例2 求

$$\boldsymbol{A}=\begin{bmatrix}1&2&3\\2&2&1\\3&4&3\end{bmatrix}$$

的逆矩阵.

解 因为$|\boldsymbol{A}|=2\neq 0$，所以$\boldsymbol{A}^{-1}$存在. 计算得

$A_{11}=2, A_{21}=6, A_{31}=-4, A_{12}=-3, A_{22}=-6, A_{32}=5, A_{13}=2, A_{23}=2, A_{33}=-2$,

$$\boldsymbol{A}^{*}=\begin{bmatrix}2&6&-4\\-3&-6&5\\2&2&-2\end{bmatrix},$$

所以

$$\boldsymbol{A}^{-1}=\begin{bmatrix}1&3&-2\\-\frac{3}{2}&-3&\frac{5}{2}\\1&1&-1\end{bmatrix}.$$

习题 9-6(A)

1. 判断下列矩阵 $\boldsymbol{A},\boldsymbol{B}$ 是否互为逆矩阵：

(1) $\boldsymbol{A}=\begin{bmatrix}1&-1\\1&1\end{bmatrix},\boldsymbol{B}=\begin{bmatrix}1&1\\-1&1\end{bmatrix}$； (2) $\boldsymbol{A}=\begin{bmatrix}1&1&2\\1&2&2\\1&2&3\end{bmatrix},\boldsymbol{B}=\begin{bmatrix}2&-1&0\\1&1&-1\\-2&0&1\end{bmatrix}$.

2. 判断下列矩阵是否可逆，若可逆，求它的逆矩阵：

(1) $\begin{bmatrix}1&1\\-1&-1\end{bmatrix}$； (2) $\begin{bmatrix}5&7\\8&11\end{bmatrix}$；

(3) $\begin{bmatrix}1&0&2\\2&-1&3\\4&1&8\end{bmatrix}$.

习题 9-6(B)

1. 求下列矩阵的逆矩阵：

(1) $\begin{bmatrix}1 & 0 & 2\\0 & 1 & -1\\2 & -1 & -1\end{bmatrix}$；　　(2) $\begin{bmatrix}2 & 2 & 3\\1 & -1 & 0\\-1 & 2 & 1\end{bmatrix}$；　　(3) $\begin{bmatrix}2 & 1 & 0 & 0\\0 & 2 & 1 & 0\\0 & 0 & 2 & 1\\0 & 0 & 0 & 2\end{bmatrix}$.

2. 已知矩阵 $\boldsymbol{A}=\begin{bmatrix}1 & 0 & -1\\0 & 1 & 2\end{bmatrix}$，$\boldsymbol{B}=\begin{bmatrix}0 & 0 & 1\\0 & -1 & 2\end{bmatrix}$，求 $(\boldsymbol{B}\boldsymbol{A}^{\mathrm{T}})^{-1}$.

§9-7 矩阵的秩与初等变换

一、矩阵的秩

1. 矩阵的 k 阶子式

定义 1 在 $m\times n$ 矩阵中，任意取 k 行 k 列（$k\leqslant m, k\leqslant n$），位于这些行与列交叉处的元素按原来的相对位置所构成的行列式，称为矩阵的 **k 阶子式**.

例如，矩阵 $\boldsymbol{A}=\begin{bmatrix}1 & 2 & -2\\1 & -3 & -3\\3 & 1 & 1\end{bmatrix}$ 中，第 1，2 两行和第 2，3 两列相交处的元素构成的 2 阶子式是 $\begin{vmatrix}2 & -2\\-3 & -3\end{vmatrix}$，$\boldsymbol{A}$ 的 3 阶子式是 $|\boldsymbol{A}|$.

说明 (1) $m\times n$ 矩阵 $\boldsymbol{A}_{m\times n}$ 的 k 阶子式共有 $C_m^k C_n^k$ 个；

(2) n 阶方阵 $\boldsymbol{A}_n$ 的 n 阶子式即为 $|\boldsymbol{A}_n|$.

2. 矩阵的秩

定义 2 矩阵 $\boldsymbol{A}$ 的不为零的最高阶子式的阶数 r 称为矩阵 $\boldsymbol{A}$ 的**秩**，记为 $r(\boldsymbol{A})$.

例 1 求矩阵 $\boldsymbol{A}=\begin{bmatrix}1 & 2 & 3\\2 & 3 & -5\\4 & 7 & 1\end{bmatrix}$ 的秩.

解 容易看出 $\boldsymbol{A}$ 的一个 2 阶子式 $\begin{vmatrix}1 & 2\\2 & 3\end{vmatrix}\neq 0$，$\boldsymbol{A}$ 的 3 阶子式只有一个 $|\boldsymbol{A}|$，经计算 $|\boldsymbol{A}|=0$，所以 $r(\boldsymbol{A})=2$.

由矩阵秩的定义易得下面的结论：

定理 1 $r(\boldsymbol{A})=r$ 的充要条件是 $\boldsymbol{A}$ 有一个 r 阶子式不为零，而所有的 $r+1$ 阶子式全为零.

二、矩阵的初等变换

定义 3 下面三种变换称为矩阵的初等行变换：

(1) 对调矩阵两行；

(2) 以数 $k(k\neq 0)$乘以某一行中所有元素；

(3) 把某一行所有元素的 k 倍加到另一行对应的元素上.

说明 (1) 称(1)为对换变换，以 r_i 表示行列式的第 i 行，交换 i,j 两行记作 $r_i\leftrightarrow r_j$. 例如，第 1 行与第 3 行对调，记作

$$\begin{bmatrix} a_{11} & a_{12} & a_{13} \\ a_{21} & a_{22} & a_{23} \\ a_{31} & a_{32} & a_{33} \end{bmatrix} \xrightarrow{r_1\leftrightarrow r_3} \begin{bmatrix} a_{31} & a_{32} & a_{33} \\ a_{21} & a_{22} & a_{23} \\ a_{11} & a_{12} & a_{13} \end{bmatrix}.$$

称(2)为倍乘变换，第 i 行乘以 k，记作 $r_i\times k$. 例如，第 2 行乘以非零常数 k，记作

$$\begin{bmatrix} a_{11} & a_{12} & a_{13} \\ a_{21} & a_{22} & a_{23} \\ a_{31} & a_{32} & a_{33} \end{bmatrix} \xrightarrow{r_2\times k} \begin{bmatrix} a_{11} & a_{12} & a_{13} \\ ka_{21} & ka_{22} & ka_{23} \\ a_{31} & a_{32} & a_{33} \end{bmatrix}.$$

称(3)为倍加变换，以数 k 乘第 j 行加到第 i 行上，记作 r_i+kr_j. 例如，第 1 行乘以数 k 加到第 2 行上，记作

$$\begin{bmatrix} a_{11} & a_{12} & a_{13} \\ a_{21} & a_{22} & a_{23} \\ a_{31} & a_{32} & a_{33} \end{bmatrix} \xrightarrow{r_2+kr_1} \begin{bmatrix} a_{11} & a_{12} & a_{13} \\ a_{21}+ka_{11} & a_{22}+ka_{12} & a_{23}+ka_{13} \\ a_{31} & a_{32} & a_{33} \end{bmatrix}.$$

(2) 把定义中的“行”换成“列”，即得矩阵的初等列变换的定义. 矩阵的初等行变换和初等列变换统称为**初等变换**.

下面我们不加证明地给出关于矩阵初等变换的几个结论：

定理 2 矩阵的初等行(或列)变换不改变矩阵的秩.

这个定理告诉我们，矩阵 $\boldsymbol{A}$ 经过初等行(或列)变换变成矩阵 $\boldsymbol{B}$，则有 $r(\boldsymbol{A})=r(\boldsymbol{B})$.

定理 3 任何 $m\times n$ 非零矩阵 $\boldsymbol{A}$ 都可以经过初等行变换化成以下形式的 $m\times n$ 矩阵

$$\begin{bmatrix} \otimes & \times & \times & \cdots & \times & \times & \times \\ 0 & \otimes & \times & \cdots & \times & \times & \times \\ 0 & 0 & \otimes & \cdots & \times & \times & \times \\ \vdots & \vdots & \vdots & & \vdots & \vdots & \vdots \\ 0 & 0 & 0 & \cdots & 0 & 0 & \otimes \\ 0 & 0 & 0 & \cdots & 0 & 0 & 0 \end{bmatrix},$$

称此矩阵为**阶梯矩阵**. 其中符号$\otimes$表示第一个非零元素，符号$\times$表示零或非零元素.

阶梯矩阵的特点：

(1) 矩阵的零行在矩阵的最下方；

(2) 各行第一个非零元素之前的零元素个数随行的序数的增加而增加.

定理 4 阶梯矩阵的秩等于其非零行的行数.

说明 我们知道对于阶数较低的矩阵，利用矩阵秩的定义可以求其秩，但是对于阶数较高的矩阵，用矩阵秩的定义去求其秩就比较麻烦. 定理 1～3 告诉我们一个求矩阵秩更为常用的方法：将矩阵 $\boldsymbol{A}$ 经过初等行变换变成阶梯矩阵 $\boldsymbol{B}$，此时有 $r(\boldsymbol{A})=r(\boldsymbol{B})$.

例 2 求矩阵 $\boldsymbol{A}=\begin{bmatrix}1&3&-1&-2\\2&-1&2&3\\3&2&1&1\\1&-4&3&5\end{bmatrix}$的秩.

解 对矩阵 $\boldsymbol{A}$ 实施初等行变换使其化为阶梯矩阵：

$$\boldsymbol{A}=\begin{bmatrix}1&3&-1&-2\\2&-1&2&3\\3&2&1&1\\1&-4&3&5\end{bmatrix}\xrightarrow{r_2+(-2)r_1,r_3+(-3)r_1,r_4+(-1)r_1}\begin{bmatrix}1&3&-1&-2\\0&-7&4&7\\0&-7&4&7\\0&-7&4&7\end{bmatrix}$$

$$\xrightarrow{r_3+(-1)r_2,r_4+(-1)r_2}\begin{bmatrix}1&3&-1&-2\\0&-7&4&7\\0&0&0&0\\0&0&0&0\end{bmatrix},$$

由定理 4 知 $r(\boldsymbol{A})=2$.

定理 5 方阵 $\boldsymbol{A}$ 可逆的充分必要条件是 $\boldsymbol{A}$ 经过一系列初等变换可化为单位矩阵.

说明 (1) n 阶方阵 $\boldsymbol{A}$ 可逆,则 $r(\boldsymbol{A})=n$;(2) 方阵 $\boldsymbol{A}$ 可逆的充分必要条件是 $\boldsymbol{A}$ 经过一系列初等行(或列)变换可化为单位矩阵.

三、初等矩阵

定义 4 将单位矩阵实施一次初等变换所得到的矩阵称为**初等矩阵**.

对应于三种初等行变换有下面三种类型的初等矩阵.

(1) 初等对换矩阵：

$$\boldsymbol{E}(i,j)=\begin{bmatrix}1&&&&&&&\\&\ddots&&&&&&\\&&1&&&&&\\&&&0&\cdots&1&&&\\&&&\vdots&&\vdots&&&\\&&&1&\cdots&0&&&\\&&&&&&\ddots&&\\&&&&&&&1&\\&&&&&&&0&1\end{bmatrix},$$

$\boldsymbol{E}(i,j)$是由单位矩阵第 i,j 行对调所得；

(2) 初等倍乘矩阵：

$$\boldsymbol{E}(i(k))=\begin{bmatrix}1&&&&&&\\&\ddots&&&&&\\&&1&&&&\\&&&k&&&\\&&&&1&&\\&&&&&\ddots&\\&&&&&&1\end{bmatrix},$$

$\boldsymbol{E}(i(k))$是由单位矩阵第 i 行乘以 k 所得,其中 $k\neq0$;

(3) 初等倍加矩阵：

$$
\boldsymbol{E}(j+i(k))=\begin{bmatrix}
1 & & & & & & & \\
 & \ddots & & & & & & \\
 & & 1 & & & & & \\
 & & & 1 & & & & \\
 & & & \vdots & \ddots & & & \\
 & & & k & \cdots & 1 & & \\
 & & & & & & \ddots & \\
 & & & & & & & 1
\end{bmatrix},
$$

$\boldsymbol{E}(j+i(k))$是由单位矩阵第 i 行乘以 k 加到第 j 行所得.

可以证明:设 $\boldsymbol{A}$ 是一个 $m\times n$ 矩阵.

对 $\boldsymbol{A}$ 施行一次初等行变换,相当于在 $\boldsymbol{A}$ 的左边乘以相应的 m 阶初等矩阵;

对 $\boldsymbol{A}$ 施行一次初等列变换,相当于在 $\boldsymbol{A}$ 的右边乘以相应的 n 阶初等矩阵.

习题 9-7(A)

1. 判断下列命题是否成立：

(1) 若 $\boldsymbol{A}$ 有一个 r 阶非零子式,则 $r(\boldsymbol{A})=r$;

(2) 若 $r(\boldsymbol{A})\geqslant r$,则 $\boldsymbol{A}$ 中必有一个 r 阶非零子式;

(3) 设 $\boldsymbol{A}$ 是 3×4 矩阵,且所有元素都不为零,则 $r(\boldsymbol{A})=3$;

(4) 若 $\boldsymbol{A}$ 至少有一个非零元素,则 $r(\boldsymbol{A})\geqslant 0$.

2. 写出三阶初等矩阵 $\boldsymbol{E}(1,2)$,$\boldsymbol{E}(3(5))$,$\boldsymbol{E}(2+1(-1))$.

3. 求下列各矩阵的秩：

(1) $\begin{bmatrix} 1 & -2 & 3 \\ -1 & -3 & 4 \\ 1 & 1 & 2 \end{bmatrix}$;　　(2) $\begin{bmatrix} 1 & 2 & -1 & 4 \\ 2 & 3 & -1 & 7 \\ 1 & 1 & 0 & 3 \\ 3 & 2 & 1 & 8 \end{bmatrix}$.

4. 求 λ 的值,使得矩阵 $\boldsymbol{A}=\begin{bmatrix} 1 & 2 & 4 \\ 2 & \lambda & 1 \\ 1 & 1 & 0 \end{bmatrix}$的秩有最小值.

习题 9-7(B)

1. 求下列各矩阵的秩：

(1) $\begin{bmatrix} 1 & 0 & 1 & 0 & 0 \\ 1 & 1 & 0 & 0 & 0 \\ 0 & 1 & 1 & 0 & 0 \\ 0 & 0 & 1 & 1 & 0 \\ 0 & 1 & 0 & 1 & 1 \end{bmatrix}$;　　(2) $\begin{bmatrix} 2 & 0 & 2 & 2 \\ 0 & 1 & 0 & 0 \\ 2 & 1 & 0 & 0 \\ 0 & 1 & 0 & 0 \end{bmatrix}$.

2. 已知矩阵 $A=\begin{bmatrix}1&1&2&a&3\\2&2&3&1&4\\1&0&1&1&5\\2&3&5&5&4\end{bmatrix}$ 的秩为 3，求 a 的值.

3. 确定可使矩阵 $\begin{bmatrix}1&k&-1&2\\2&-1&3&5\\1&10&-6&1\end{bmatrix}$ 的秩最小的数 k.

§9-8 初等变换的几个应用

一、解线性方程组

1. 线性方程组的矩阵形式

设线性方程组的一般形式为

$$\begin{cases}a_{11}x_1+a_{12}x_2+\cdots+a_{1n}x_n=b_1,\\a_{21}x_1+a_{22}x_2+\cdots+a_{2n}x_n=b_2,\\\qquad\vdots\\a_{m1}x_1+a_{m2}x_2+\cdots+a_{mn}x_n=b_m.\end{cases}\qquad(1)$$

当 $b_1,b_2,\cdots,b_m$ 不全为 0 时，称(1)为**非齐次线性方程组**；当 $b_1,b_2,\cdots,b_m$ 全为 0 时，即

$$\begin{cases}a_{11}x_1+a_{12}x_2+\cdots+a_{1n}x_n=0,\\a_{21}x_1+a_{22}x_2+\cdots+a_{2n}x_n=0,\\\qquad\vdots\\a_{m1}x_1+a_{m2}x_2+\cdots+a_{mn}x_n=0,\end{cases}\qquad(2)$$

称(2)为**齐次线性方程组**. 令

$$A=\begin{bmatrix}a_{11}&a_{12}&\cdots&a_{1n}\\a_{21}&a_{22}&\cdots&a_{2n}\\\vdots&\vdots&&\vdots\\a_{m1}&a_{m2}&\cdots&a_{mn}\end{bmatrix},X=\begin{bmatrix}x_1\\x_2\\\vdots\\x_n\end{bmatrix},B=\begin{bmatrix}b_1\\b_2\\\vdots\\b_m\end{bmatrix},$$

称矩阵 A,X,B 分别为方程组的系数矩阵、未知量矩阵、常数矩阵. 于是方程组(1)和(2)用矩阵形式表示为

$$AX=B,\quad AX=O.$$

另外，称由系数和常数项组成的矩阵

$$\begin{bmatrix}a_{11}&a_{12}&\cdots&a_{1n}&b_1\\a_{21}&a_{22}&\cdots&a_{2n}&b_2\\\vdots&\vdots&&\vdots&\vdots\\a_{m1}&a_{m2}&\cdots&a_{mn}&b_m\end{bmatrix}$$

为方程组(1)的**增广矩阵**，记作 $\widetilde{A}$ 或$[A,B]$.

例 1 写出线性方程组$\begin{cases} 4x_1-5x_2+x_3=1, \\ -x_1+5x_2+x_3=2, \\ x_1+x_3=0, \\ 5x_1-x_2+3x_3=4 \end{cases}$的增广矩阵和矩阵形式.

解 增广矩阵

$$\widetilde{\boldsymbol{A}}=\begin{bmatrix} 4 & -5 & 1 & 1 \\ -1 & 5 & 1 & 2 \\ 1 & 0 & 1 & 0 \\ 5 & -1 & 3 & 4 \end{bmatrix},$$

方程组的矩阵形式为

$$\begin{bmatrix} 4 & -5 & 1 \\ -1 & 5 & 1 \\ 1 & 0 & 1 \\ 5 & -1 & 3 \end{bmatrix}\begin{bmatrix} x_1 \\ x_2 \\ x_3 \end{bmatrix}=\begin{bmatrix} 1 \\ 2 \\ 0 \\ 4 \end{bmatrix}.$$

2. 高斯消元法解线性方程组

例 2 解线性方程组$\begin{cases} 2x_1+5x_2+3x_3-2x_4=3, \\ -3x_1-x_2+2x_3+x_4=-4, \\ -2x_1+3x_2-4x_3-7x_4=-13, \\ x_1+2x_2+4x_3+x_4=4. \end{cases}$

解 将第 1,4 两个方程对调位置:

$$\begin{cases} x_1+2x_2+4x_3+x_4=4, \\ -3x_1-x_2+2x_3+x_4=-4, \\ -2x_1+3x_2-4x_3-7x_4=-13, \\ 2x_1+5x_2+3x_3-2x_4=3. \end{cases}$$

将第 1 个方程分别乘以适当的数加到第 2,3,4 个方程上:

$$\begin{cases} x_1+2x_2+4x_3+x_4=4, \\ 5x_2+14x_3+4x_4=8, \\ 7x_2+4x_3-5x_4=-5, \\ x_2-5x_3-4x_4=-5. \end{cases}$$

将第 2,4 两个方程对调位置:

$$\begin{cases} x_1+2x_2+4x_3+x_4=4, \\ x_2-5x_3-4x_4=-5, \\ 7x_2+4x_3-5x_4=-5, \\ 5x_2+14x_3+4x_4=8. \end{cases}$$

将第 2 个方程分别乘以适当的数加到第 3,4 个方程上:

$$\begin{cases} x_1+2x_2+4x_3+x_4=4, \\ x_2-5x_3-4x_4=-5, \\ 39x_3+23x_4=30, \\ 39x_3+24x_4=33. \end{cases}$$

将第 3 个方程乘以(−1)加到第 4 个方程上：

$$\begin{cases} x_1+2x_2+\ 4x_3+\ \ x_4=4, \\ \qquad x_2-\ 5x_3-\ 4x_4=-5, \\ \qquad\qquad 39x_3+23x_4=30, \\ \qquad\qquad\qquad\quad x_4=3. \end{cases}$$

将 $x_4=3$ 回代至第 3 个方程得 $x_3=-1$；将 $x_3=-1,x_4=3$ 回代至第 2 个方程得 $x_2=2$；将 $x_2=2,x_3=-1,x_4=3$ 回代至第 1 个方程得 $x_1=1$. 于是原线性方程组的解为

$$x_1=1,x_2=2,x_3=-1,x_4=3.$$

将上述解题过程用增广矩阵的形式表示如下：

$$\widetilde{A}=\begin{bmatrix} 2 & 5 & 3 & -2 & 3 \\ -3 & -1 & 2 & 1 & -4 \\ -2 & 3 & -4 & -7 & -13 \\ 1 & 2 & 4 & 1 & 4 \end{bmatrix} \xrightarrow{r_1\leftrightarrow r_4} \begin{bmatrix} 1 & 2 & 4 & 1 & 4 \\ -3 & -1 & 2 & 1 & -4 \\ -2 & 3 & -4 & -7 & -13 \\ 2 & 5 & 3 & -2 & 3 \end{bmatrix}$$

$$\xrightarrow{r_2+3r_1,r_3+2r_1,r_4+(-2)r_1} \begin{bmatrix} 1 & 2 & 4 & 1 & 4 \\ 0 & 5 & 14 & 4 & 8 \\ 0 & 7 & 4 & -5 & -5 \\ 0 & 1 & -5 & -4 & -5 \end{bmatrix} \xrightarrow{r_2\leftrightarrow r_4} \begin{bmatrix} 1 & 2 & 4 & 1 & 4 \\ 0 & 1 & -5 & -4 & -5 \\ 0 & 7 & 4 & -5 & -5 \\ 0 & 5 & 14 & 4 & 8 \end{bmatrix}$$

$$\xrightarrow{r_3+(-7)r_2,r_4+(-5)r_2} \begin{bmatrix} 1 & 2 & 4 & 1 & 4 \\ 0 & 1 & -5 & -4 & -5 \\ 0 & 0 & 39 & 23 & 30 \\ 0 & 0 & 39 & 24 & 33 \end{bmatrix} \xrightarrow{r_4+(-1)r_3} \begin{bmatrix} 1 & 2 & 4 & 1 & 4 \\ 0 & 1 & -5 & -4 & -5 \\ 0 & 0 & 39 & 23 & 30 \\ 0 & 0 & 0 & 1 & 3 \end{bmatrix}.$$

将 $x_4=3$ 回代至第 3 个方程得 $x_3=-1$；将 $x_3=-1,x_4=3$ 回代至第 2 个方程得 $x_2=2$；将 $x_2=2,x_3=-1,x_4=3$ 回代至第 1 个方程得 $x_1=1$. 于是原线性方程组的解为

$$x_1=1,x_2=2,x_3=-1,x_4=3.$$

用高斯消元法解线性方程组的一般步骤：

(1) 将方程组表示成矩阵形式 $\boldsymbol{AX}=\boldsymbol{B}$；

(2) 将其增广矩阵 $\widetilde{\boldsymbol{A}}$ 用初等行变换化为阶梯矩阵；

(3) 逐次回代，求出解.

二、求逆矩阵

在§9-6 中，我们介绍了利用伴随矩阵求逆矩阵的方法，但阶数较高的矩阵的伴随矩阵求起来很麻烦，在本节中我们介绍利用矩阵的初等变换求逆矩阵的方法.

将 n 阶方阵 $\boldsymbol{A}$ 和 n 阶单位矩阵 $\boldsymbol{E}$ 合成一个矩阵，中间用竖线隔开，即$[\boldsymbol{A}\vdots\boldsymbol{E}]$，然后对其实施初等行变换. 当 $\boldsymbol{A}$ 变成单位矩阵时，相应地 $\boldsymbol{E}$ 就变成了 $\boldsymbol{A}^{-1}$. 用符号表示如下：

$$[\boldsymbol{A}\vdots\boldsymbol{E}]\xrightarrow{\text{初等行变换}}[\boldsymbol{E}\vdots\boldsymbol{A}^{-1}].$$

例 3 用初等变换求矩阵 $\boldsymbol{A}=\begin{bmatrix} 1 & -1 & 1 \\ 3 & 0 & 3 \\ -1 & 2 & 0 \end{bmatrix}$ 的逆矩阵.

解 因为 $[\boldsymbol{A} \vdots \boldsymbol{E}]=\begin{bmatrix}1 & -1 & 1 & 1 & 0 & 0\\ 3 & 0 & 3 & 0 & 1 & 0\\ -1 & 2 & 0 & 0 & 0 & 1\end{bmatrix}\xrightarrow{r_2+(-3)r_1,\ r_3+r_1}\begin{bmatrix}1 & -1 & 1 & 1 & 0 & 0\\ 0 & 3 & 0 & -3 & 1 & 0\\ 0 & 1 & 1 & 1 & 0 & 1\end{bmatrix}$

$$\xrightarrow{r_2\times\frac{1}{3}}\begin{bmatrix}1 & -1 & 1 & 1 & 0 & 0\\ 0 & 1 & 0 & -1 & \frac{1}{3} & 0\\ 0 & 1 & 1 & 1 & 0 & 1\end{bmatrix}\xrightarrow{r_3+(-1)r_2}\begin{bmatrix}1 & -1 & 1 & 1 & 0 & 0\\ 0 & 1 & 0 & -1 & \frac{1}{3} & 0\\ 0 & 0 & 1 & 2 & -\frac{1}{3} & 1\end{bmatrix}$$

$$\xrightarrow{r_1+(-1)r_3}\begin{bmatrix}1 & -1 & 0 & -1 & \frac{1}{3} & -1\\ 0 & 1 & 0 & -1 & \frac{1}{3} & 0\\ 0 & 0 & 1 & 2 & -\frac{1}{3} & 1\end{bmatrix}\xrightarrow{r_1+r_2}\begin{bmatrix}1 & 0 & 0 & -2 & \frac{2}{3} & -1\\ 0 & 1 & 0 & -1 & \frac{1}{3} & 0\\ 0 & 0 & 1 & 2 & -\frac{1}{3} & 1\end{bmatrix},$$

所以 $\boldsymbol{A}^{-1}=\begin{bmatrix}-2 & \frac{2}{3} & -1\\ -1 & \frac{1}{3} & 0\\ 2 & -\frac{1}{3} & 1\end{bmatrix}$.

三、求解矩阵方程

含未知矩阵的方程称为**矩阵方程**. 例如,$\boldsymbol{AX}=\boldsymbol{B}$,其中 $\boldsymbol{X}$ 为未知矩阵.

这里仅讨论 $\boldsymbol{A},\boldsymbol{X},\boldsymbol{B}$ 均为方阵,且 $\boldsymbol{A}$ 可逆的情形. 对于 $\boldsymbol{AX}=\boldsymbol{B}$,方程两边同时左乘 $\boldsymbol{A}^{-1}$,得 $\boldsymbol{X}=\boldsymbol{A}^{-1}\boldsymbol{B}$. 由前面的讨论知

$$[\boldsymbol{A} \vdots \boldsymbol{B}]\xrightarrow{\text{初等行变换}}[\boldsymbol{E} \vdots \boldsymbol{A}^{-1}\boldsymbol{B}].$$

例 4 解矩阵方程

$$\begin{bmatrix}1 & 2\\ 2 & 5\end{bmatrix}\boldsymbol{X}=\begin{bmatrix}1 & 0\\ 0 & 1\end{bmatrix}.$$

解 因为 $[\boldsymbol{A} \vdots \boldsymbol{B}]=\begin{bmatrix}1 & 2 & 1 & 0\\ 2 & 5 & 0 & 1\end{bmatrix}\xrightarrow{r_2+(-2)r_1}\begin{bmatrix}1 & 2 & 1 & 0\\ 0 & 1 & -2 & 1\end{bmatrix}\xrightarrow{r_1+(-2)r_2}\begin{bmatrix}1 & 0 & 5 & -2\\ 0 & 1 & -2 & 1\end{bmatrix}$,

所以
$$\boldsymbol{X}=\begin{bmatrix}5 & -2\\ -2 & 1\end{bmatrix}.$$

习题 9-8(A)

1. 求解线性方程组 $\begin{cases}3x_1+4x_2-4x_3+2x_4=-3,\\ 6x_1+5x_2-2x_3+3x_4=-1,\\ 9x_1+3x_2+8x_3+5x_4=9,\\ -3x_1-7x_2-10x_3+x_4=2.\end{cases}$

2. 利用初等变换求下列矩阵的逆矩阵：

(1) $\begin{bmatrix}1 & 2 & 2\\ 2 & 1 & -2\\ 2 & -2 & 1\end{bmatrix}$；　　(2) $\begin{bmatrix}1 & 2 & 3 & 4\\ 2 & 3 & 1 & 2\\ 1 & 1 & 1 & -1\\ 1 & 0 & -2 & -6\end{bmatrix}$.

3. 试用初等变换解矩阵方程：

(1) $\begin{bmatrix}1 & -2 & 0\\ 1 & -2 & -1\\ -3 & 1 & 2\end{bmatrix}\boldsymbol{X}=\begin{bmatrix}-1 & 4\\ 2 & 5\\ 1 & -3\end{bmatrix}$；　　(2) $\boldsymbol{X}+\begin{bmatrix}2 & 5\\ 1 & 3\end{bmatrix}\boldsymbol{X}=\begin{bmatrix}4 & -6\\ 2 & 1\end{bmatrix}$.

习题 9-8(B)

1. 求解线性方程组$\begin{cases}x_1-2x_2+x_3=0,\\ 2x_1-3x_2+x_3=-4,\\ 4x_1-3x_2-2x_3=-2,\\ 3x_1-2x_3=-42.\end{cases}$

2. 利用初等变换求下列矩阵的逆矩阵：

(1) $\begin{bmatrix}1 & 3 & 1\\ 2 & 2 & 1\\ 3 & 4 & 2\end{bmatrix}$；　　(2) $\begin{bmatrix}1 & 1 & 1 & 1\\ 1 & 2 & 1 & 1\\ 1 & 2 & 2 & 1\\ 1 & 2 & 2 & 2\end{bmatrix}$.

3. 试用初等变换解矩阵方程：

(1) $\begin{bmatrix}1 & 1 & 2\\ 1 & 2 & 2\\ 1 & 2 & 3\end{bmatrix}\boldsymbol{X}=\begin{bmatrix}2 & -3\\ 1 & 5\\ 3 & 6\end{bmatrix}$；

(2) $\boldsymbol{AX}+\boldsymbol{B}=\boldsymbol{X}$，其中 $\boldsymbol{A}=\begin{bmatrix}4 & 1 & 2\\ 3 & 2 & 1\\ 5 & -3 & 2\end{bmatrix}$，$\boldsymbol{B}=\begin{bmatrix}1 & 2 & 2\\ 2 & 1 & 2\\ 1 & 2 & 3\end{bmatrix}$.

本章内容小结

1. 本章的重点是计算行列式，要熟练掌握计算行列式的各种方法和技巧. 而行列式的计算主要是利用行列式的性质. 因此，本章的重点在于掌握行列式的性质及其运用.

2. 排列及其逆序数主要是在行列式定义和计算中用到，要清楚排列逆序的定义和计算方法.

3. 二阶行列式和三阶行列式是最简单的行列式，要熟练掌握二阶行列式和三阶行列式的对角线法则.

4. 掌握 n 阶行列式的定义及其等价定义.

5. 行列式的性质是本章的重点，要熟练掌握利用行列式的性质进行 n 阶行列式的计算.

6. 行列式按行(或列)展开的方法.

7. 矩阵的运算主要包括:矩阵相等、矩阵的加(减)法、数与矩阵的乘法、矩阵的乘法、矩阵的转置等，学习这部分内容要注意各种运算满足的条件.

8. 逆矩阵的求法:(1) $\boldsymbol{A}^{-1}=\frac{1}{|\boldsymbol{A}|}\boldsymbol{A}^*$;(2) 利用初等行变换:$[\boldsymbol{A}\vdots\boldsymbol{E}]\to[\boldsymbol{E}\vdots\boldsymbol{A}^{-1}]$.

9. 初等变换的应用:(1) 求解线性方程组;(2) 求逆矩阵;(3) 求解矩阵方程.

10. 一个含 n 个未知数、n 个方程的线性方程组，当系数行列式不为零时，有以下三种解法:(1) 克莱姆法则;(2) 逆矩阵;(3) 高斯消元法. 当系数行列式为零时，(1)和(2)两种解法失效.

自测题九

一、选择题

1. 若行列式 $\begin{vmatrix} 2 & -1 & 0 \\ 1 & x & -2 \\ 3 & -1 & 2 \end{vmatrix}=0$，则 x 的值为 (　　)

A. -2　　B. 2　　C. -1　　D. 1

2. n 阶行列式 $\begin{vmatrix} 0 & 0 & \cdots & 0 & 1 \\ 0 & 0 & \cdots & 1 & 0 \\ \vdots & \vdots & & \vdots & \vdots \\ 0 & 1 & \cdots & 0 & 0 \\ 1 & 0 & \cdots & 0 & 0 \end{vmatrix}$ 的值为 (　　)

A. $(-1)^n$　　B. $(-1)^{\frac{1}{2}n(n-1)}$　　C. $(-1)^{\frac{1}{2}n(n+1)}$　　D. 1

3. 设 $\boldsymbol{A}$ 是三角矩阵，若主对角线上元素(　　)，则 $\boldsymbol{A}$ 可逆. (　　)

A. 全都为 0　　B. 可以有 0 元素

C. 不全为 0　　D. 全不为 0

4. 计算 $\begin{vmatrix} a_1 & 0 & b_1 & 0 \\ 0 & c_1 & 0 & d_1 \\ a_2 & 0 & b_2 & 0 \\ 0 & c_2 & 0 & d_2 \end{vmatrix}$ 等于 (　　)

A. $a_1c_1b_2d_2-a_2b_1c_2d_1$　　B. $(a_2b_2-a_1b_1)(c_2d_2-c_1d_1)$

C. $a_1a_2b_1b_2c_1c_2d_1d_2$　　D. $(a_1b_2-a_2b_1)(c_1d_2-c_2d_1)$

5. 设行列式 $D=\begin{vmatrix} a_1 & b_1 & c_1 \\ a_2 & b_2 & c_2 \\ a_3 & b_3 & c_3 \end{vmatrix}$，则 $\begin{vmatrix} c_1 & b_1+2c_1 & a_1+2b_1+3c_1 \\ c_2 & b_2+2c_2 & a_2+2b_2+3c_2 \\ c_3 & b_3+2c_3 & a_3+2b_3+3c_3 \end{vmatrix}=$ (　　)

A. $-D$　　B. D　　C. $2D$　　D. $-2D$

6. 若行列式$\begin{vmatrix} a_{11} & a_{12} & a_{13} \\ a_{21} & a_{22} & a_{23} \\ a_{31} & a_{32} & a_{33} \end{vmatrix}=d$,则$\begin{vmatrix} 3a_{31} & 3a_{32} & 3a_{33} \\ 2a_{21} & 2a_{22} & 2a_{23} \\ -a_{11} & -a_{12} & -a_{13} \end{vmatrix}=$ ( )

A. $-6d$ B. $6d$ C. $4d$ D. $-4d$

二、填空题

1. 四阶行列式$\begin{vmatrix} 10 & 8 & 5 & 1 \\ 9 & 6 & 2 & 0 \\ 7 & 3 & 0 & 0 \\ 4 & 0 & 0 & 0 \end{vmatrix}=$________.

2. 设$\boldsymbol{A},\boldsymbol{B}$均为$n$阶方阵,若$\boldsymbol{AB}=\boldsymbol{E}$,则$\boldsymbol{A}^{-1}=$________,$\boldsymbol{B}^{-1}=$________.

3. 在四阶行列式D中,项$a_{41}a_{12}a_{33}a_{24}$前面应取的符号是________.

4. 已知行列式$D=-5$,则$D^{\mathrm{T}}=$________.

5. 若在n阶行列式中等于零的元素个数超过n^2-n+1个,则这个行列式的值等于________.

6. n阶行列式A的值为c,若将A的第一列移到最后一列,其余各列依次保持原来的次序向左移动,则得到的行列式的值为________.

7. n阶行列式A的值为c,若将A的所有元素改变符号,则得到的行列式的值为________.

8. 若$\boldsymbol{A}$是对称矩阵,则$\boldsymbol{A}^{\mathrm{T}}-\boldsymbol{A}=$________.

三、计算题

1. 利用对角线法则计算下列三阶行列式:

(1) $\begin{vmatrix} 2 & 0 & 1 \\ 1 & -4 & -1 \\ -1 & 8 & 3 \end{vmatrix}$; (2) $\begin{vmatrix} a & b & c \\ b & c & a \\ c & a & b \end{vmatrix}$;

(3) $\begin{vmatrix} 1 & 1 & 1 \\ a & b & c \\ a^2 & b^2 & c^2 \end{vmatrix}$; (4) $\begin{vmatrix} 3 & 1 & 1 \\ 297 & 101 & 99 \\ 5 & -3 & 2 \end{vmatrix}$.

2. 计算下列各行列式:

(1) $\begin{vmatrix} 4 & 1 & 2 & 4 \\ 1 & 2 & 0 & 0 \\ 1 & 1 & 4 & 0 \\ 1 & 0 & 0 & 0 \end{vmatrix}$; (2) $\begin{vmatrix} 3 & 1 & -1 & 2 \\ -5 & 1 & 3 & -4 \\ 2 & 0 & 1 & -1 \\ 1 & -5 & 3 & -3 \end{vmatrix}$;

(3) $\begin{vmatrix} 4 & 1 & 1 & 1 \\ 1 & 4 & 1 & 1 \\ 1 & 1 & 4 & 1 \\ 1 & 1 & 1 & 4 \end{vmatrix}$; (4) $\begin{vmatrix} 2 & 1 & -1 & 2 \\ -4 & 2 & 3 & 4 \\ 2 & 0 & 1 & -1 \\ 1 & 5 & 3 & -3 \end{vmatrix}$;

(5) $\begin{vmatrix} a^2 & ab & b^2 \\ 2a & a+b & 2b \\ 1 & 1 & 1 \end{vmatrix}$；

(6) $\begin{vmatrix} 2 & 4 & 6 & 8 & 10 \\ 1 & -1 & 0 & 0 & 0 \\ 0 & 2 & -2 & 0 & 0 \\ 0 & 0 & 3 & -3 & 0 \\ 0 & 0 & 0 & 4 & -4 \end{vmatrix}$.

3. 设 $\boldsymbol{A}=\begin{bmatrix} 1 & 2 & 0 & 1 \\ 2 & -1 & -1 & 4 \\ 0 & -2 & 0 & -1 \\ 1 & 4 & 3 & 1 \end{bmatrix}$，$\boldsymbol{B}=\begin{bmatrix} 1 & 1 \\ 2 & -1 \\ 0 & 1 \\ 1 & -2 \end{bmatrix}$，求$(\boldsymbol{E}-\boldsymbol{A})\boldsymbol{B}$.

4. 求下列矩阵的逆矩阵：

(1) $\begin{bmatrix} 1 & 2 & -1 \\ 3 & 5 & 0 \\ -1 & 0 & 0 \end{bmatrix}$；

(2) $\begin{bmatrix} 1 & 0 & 0 & 0 \\ 0 & 2 & 1 & 0 \\ 0 & 3 & 2 & 0 \\ 0 & 0 & 0 & -4 \end{bmatrix}$.

5. 解下列方程组：

(1) $\begin{cases} 2x_1-5x_2+3x_3+2x_4=1, \\ 5x_1-8x_2+5x_3+4x_4=3; \end{cases}$

(2) $\begin{cases} x_1+2x_2-x_3+4x_4=2, \\ 2x_1+5x_2+x_3+x_4=1, \\ x_1+x_2-4x_3+11x_4=5; \end{cases}$

(3) $\begin{cases} -3x_1-2x_2-2x_3=1, \\ x_1+x_2+x_3=-1, \\ 3x_2+x_3=-4, \\ x_1+2x_3=1; \end{cases}$

(4) $\begin{cases} -x_1-2x_2+x_3+4x_4=0, \\ 2x_1+3x_2-4x_3-5x_4=0, \\ x_1-4x_2-13x_3+14x_4=0, \\ x_1-x_2-7x_3+5x_4=0. \end{cases}$

第 10 章 概率与数理统计初步

概率论与数理统计是研究随机现象客观规律性的数学学科，它是现代数学的重要分支. 近年来，随着科技的迅猛发展，概率论与数理统计在经济、教育、环境污染、政治、社会科学、心理学等多方面发挥着越来越大的作用.

本章主要介绍概率的基本概念与运算法则、随机变量的分布及其数字特征、统计量和统计特征数、参数估计、假设检验、一元与多元线性回归等.

§10-1 随机事件

一、随机现象

在生产实践、科学实验和实际生活中，我们常会观察到两类不同的现象. 一类是：在一定条件下，必然会出现确定的结果，这类现象称为**确定性现象**. 例如，向空中抛一物体必然落回地面；积压流动资金必然会损失利息；在一批合格的产品中任取一件，必定不是废品等，都属于这种现象. 另一类是：在一定的条件下，具有多种可能发生的结果，事先不能确定哪一种结果将会发生，这类现象称为**随机现象**. 例如，向上抛一枚硬币，抛掷前我们无法确定落下后哪面向上；在一个装有红、白两种球的口袋中，任意取一只球，取出的可能是红球，也可能是白球；某人进行射击，在射击之前无法确定弹着点的确切位置等，都属于随机现象.

从表面上看，随机现象出现的结果是无法预知的，但在大量观察或多次重复试验后，其结果往往呈现出某种规律性. 例如，在相同条件下，多次投掷质量均匀的一枚硬币，每次虽不知道哪一面朝上，但最终发现正面朝上的次数约占总投掷次数的一半. 这种在大量重复试验或观察中所呈现的规律性称为统计规律性. 概率论与数理统计就是研究和揭示随机现象统计规律性的一门数学学科，随机现象是概率论与数理统计研究的主要对象.

二、随机事件

从广泛意义上讲，对某种自然现象或社会现象的一次观测，或者进行的一次科学试验，统称为一个试验. 如果一个试验具有下列特征：

(1) 可重复性——试验可以在相同条件下重复进行；

(2) 一次试验结果的随机性——在一次试验中可能出现各种不同的结果，预先无法断定；

(3) 全部试验结果的可知性——所有可能的试验结果预先是可知的.

我们把这样的试验称为**随机试验**，简称**试验**，记作 E.

随机试验 E 的每一个可能出现的基本结果称为一个**样本点**，用字母 ω 表示. 而试验 E 所有可能的基本结果的集合称为试验 E 的**样本空间**，用字母 Ω 表示. 换句话说，即样本空间就是样本点的全体构成的集合，样本空间的元素就是试验 E 的每个可能的基本结果.

通俗地讲，在一次试验中可能发生也可能不发生的结果，统称为**随机事件**，通常用英文字母 $A,B,C,\cdots$ 或 $A_1,A_2,\cdots$ 表示.

例如，已知一批产品共 30 件，其中正品 26 件，次品 4 件，进行从中一次取出 5 件观察次品数的试验，则 $A_i=\{$恰有 i 件次品$\}$ $(i=0,1,2,3,4)$，$B=\{$最多有 3 件次品$\}$，$C=\{$正品不超过 2 件$\}$等都是随机事件，它们在一次试验中可能发生也可能不发生.

实际上，在建立了随机试验的样本空间后，随机事件可以用样本空间的子集来表示. 例如，上述试验的样本空间 $\Omega=\{0,1,2,3,4\}$，上述随机事件可以表示为 $A_i=\{i\}(i=0,1,2,3,4)$，$B=\{0,1,2,3\}$，$C=\{3,4\}$.

因此，在理论上，我们称试验 E 所对应的样本空间 Ω 的子集为 E 的**随机事件**，简称**事件**. 在一次试验中，当这一子集中的一个样本点出现时，就称这一事件发生. 例如，在上述试验中考察随机事件 B，一次取出 5 件产品，无论取到 1 件次品、2 件次品、3 件次品，还是没有取到次品，都称在这一次试验中事件 B 发生了.

样本空间 Ω 的仅包含一个样本点 ω 的单点子集 $\{\omega\}$ 也是一种随机事件，这种事件称为**基本事件**. 由若干个基本事件复合而成的事件称为**复合事件**. 例如，上述试验中，事件 $A_i(i=0,1,2,3,4)$ 都是基本事件，而事件 B,C 都是复合事件.

样本空间 Ω 包含所有的样本点，它是 Ω 自身的子集，在每次试验中它总是发生的，称为**必然事件**，仍记为 Ω. 空集 $\varnothing$ 不包含任何样本点，它也是样本空间 Ω 的子集，在每次试验中都不发生，称为**不可能事件**. 必然事件和不可能事件在不同的试验中有不同的表达方式. 例如，在上述试验中，事件$\{$次品数不大于 4$\}$就是必然事件，事件$\{$正品数为 0$\}$就是不可能事件.

综上所述，随机事件可以有不同的表示方式：一种是直接用语言描述，同一事件可有不同的描述；另一种是用样本空间的子集表示，此时需理解它所表达的实际含义.

例 1 将一颗质量均匀的骰子随机地抛掷两次，观察两次出现的点数，则样本空间 $\Omega=\{(1,1),(1,2),\cdots,(6,6)\}$，共有 36 个样本点. 这一试验还可以考虑 $A=\{$两次出现点数之积为 4$\}=\{(1,4),(2,2),(4,1)\}$，$B=\{$两次出现点数相差大于 4$\}=\{(1,6),(6,1)\}$等事件.

例 2 在一批灯泡中，任取一只测试其使用寿命，则样本空间 $\Omega=\{t\mid t\geqslant 0\}$. 这一试验中还可以考虑 $A=\{$灯泡使用寿命大于 500 h$\}=\{t\mid t>500\}$，$B=\{$灯泡使用寿命小于 1000 h$\}=\{t\mid t<1000\}$等事件.

三、事件的关系与运算

在一个样本空间中，一般会存在多个事件，这些事件之间有什么关系？一些较复杂的事件怎样分解成简单事件？所有这些将对计算事件发生的概率起到重要作用，为此，我们需要了解事件之间的关系与运算.

1. 事件的关系

(1) 事件的包含与相等.

若事件 A 发生必然导致事件 B 发生，则称事件 B 包含事件 A，或称事件 A 包含在事件 B 中，记作 $B\supset A$ 或 $A\subset B$.

显然有：$\varnothing \subset A \subset \Omega$.

例如，A＝{灯泡使用寿命大于 500 小时}$=\{t \mid t>500\}$，B＝{灯泡使用寿命大于 200 小时}$=\{t \mid t>200\}$，则 $B \supset A$.

若 $B \supset A$ 且 $A \supset B$，则称事件 A 与事件 B **相等**，记作 $A=B$.

(2) 事件的和(或并).

称事件"A,B 中至少有一个发生"为事件 A 与事件 B 的和事件，也称 A 与 B 的并，记作 $A \cup B$ 或$A+B$. 事件 $A \cup B$ 发生意味着：或事件 A 发生，或事件 B 发生，或事件 A 和 B 都发生.

显然有：① $A \subset A \cup B$，$B \subset A \cup B$；② 若 $A \subset B$，则 $A \cup B=B$.

(3) 事件的积(或交).

称事件"A,B 同时发生"为事件 A 与事件 B 的积事件，也称 A 与 B 的交，记作 $A \cap B$ 或者 AB. 事件 AB 意味着事件 A 发生且事件 B 也发生.

显然有：① $AB \subset A$，$AB \subset B$；② 若 $A \subset B$，则 $AB=A$.

(4) 事件的差.

称事件"A 发生而 B 不发生"为事件 A 与事件 B 的差事件，记作 $A-B$.

显然有：① $A-B \subset A$；② 若 $A \subset B$，则 $A-B=\varnothing$.

(5) 互不相容事件.

若事件 A 与事件 B 不能同时发生，即 $AB=\varnothing$，则称事件 A 与事件 B 是互不相容的两个事件，简称 A 与 B 互不相容(或互斥). 对于 n 个事件 $A_1, A_2, \cdots, A_n$，如果它们两两之间互不相容，则称事件 $A_1, A_2, \cdots, A_n$ 互不相容.

(6) 对立事件.

称事件"A 不发生"为事件 A 的对立事件(或余事件，或逆事件)，记作 $\overline{A}$.

若 $\overline{A}=B$，则 $\overline{B}=A$，即若 B 是 A 的对立事件，则 A 也是 B 的对立事件，A 与 B 互为对立事件. 一般地，若事件 A 与事件 B 中至少有一个发生，且 A 与 B 互不相容，即 $A \cup B=\Omega$，$AB=\varnothing$，则称 A 与 B 互为对立事件.

显然有：① $\overline{\overline{A}}=A$；② $\overline{\Omega}=\varnothing$，$\overline{\varnothing}=\Omega$；③ $A-B=A\overline{B}=A-AB$.

注意　若 A 与 B 互为对立事件，则 A 与 B 互不相容，但反过来不一定成立.

图 10-1～图 10-6 可直观地表示以上事件之间的关系与运算. 图中矩形区域表示样本空间 Ω，圆域 A 与 B 分别表示事件 A 与 B.

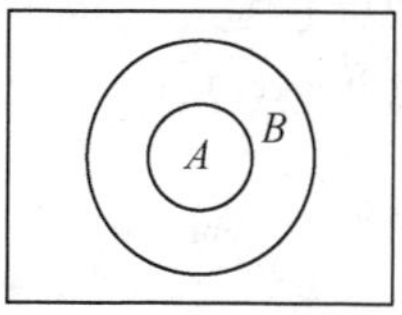

$A \subset B$

图 10-1

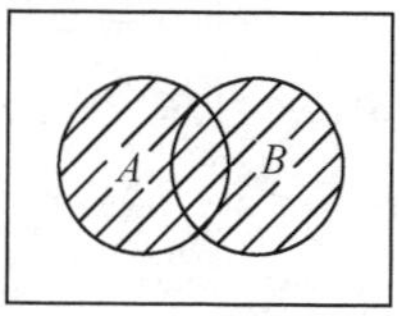

$A \cup B$

图 10-2

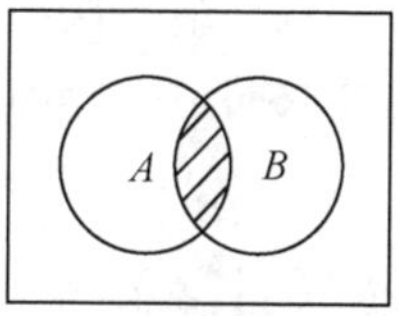

$A \cap B$

图 10-3

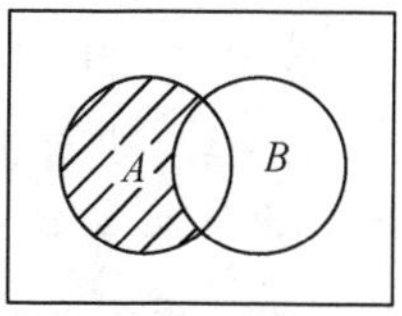

$A-B$

图 10-4

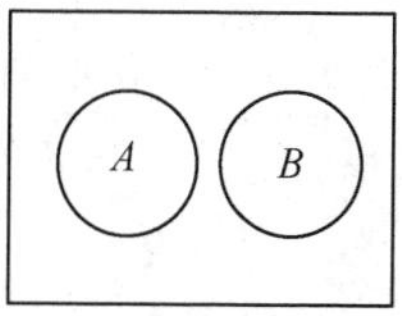

$A \cap B=\varnothing$

图 10-5

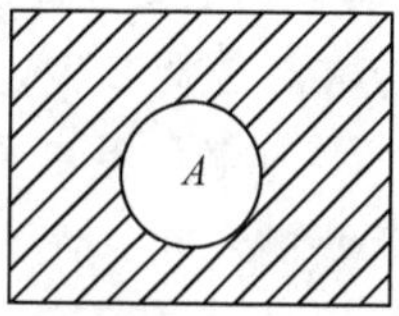

$\overline{A}$

图 10-6

2. 事件的运算

在进行事件的运算时，经常要用到下述运算律. 设 A,B,C 为事件，则有：

(1) 交换律：$A\cup B=B\cup A, A\cap B=B\cap A$.

(2) 结合律：$A\cup(B\cup C)=(A\cup B)\cup C, A\cap(B\cap C)=(A\cap B)\cap C$.

(3) 分配律：$A\cap(B\cup C)=(A\cap B)\cup(A\cap C), A\cup(B\cap C)=(A\cup B)\cap(A\cup C)$.

(4) 对偶律(德・摩根公式)：$\overline{A\cup B}=\overline{A}\cap\overline{B}, \overline{A\cap B}=\overline{A}\cup\overline{B}$.

其中分配律和对偶律可以推广到有限多个事件的情形：

$$A\cap\left(\bigcup_{i=1}^{n}A_i\right)=\bigcup_{i=1}^{n}(A\cap A_i), A\cup\left(\bigcap_{i=1}^{n}A_i\right)=\bigcap_{i=1}^{n}(A\cup A_i), \overline{\bigcup_{i=1}^{n}A_i}=\bigcap_{i=1}^{n}\overline{A_i}, \overline{\bigcap_{i=1}^{n}A_i}=\bigcup_{i=1}^{n}\overline{A_i}.$$

例 3 设 A,B,C 分别表示三个事件，试表示下列事件：

(1) A 发生，而 B 与 C 都不发生；

(2) A,B,C 都不发生；

(3) A,B,C 中恰有一个发生；

(4) A,B,C 中不多于 1 个发生.

解 (1) $A\overline{B}\overline{C}$ 或 $A(\overline{B\cup C})$；(2) $\overline{A}\overline{B}\overline{C}$ 或 $\overline{A\cup B\cup C}$；(3) $A\overline{B}\overline{C}\cup\overline{A}B\overline{C}\cup\overline{A}\overline{B}C$；

(4) $A\overline{B}\overline{C}\cup\overline{A}B\overline{C}\cup\overline{A}\overline{B}C\cup\overline{A}\overline{B}\overline{C}$.

例 4 一个货箱中装有 12 只同类型的产品，其中 3 只是一等品，9 只是二等品，从中随机地抽取两次，每次任取一只，$A_i(i=1,2)$表示第 i 次抽取的是一等品，试用 $A_i(i=1,2)$表示下列事件：

(1) $B=\{$两只都是一等品$\}$；

(2) $C=\{$两只都是二等品$\}$；

(3) $D=\{$一只是一等品，另一只是二等品$\}$；

(4) $E=\{$第二次抽取的是一等品$\}$.

解 由题意，$A_i=\{$第 i 次抽取的是一等品$\}$，故$\overline{A_i}=\{$第 i 次抽取的是二等品$\}$.

(1) 事件 B 表示 A_1, A_2 同时发生，故 $B=A_1A_2$；

(2) 事件 C 表示$\overline{A_1}, \overline{A_2}$同时发生，故 $C=\overline{A_1}\ \overline{A_2}$；

(3) 事件 D 表示“第一次抽取的是一等品，第二次抽取的是二等品”“第一次抽取的是二等品，第二次抽取的是一等品”这两个事件至少有一个发生，故 $D=(A_1\overline{A_2})\cup(\overline{A_1}A_2)$；

(4) 事件 E 表示“第一次抽取的是一等品，第二次抽取的也是一等品”“第一次抽取的是二等品，第二次抽取的是一等品”这两个事件至少有一个发生，故 $E=(A_1A_2)\cup(\overline{A_1}A_2)$.

习题 10-1(A)

1. 指出下列事件中哪些是必然事件，哪些是不可能事件.

(1) 某商店有男店员 2 人，女店员 8 人，任意抽调 3 人去做其他工作，事件 $A=\{$3 个都是女店员$\}$，$B=\{$3 个都是男店员$\}$，$C=\{$至少有 1 个男店员$\}$，$D=\{$至少有 1 个女店员$\}$；

(2) 一批产品中只有 2 件次品，现从中任取 3 件，事件 $A=\{$3 件都是次品$\}$，$B=\{$至少有 1 件正品$\}$，$C=\{$至多有 1 件正品$\}$，$D=\{$恰有 2 件次品和 1 件正品$\}$.

2. 指出下列各组事件的包含关系：

(1) $A=\{$天晴$\}$，$B=\{$天不下雨$\}$；

(2) $C=\{$某动物活到10岁$\}$，$D=\{$某动物活到20岁$\}$；

(3) $E=\{$甲、乙、丙三人任意排成一列，甲在中间$\}$，$F=\{$甲、乙、丙三人任意排成一列，甲不在排头$\}$.

3. 试述下列事件的对立事件：

(1) $A=\{$抽到的3件产品均为正品$\}$；

(2) $B=\{$甲、乙两人下象棋，甲胜$\}$；

(3) $C=\{$抛掷一颗骰子，出现偶数点$\}$.

4. 试用事件 A，B 表示下列事件：

(1) A 发生，B 不发生；

(2) A，B 至少有一个不发生；

(3) A，B 同时不发生；

(4) A 发生必然导致 B 发生，且 B 发生必然导致 A 发生.

习题 10-1(B)

1. 写出下列随机试验的样本空间：

(1) 10只产品中只有3只是次品，每次从中任取1只，取后不放回，直到3只次品都取出为止，观察可能抽取的次数.

(2) 逐个试制某种产品，直至得到10件合格品，观察可能试制的总件数.

(3) 某地铁站每隔5分钟有一列车通过，乘客对于列车通过该站的时间完全不知道，观察乘客候车的时间 t.

(4) 袋中有编号为1，2，3，4的乒乓球4个，并知道编号是1，2的球是红色的，其他球是白色的，从中任意取两个球. ① 观察取出的两个球的颜色；② 观察取出的两个球的编号.

2. 从红、黄、蓝三种颜色至少各2个的一批球中，任取一球，取后不放回，共取两次，试写出其样本空间，并用集合表示下列事件：$A=\{$第一次取出的球是红球$\}$，$B=\{$两次取得不同颜色的球$\}$.

3. 设 A，B，C 是样本空间 Ω 中的事件，其中 $\Omega=\{x\mid 0\leqslant x\leqslant 20\}$，$A=\{x\mid 0\leqslant x\leqslant 5\}$，$B=\{x\mid 3\leqslant x\leqslant 10\}$，$C=\{x\mid 7\leqslant x\leqslant 15\}$，试求下列事件：

(1) $A\cup B$；(2) $\overline{A}$；(3) $A\overline{B}$；(4) $A\cup(BC)$；(5) $A\cup(B\overline{C})$.

4. 一个工人加工了4个零件，设 A_i 表示第 i 个零件是合格品，试用 A_1，A_2，A_3，A_4 表示下列事件：

(1) 没有一个零件是不合格品；

(2) 至少有一个零件是不合格品；

(3) 只有一个零件是不合格品.

5. A，B，C 为一次试验中的三个事件，试用 A，B，C 表示下列事件：

(1) A，B 中至少有一个发生；

(2) A,B,C 中至少有一个不发生；

(3) A,B,C 中至多有一个发生.

6. 某仪器由三个元件组成，用 $A_i(i=1,2,3)$ 表示事件“第 i 个元件合格”，试用 A_i 表示事件 A,B,C,D，其中 $A=\{$仪器合格$\}$，$B=\{$仪器至多有一个元件不合格$\}$，$C=\{$仪器仅有一个元件合格$\}$，$D=\{$仪器至少有一个元件不合格$\}$，并指出 A,B,C,D 中哪些有包含关系，哪些有互不相容关系，哪些有对立关系.

§10-2 事件的概率

对于一个事件来说，它在一次试验中可能发生，也可能不发生. 我们常常希望知道随机事件在一次试验中发生的可能性究竟有多大，并希望寻求一个合适的数来表示这种可能性的大小，这个数量指标就称为事件的概率.

在概率的发展史上，人们根据所研究的问题的性质，提出了许多定义事件概率的方法.

一、概率的统计定义

在相同的条件下进行 n 次重复试验，事件 A 发生的次数 m 称为事件 A 发生的频数；m 与 n 的比值称为事件 A 发生的**频率**，记作 $f_n(A)$，即 $f_n(A)=\dfrac{m}{n}$.

显然，任何随机事件发生的频率是一个介于 0 与 1 之间的数. 历史上有很多人曾经做过抛硬币的试验，其结果如下表所示.

表 10-1

抛掷次数(n)	正面向上的次数(频数 m)	频率$\left(\dfrac{m}{n}\right)$
2048	1061	0.5181
4040	2048	0.5069
12000	6019	0.5016
24000	12012	0.5005

从表中数字可以看出，随着抛掷次数 n 的增大，出现正面向上的频率逐渐稳定在 0.5.

一般地，当试验次数 n 大量增加时，事件 A 发生的频率 $f_n(A)$ 总会稳定在某个常数 p 附近，这时就把 p 称为事件 A 发生的**概率**，简称事件 A 的概率，记作 $P(A)=p$.

这个定义是用统计事件发生的频率来确定的，故称之为**概率的统计定义**.

二、概率的古典定义

根据概率的统计定义，求得随机事件的概率，一般需要经过大量的重复试验，而事件发生的偶然性，使得频率稳定值的确定十分困难. 在概率论发展史上，首先被人们研究的概率模型出现在较简单的一类随机试验中，这类试验总共只有有限个不同的结果可能出现，并且每种结果出现的机会相等. 例如，抛一颗质地均匀的骰子观察出现的点数，结果只有 6 种，而且每种结果出现的可能性相同.

理论上,具有下面两个特点的随机试验的概率模型称为**古典概型**:

(1) 只有有限个基本事件;

(2) 每个基本事件在一次试验中发生的可能性相同.

在古典概型中,若基本事件的总数为 n,事件 A 包含的基本事件数为 m,则称比值 $\frac{m}{n}$ 为事件 A 发生的概率,这个定义称为**概率的古典定义**,记为 $P(A)=\frac{m}{n}$.

古典概型又称为等可能概型.在实际中,古典概型的例子很多,像袋中摸球、掷骰子、产品检验等,都属于这种类型.

例 1 从 0,1,2,3,4,5,6,7,8,9 这 10 个数字中任意选出 3 个不同的数字,试求 3 个数字中不含 0 和 5 的概率.

解 设 $A=\{3$ 个数字中不含 0 和 $5\}$.从 0,1,2,3,4,5,6,7,8,9 这 10 个数字中任意选出 3 个不同的数字,共有 C_{10}^3 种选法,即基本事件总数 $n=C_{10}^3$. 3 个数字中不含 0 和 5,即从 1,2,3,4,6,7,8,9 这 8 个数字中选,选法有 C_8^3 种,故 A 包含的基本事件数为 $m=C_8^3$,则

$$P(A)=\frac{m}{n}=\frac{C_8^3}{C_{10}^3}=\frac{7}{15}.$$

例 2 已知 6 个零件中有 4 个正品、2 个次品,按下列三种方法检测 2 个零件:

(1) 每次任取 1 个,检测后放回(这类试验方法称为有返回抽样,被抽取的对象称为样品);

(2) 每次任取 1 个,检测后不放回(这类试验方法称为无返回抽样);

(3) 一次任取 2 个,并检测(这类试验方法称为一次抽样).

试分别求事件 $A=\{2$ 个中恰有 1 个次品$\}$的概率.

解 (1) 有返回抽样.

第一次和第二次都有 6 个零件可供抽取,按照乘法原理,样本空间包含的基本事件总数 $n=6\times6=36$.事件 A 包含两种情况:一种是"第一次取正品,第二次取次品";另一种是"第一次取次品,第二次取正品".所以事件 A 包含的基本事件数 $m_A=2C_4^1C_2^1=16$.故按照概率的古典定义得

$$P(A)=\frac{m_A}{n}=\frac{16}{36}=\frac{4}{9}.$$

(2) 无返回抽样.

因为第一次取出的零件不放回袋中,第一次有 6 个零件可供抽取,第二次有 5 个零件可供抽取,所以样本空间包含的基本事件总数 $n=6\times5=30$.而和返回抽样时一样,事件 A 包含的基本事件数 $m_A=2C_4^1C_2^1=16$.按概率的古典定义得

$$P(A)=\frac{m_A}{n}=\frac{16}{30}=\frac{8}{15}.$$

(3) 一次抽样.

被检测的 2 个零件一次取出,无先后次序,相当于从 6 个元素中任取 2 个元素,故基本事件总数为 $n=C_6^2=15$.此时事件 A 包含"两个中一个是正品,一个是次品",它所包含的基本事件数 $m_A=C_4^1C_2^1=8$.按概率的古典定义计算得

$$P(A)=\frac{m_A}{n}=\frac{8}{15}.$$

一般地，可得到下列结论：

(1) 无返回抽样与一次抽样所抽出样品数相同，同一事件在两种试验中的概率相等.

(2) 比较有返回抽样与无返回抽样，同一事件在两种试验中的概率是不同的，但当被抽取的对象总数相对于抽取的样品的数较大时，两者的概率相差不大，这时可把无返回抽样看作有返回抽样.

(3) 抽样问题中的基本事件的计数，常运用排列组合的知识.

三、概率的定义与性质

在概率的发展史中，除上述两种概率的定义外，还有许多其他的定义. 抽去它们针对的不同问题及相应概率的计算方法的实际意义，概括出如下概率的一般定义.

定义 设 Ω 是随机事件 E 的样本空间，对于 E 的每个事件 A 赋予一个实数，记为 $P(A)$，称 $P(A)$ 为事件 A 的概率. 如果它满足下列条件：

(1) $P(A)\geqslant 0$； (1)

(2) $P(\Omega)=1$； (2)

(3) 设 $A_1,A_2,\cdots,A_n$ 是一列互不相容的事件，则 $P(\bigcup\limits_{i=1}^{n}A_i)=\sum\limits_{i=1}^{n}P(A_i)$. (3)

由概率的定义可以推得概率的一些重要性质，此处省略它们的理论证明，有兴趣的读者可参考其他教材.

性质 1 $P(\overline{A})=1-P(A)$. (4)

性质 2 $0\leqslant P(A)\leqslant 1, P(\varnothing)=0$. (5)

性质 3 $P(B-A)=P(B)-P(AB)$. (6)

特别地，当 $A\subset B$ 时，$P(B-A)=P(B)-P(A)$，且 $P(A)\leqslant P(B)$.

上述概率的性质很重要，希望读者掌握并会用它们进行概率的基本运算.

例 3 一射手命中 10 环、9 环、8 环的概率分别为 0.45，0.35，0.1，求：(1)“至少命中 8 环”的概率；(2)“至多命中 7 环”的概率.

解 设 $A_i=\{$命中 i 环$\}(i=8,9,10)$，$B=\{$至少命中 8 环$\}$，$C=\{$至多命中 7 环$\}$. 由题意知 $B=A_8\cup A_9\cup A_{10}$，其中 A_8,A_9,A_{10} 两两互不相容，且 $C=\overline{B}$.

(1) 由公式(3)，得

$$P(B)=P(A_8\cup A_9\cup A_{10})=P(A_8)+P(A_9)+P(A_{10})=0.45+0.35+0.1=0.9;$$

(2) 由公式(4)，得

$$P(C)=P(\overline{B})=1-P(B)=1-0.9=0.1.$$

例 4 设 A 与 B 互不相容，$P(A)=0.5$，$P(B)=0.3$，求 $P(\overline{A}\overline{B})$.

解 $P(\overline{A}\overline{B})=P(\overline{A\cup B})=1-P(A\cup B)=1-[P(A)+P(B)]=1-(0.5+0.3)=0.2.$

习题 10-2(A)

1. 在 9 张数字卡片中，有 5 张正数卡片和 4 张负数卡片，从中任取 2 张，用上面的数字做乘法练习，其积为正数和负数的概率各是多少？

2. 新到价格不同的5种商品，随机放到货架上，求：

(1) 自左至右恰好按价格从大到小的顺序排列的概率；

(2) 价格最高的商品恰好在中间的概率；

(3) 价格最高和最低的商品恰好在两端的概率.

3. 若有某产品50件，其中5件是次品，现从中任取3件，求恰有一件次品的概率.

4. 已知某商品有正品(一等品和二等品)，还有次品，任取一件是一等品的概率是0.75，是二等品的概率是0.24，求从这种商品中任取一件是正品和次品的概率分别是多少.

习题 10-2(B)

1. 假设自行车牌照号码由0～9中的任意7个数字组成，求某人的自行车牌照号码由完全不同的数字组成的概率.

2. 盒子中装有6只同型号的灯泡，其中有2只是二等品，4只是一等品，从中任取两次，每次取1只，设 $A=\{$取到的2只都是二等品$\}$，$B=\{$取到1只一等品，1只二等品$\}$，分别用返回抽样法和无返回抽样法计算 $P(A)$，$P(B)$.

3. 汽车配件厂轮胎库中某型号轮胎20只中混有2只漏气的，现从中任取4只安装在一辆汽车上，求此汽车因轮胎漏气而返工的概率.

4. 一批产品共100只，其中5件是次品，从这批产品中随机地抽取出50件进行质量检查，如果50件中查出的次品不多于1件，则可以认为这批产品是合格的，求这批产品被认为是合格的概率.

§10-3 概率的基本公式

一、加法公式

由上一节公式(3)知，若事件 A 和 B 互不相容，则 $P(A\cup B)=P(A)+P(B)$. 但一般情况下如何求事件 A 与事件 B 的和事件的概率呢？

如图10-7所示，用面积为1的矩形表示必然事件 Ω 的概率，图中两圆形的面积分别表示事件 A，B 的概率，$A\cup B$ 所界定的面积表示事件 $A\cup B$ 的概率. 显然，当 $A\cap B=\varnothing$ 时，$P(A\cup B)=P(A)+P(B)$；而当 $A\cap B\neq\varnothing$ 时，有

$$P(A\cup B)=P(A)+P(B)-P(AB).$$

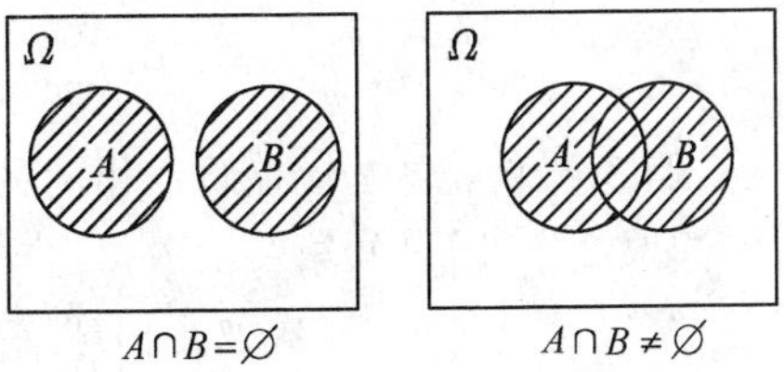

图 10-7

上式称为概率的**加法公式**. 加法公式可推广到有限个事件至少有一个发生的情形. 例如，对于任意事件 A，B，C，有

$$P(A\cup B\cup C)=P(A)+P(B)+P(C)-[P(AB)+P(AC)+P(BC)]+P(ABC).$$

例1 在对某城镇居民消费情况的调查中发现，拥有电脑的家庭占调查家庭的38%，拥

有数码相机的占 25%，至少拥有上述一种产品的占 41%，求同时拥有上述两种产品的家庭所占的百分比.

解 设 $A=\{$拥有电脑$\}$，$B=\{$拥有数码相机$\}$，则

$$P(A)=38\%,P(B)=25\%,P(A\cup B)=41\%.$$

由概率的加法公式，得

$$P(AB)=P(A)+P(B)-P(A\cup B)=38\%+25\%-41\%=22\%.$$

二、条件概率与乘法公式

1. 条件概率

在实际问题中，除了要考虑事件 A 发生的概率外，还要考虑在已知事件 B 发生的条件下，事件 A 发生的概率，称为在事件 B 发生的条件下事件 A 发生的**条件概率**，记作 $P(A|B)$，读作"在条件 B 下，事件 A 的概率".

例如，在一批产品中任取一件，已知是合格品，求它是一等品的概率；在某人群中任选一人，被选中的人为男性，求他是色盲的概率等. 这些都是条件概率问题.

如何求条件概率？如图 10-8 所示，用面积为 1 的矩形表示必然事件 Ω 的概率，圆 B 所界定的面积表示事件 B 发生的概率，则在事件 B 已发生的条件下，有两种情况：一种是事件 A 发生，即 $A\cap B$；另一种是事件 A 不发生，即 $\overline{A}\cap B$. 此时 A 发生的概率 $P(A|B)$，可看成是 $A\cap B$ 界定的面积相对于 B 界定的面积所占的份额，当 $P(B)>0$ 时，有

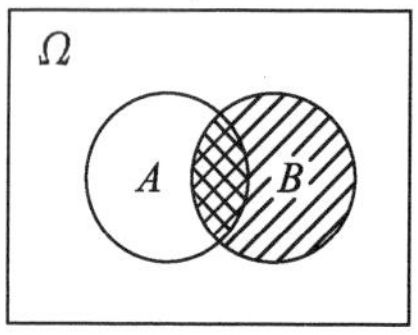

图 10-8

$$P(A|B)=\frac{P(AB)}{P(B)}.$$

上式称为**条件概率公式**.

显然，当 $P(A)>0$ 时，$P(B|A)=\dfrac{P(AB)}{P(A)}$.

计算条件概率有两个基本的方法：(1) 用条件概率公式计算；(2) 在古典概型中利用古典概型的计算方法直接计算.

例 2 在全部产品中有 4%是废品，有 72%为一等品. 现从其中任取一件为合格品，求它是一等品的概率.

解 设 $A=\{$任取一件为合格品$\}$，$B=\{$任取一件为一等品$\}$，则 $P(A)=96\%$，$P(B)=72\%$. 注意到 $B\subset A$，有 $P(AB)=P(B)=72\%$. 所以，所求概率

$$P(B|A)=\frac{P(AB)}{P(A)}=\frac{72\%}{96\%}=0.75.$$

例 3 在一袋中装有质地相同的 4 个红球、6 个白球，每次从中任取 1 个球，取后不放回，连取 2 个球，已知第一次取得白球，问第二次取得白球的概率是多少？

解 设 $A_i=\{$第 i 次取得白球$\}(i=1,2)$，根据题意，所求的概率为 $P(A_2|A_1)$.

解法 1 事件 A_1 发生后，袋中只剩 9 个球，其中有 5 个白球. 因此，在条件 A_1 下，事件 A_2 发生的概率就是从 10 个球中取出 1 个白球后，在剩下的 4 个红球、5 个白球中任取 1 个，取得白球的概率，所以 $P(A_2|A_1)=\dfrac{5}{9}$.

解法 2　因为 $P(A_1)=\frac{6}{10}=\frac{3}{5}$，$P(A_1A_2)=\frac{A_6^2}{A_{10}^2}=\frac{1}{3}$，所以

$$P(A_2|A_1)=\frac{P(A_1A_2)}{P(A_1)}=\frac{\frac{1}{3}}{\frac{3}{5}}=\frac{5}{9}.$$

2. 乘法公式

由条件概率公式，得

$$P(AB)=P(B)P(A|B)(P(B)>0)$$

或

$$P(AB)=P(A)P(B|A)(P(A)>0).$$

上式称为概率的**乘法公式**.

概率的乘法公式可推广到有限个事件交的情形.

设有 n 个事件 $A_1,A_2,\cdots,A_n$ 满足 $P(A_1A_2\cdots A_{n-1})>0$，则

$$P(A_1A_2\cdots A_n)=P(A_1)P(A_2|A_1)P(A_3|A_1A_2)\cdots P(A_n|A_1A_2\cdots A_{n-1}).$$

当 $n=3$ 时，$P(A_1A_2A_3)=P(A_1)P(A_2|A_1)P(A_3|A_1A_2)$.

例 4　一筐中有 8 只乒乓球，其中 4 只新球、4 只旧球，新球用过后就视为旧球，每次使用时随意取 1 只，用后放回筐中，求第三次所用球才是旧球的概率.

解　设 $A_i=\{$第 i 次用新球$\}(i=1,2,3)$，则所求概率为 $P(A_1A_2\overline{A_3})$，由乘法公式得

$$P(A_1A_2\overline{A_3})=P(A_1)P(A_2|A_1)P(\overline{A_3}|A_1A_2)=\frac{4}{8}\times\frac{3}{8}\times\frac{6}{8}=\frac{9}{64}.$$

三、全概率公式与贝叶斯公式

定义 1　设事件 $H_1,H_2,\cdots,H_n$ 满足如下两个条件：

(1) $H_1,H_2,\cdots,H_n$ 互不相容，且 $P(H_i)>0,i=1,2,\cdots,n$；

(2) $H_1\cup H_2\cup\cdots\cup H_n=\Omega$，即 $H_1,H_2,\cdots,H_n$ 至少有一个发生.

则称 $H_1,H_2,\cdots,H_n$ 为样本空间 Ω 的一个划分.

当 $H_1,H_2,\cdots,H_n$ 为 Ω 的一个划分时，每次试验有且只有其中的一个事件发生.

设随机试验对应的样本空间为 Ω，$H_1,H_2,\cdots,H_n$ 为 Ω 的一个划分，A 是任意一个事件，则 $A=A\Omega=A(\bigcup_{i=1}^{n}H_i)=\bigcup_{i=1}^{n}AH_i$. 由于 $H_1,H_2,\cdots,H_n$ 互不相容，而 $AH_i\subset H_i$，故 $AH_1,AH_2,\cdots,AH_n$ 也互不相容，所以

$$P(A)=P(\bigcup_{i=1}^{n}AH_i)=\sum_{i=1}^{n}P(AH_i)=\sum_{i=1}^{n}P(H_i)P(A|H_i).$$

上式称为**全概率公式**.

全概率公式的直观解释是：一个事件发生的概率，往往可以分解为一组互不相容的事件发生的概率和，然后用乘法公式求解.

例 5　甲箱里有 2 个白球、1 个黑球，乙箱里有 1 个白球、5 个黑球. 今从甲箱中任取1 个球放入乙箱，然后再从乙箱中任取 1 个球，求从乙箱中取得的球为白球的概率.

解　设 $A=\{$从乙箱中取得白球$\}$，$H_1=\{$从甲箱中取出 1 个球为白球$\}$，$H_2=\{$从甲箱中取出 1 个球为黑球$\}$，显然 H_1,H_2 为样本空间的一个划分.

根据题意，得

$$P(H_1)=\frac{2}{3},P(H_2)=\frac{1}{3},P(A|H_1)=\frac{2}{7},P(A|H_2)=\frac{1}{7}.$$

由全概率公式，得

$$P(A)=P(H_1)P(A|H_1)+P(H_2)P(A|H_2)=\frac{2}{3}\times\frac{2}{7}+\frac{1}{3}\times\frac{1}{7}=\frac{5}{21}.$$

例 6 某工厂三个车间共同生产一种产品，三个车间Ⅰ，Ⅱ，Ⅲ所生产的产品分别占该批产品的$\frac{1}{2}$，$\frac{1}{3}$，$\frac{1}{6}$，各车间的不合格品率依次为 0.02，0.03，0.04，试求从该批产品中任取一件为不合格品的概率.

解 设 $H_i=\{$取出的一件为第 i 个车间的产品$\}(i=1,2,3)$，$A=\{$取出的一件产品为不合格品$\}$，显然 H_1,H_2,H_3 为样本空间的一个划分，根据题意，得

$$P(H_1)=\frac{1}{2},P(H_2)=\frac{1}{3},P(H_3)=\frac{1}{6},$$

$$P(A|H_1)=0.02,P(A|H_2)=0.03,P(A|H_3)=0.04.$$

由全概率公式，得

$$\begin{aligned}P(A)&=P(H_1)P(A|H_1)+P(H_2)P(A|H_2)+P(H_3)P(A|H_3)\\&=\frac{1}{2}\times0.02+\frac{1}{3}\times0.03+\frac{1}{6}\times0.04=\frac{2}{75}.\end{aligned}$$

下面介绍贝叶斯公式.

设 $H_1,H_2,\cdots,H_n$ 是样本空间的一个划分，A 是任一事件，且 $P(A)>0$，则

$$P(H_i|A)=\frac{P(AH_i)}{P(A)}=\frac{P(H_i)P(A|H_i)}{P(A)}=\frac{P(H_i)P(A|H_i)}{\sum\limits_{k=1}^{n}P(H_k)P(A|H_k)},i=1,2,\cdots,n.$$

上述公式称为**贝叶斯公式**. 在使用贝叶斯公式时往往先利用全概率公式求出 $P(A)$.

例 7 在例 6 的假设下，若任取一件是不合格品，分别求它是由Ⅰ，Ⅱ，Ⅲ车间生产的概率.

解 由贝叶斯公式，得

$$P(H_1|A)=\frac{P(H_1)P(A|H_1)}{P(A)}=\frac{0.01}{\frac{2}{75}}=\frac{3}{8},$$

$$P(H_2|A)=\frac{P(H_2)P(A|H_2)}{P(A)}=\frac{0.01}{\frac{2}{75}}=\frac{3}{8},$$

$$P(H_3|A)=\frac{P(H_3)P(A|H_3)}{P(A)}=\frac{0.04\times\frac{1}{6}}{\frac{2}{75}}=\frac{1}{4}.$$

四、事件的独立性

条件概率反映了某一事件 B 对另一事件 A 的影响，一般来说，$P(A)$与 $P(A|B)$是不相等的. 但是在某些情况下，事件 B 发生与否对事件 A 不产生影响，即 $P(A)=P(A|B)$. 例如，两人在同一条件下打靶，一般来说，各人中靶与否并不相互影响. 又如，在放回抽样

中，第一次抽取的结果对第二次抽取的结果没有影响. 也就是说，这些事件之间具有“独立性”.

定义 2 如果事件 A 发生的概率不受事件 B 发生的影响，即

$$P(AB)=P(A)P(B),$$

则称事件 A 对事件 B 是**独立**的.

由定义可推出下列结论：

(1) 若事件 A 独立于事件 B，则事件 B 也独立于事件 A，即两事件的独立性是相互的.

(2) 若事件 A 与事件 B 相互独立，则三对事件 $\overline{A}$ 与 $\overline{B}$，A 与 $\overline{B}$，$\overline{A}$ 与 B 也都是相互独立的.

(3) 事件 A 与 B 相互独立的充要条件是 $P(AB)=P(A)P(B)$.

两事件相互独立的直观意义是一事件发生的概率与另一事件是否发生互不影响.

事件的独立性可推广到有限个事件的情形：

若事件组 $A_1,A_2,\cdots,A_n$ 中的任意 $k(2\leqslant k\leqslant n)$ 个事件交的概率等于它们的概率积，则称事件组 $A_1,A_2,\cdots,A_n$ 是相互独立的，也就是说任一事件发生的概率不受其他事件发生与否的影响. 此时，有

$$\begin{aligned}P(A_1\cup A_2\cup\cdots\cup A_n)&=1-P(\overline{A_1\cup A_2\cup\cdots\cup A_n})=1-P(\overline{A_1}\ \overline{A_2}\cdots\overline{A_n})\\&=1-P(\overline{A_1})P(\overline{A_2})\cdots P(\overline{A_n}).\end{aligned}$$

值得一提的是，若事件组相互独立，则其中任意两个事件相互独立；反之，却不一定正确.

在实际问题中，事件之间是否独立，并不总是用定义或充要条件来检验的，可以根据具体情况来分析、判断. 只要事件之间没有明显的联系，我们就可以认为它们是相互独立的.

例 8 甲、乙两个射手彼此独立地向同一目标射击，甲击中目标的概率为 0.9，乙击中目标的概率为 0.8，求该目标被击中的概率.

解 设 $A=\{$甲击中目标$\}$，$B=\{$乙击中目标$\}$，$C=\{$目标被击中$\}$，则 $P(A)=0.9$，$P(B)=0.8$，且 A,B 相互独立，$C=A\cup B$.

解法 1 因为 A,B 相互独立，故

$$\begin{aligned}P(C)&=P(A\cup B)=P(A)+P(B)-P(AB)=P(A)+P(B)-P(A)P(B)\\&=0.9+0.8-0.9\times0.8=0.98.\end{aligned}$$

解法 2

$$\begin{aligned}P(C)&=1-P(\overline{C})=1-P(\overline{A\cup B})=1-P(\overline{A}\cap\overline{B})\\&=1-P(\overline{A})P(\overline{B})=1-[1-P(A)][1-P(B)]\\&=1-(1-0.9)\times(1-0.8)=0.98.\end{aligned}$$

例 9 设加工某零件必须经过三道工序，第一、二、三道工序的废品率分别是 0.02，0.03，0.05，且各道工序互不影响，求加工出来的零件的废品率.

解 设 $A=\{$加工的零件是废品$\}$，$A_i=\{$第 i 道工序出现废品$\}(i=1,2,3)$，由题意知，$A_i(i=1,2,3)$相互独立，且

$$P(A_1)=0.02,P(A_2)=0.03,P(A_3)=0.05,$$

显然，$A=A_1\cup A_2\cup A_3$，于是有

$$P(A)=1-P(\overline{A_1})P(\overline{A_2})P(\overline{A_3})=1-(1-0.02)\times(1-0.03)\times(1-0.05)\approx0.097.$$

习题 10-3(A)

1. 已知事件 $A \subseteq B$，化简 $P(A \cup B)$，$P(A \cap B)$，$P(A|B)$，$P(B|A)$.

2. 学校为三年级学生开设运筹学和经济计量学两门选修课程，某班 40 名学生中，有 20 名选了运筹学，15 名选了经济计量学，同时选了这两门课程的有 8 名. 在该班随意抽查 1 名学生，求他至少选修了其中一门课程的概率和两门课程都未选修的概率.

3. 在仓库的 1000 台彩色电视机中，有 300 台是 M 品牌的，这 300 台中有 189 台是一级品，设 $A=\{$任取的一台是一级品$\}$，$B=\{$任取一台是 M 品牌的$\}$，求 $P(B)$，$P(A|B)$，$P(AB)$.

4. 一袋子中装有质地相同的 2 个白球、2 个黑球，现从中每次摸出一个球，摸出后不放回，设 $A_i=\{$第 i 次摸出黑球$\}(i=1,2)$，试用 A_i 分别表示下列事件，并求出相应的概率.

(1) 第一次摸出黑球，第二次摸出白球；

(2) 两次摸出的都是白球；

(3) 第二次才摸到白球；

(4) 两次至少摸出一个白球.

5. 两台车床加工同种零件，已知第一台出现次品的概率为 0.03，第二台出现次品的概率为 0.02，加工出来的零件放在一起，又知第一台车床加工零件的数量比第二台车床多一倍. 试求：

(1) 任取一个零件，该零件是合格品的概率；

(2) 若取出的一个零件是次品，求它是第二台车床加工的概率.

习题 10-3(B)

1. 设 A，B 互不相容，且 $P(A)=a$，$P(B)=b$，试求：

(1) $P(A \cup B)$； (2) $P(AB)$； (3) $P(A \cup \overline{B})$； (4) $P(A\overline{B})$； (5) $P(\overline{A} \cap \overline{B})$.

2. 已知 $P(A)=p$，$P(B)=q$，$P(A \cup B)=r$，求 $P(A\overline{B})$ 及 $P(\overline{A} \cap \overline{B})$.

3. 某单位订阅甲、乙、丙三种报纸，据调查，职工中读甲、乙、丙报的人数比例分别为 40%，26%，24%，8%兼读甲、乙报，5%兼读甲、丙报，4%兼读乙、丙报，2%兼读甲、乙、丙报. 现从职工中随机地抽取 1 人，求该职工至少读一种报纸的概率和不读报的概率各是多少.

4. 一批零件共 100 个，次品率为 10%，不放回地连续抽取三次，每次取一个，求第三次才取到正品的概率.

5. 老师提出一个问题，由甲先答，答对的概率为 0.4，如果甲答错，再由乙答，答对的概率为 0.5，求问题由乙答对的概率.

6. 由长期的统计资料得知，某地区九月份下雨(记作 A)的概率是 $\frac{4}{15}$，刮风(记作 B)的概率是 $\frac{7}{15}$，既刮风又下雨的概率是 $\frac{1}{10}$，求 $P(A \cup B)$，$P(A|B)$，$P(B|A)$.

7. 制造一种零件，甲车床的废品率是 0.04，乙车床的废品率是 0.05，从它们制造的产品中各抽取一件，其中恰有一件废品的概率是多少？

8. 甲、乙两箱同型号产品分别有 12 件和 10 件，且每箱中混有一件废品，任意从甲箱中取出 1 件放入乙箱，再从乙箱中随机抽取一件，求从乙箱中取出的这一件是废品的概率.

9. 一盒螺丝钉共 20 个，其中 19 个是合格品，另一盒有 20 个螺母，其中 18 个是合格品，现从两盒中各取一个螺丝钉和螺母，求两个都是合格品的概率.

10. 三个人独立地破译一份密码，他们译出的概率分别是 $\frac{1}{5}$，$\frac{1}{3}$，$\frac{1}{4}$，问能将此密码译出的概率是多少？

11. 某工厂有甲、乙、丙三个车间，它们都生产灯泡，其中三个车间的产量分别占总产量的 45%，30%，25%. 又知这三个车间的次品率分别为 4%，3%，2%，产品混在一起，试问：

(1) 从该工厂生产的灯泡中任取一个，取出的是次品的可能性有多大？

(2) 如果抽取到的是一个次品，那么这个次品是甲、乙、丙车间生产的概率分别是多大？

§10-4 随机变量及其分布

一、随机变量的概念

为便于用数学的形式来描述、解释和论证随机试验的某些规律性，我们需要按照研究的目的将试验中的随机事件数量化. 我们引入一个变量，不同的试验结果对应该变量的不同取值，这样就可以达到数量化的目的. 例如，掷一颗骰子，出现的点数用变量 ξ 表示，则出现点数为 2 时 $\xi=2$，出现点数为 5 时 $\xi=5$. 又如，在一批灯泡中任取一只，测试它的使用寿命，用变量 η 表示，某一灯泡的使用寿命为 1000 h，即 $\eta=1000$. 还有很多随机试验本身的结果不是数量，这时可根据需要，建立试验结果与数量的对应关系. 例如，掷一枚硬币观察正反面出现的情况，可以引入变量 X，用“$X=1$”表示出现正面，“$X=0$”表示出现反面. 又如，足球比赛，记录比赛结果，可以引入变量 Y，用“$Y=2$”表示胜，“$Y=0$”表示负，“$Y=1$”表示平.

上述变量 ξ,η,X,Y 的取值都具有随机性，即在试验前不能预言变量会取什么值，我们称之为随机变量.

定义 1 设 E 是随机试验，样本空间为 Ω，如果对于每一个结果(样本点)$\omega\in\Omega$ 都有一个确定的实数与之对应，这样就得到一个定义在 Ω 上的实值函数 $\xi=\xi(\omega)$，称为**随机变量**. 随机变量通常用字母 ξ,η,δ 或 X,Y,Z 等表示.

这种变量之所以称为随机变量，是因为它的取值随试验的结果而定，而试验结果的出现是随机的，因而它的取值也是随机的. 但由于试验的所有可能出现的结果是预先知道的，故对每一个随机变量，我们可知道它的取值范围，且可求得它取各个值或在某一区间取值的可能性大小，即概率.

随机变量的概念在概率论和数理统计中具有非常重要的地位，对于随机变量的理解，应注意以下几点：

(1) 随机变量实际上是把一个随机试验的可能结果与实数相对应，这种对应关系具有一定的随意性. 例如，在抛硬币试验中，也可以规定随机变量 X 取 5，10 分别表示“出现正面”“出现反面”.

（2）对于同一随机试验，我们根据研究的目的，可以引入多个随机变量. 例如，袋中装有5个白球、2个黑球，所有球上都有编号，从中任取3个球，可以引入变量 ξ 表示取出的3个球中的白球数，还可以引入 η 表示取出的3个球中编号为奇数的球数.

引入随机变量后，就可以用随机变量描述事件. 例如，在抛硬币的试验中，$\{X=1\}$ 表示事件“出现正面”，且 $P(X=1)=\frac{1}{2}$.

在掷骰子的试验中，$\{\xi=2\}$ 表示“出现2点”，则 $P(\xi=2)=\frac{1}{6}$；$\{\xi\geqslant 4\}$ 表示“出现4点、5点或6点”，则 $P(\xi\geqslant 4)=\frac{1}{2}$.

在测试灯泡使用寿命的试验中，$\{\eta\leqslant 1000\}$ 表示“灯泡使用寿命不超过1000 h”，$\{1000\leqslant \eta\leqslant 1500\}$ 表示“灯泡使用寿命在1000 h到1500 h之间”，等等.

研究随机变量，要把握两个方面：一是随机变量的可能取值；二是它取这些值或在某一区间取值的概率. 为更清楚地理解随机变量，我们引入分布函数的概念.

定义2 设 ξ 是一个随机变量，称函数 $F(x)=P(\xi\leqslant x)$，$x\in(-\infty,+\infty)$ 为 ξ 的**分布函数**，简称**分布**.

分布函数具有以下性质：

（1）$0\leqslant F(x)\leqslant 1$；

（2）$P(x_1<\xi\leqslant x_2)=F(x_2)-F(x_1)$；

（3）当 $x_1<x_2$ 时，有 $F(x_1)\leqslant F(x_2)$.

随机变量按其取值情况可以分为两类：离散型随机变量和非离散型随机变量，而非离散型随机变量中最重要且在实际中常会遇到的是连续型随机变量. 所以，我们主要就离散型和连续型随机变量做简要讨论.

二、离散型随机变量及其分布列

定义3 如果随机变量 ξ 只取有限多个或无穷可列个值，则称 ξ 为**离散型随机变量**.

例如，某商店每天销售某种商品的件数，某车站在一小时内的候车人数，平板玻璃每单位面积上的气泡数等都是离散型随机变量.

对于离散型随机变量，我们需要知道它的所有可能取值及取每一个可能值的概率.

例1 在5件产品中有2件次品，从中任取2件，用随机变量 ξ 表示其中的次品数. 试求 ξ 的取值及取每个值的概率.

解 随机变量 ξ 表示任取2件产品中的次品数，显然 ξ 的取值为 $\{0,1,2\}$.

根据概率的古典定义，计算得

$$P(\xi=0)=\frac{C_3^2}{C_5^2}=0.3,P(\xi=1)=\frac{C_3^1C_2^1}{C_5^2}=0.6,P(\xi=2)=\frac{C_2^2}{C_5^2}=0.1.$$

我们把 ξ 的可能取值及取各个值的概率用表格列举出来，这样更为直观.

ξ	0	1	2
p_k	0.3	0.6	0.1

一般地,设离散型随机变量 ξ 的可能取值为 $x_1,x_2,\cdots,x_k,\cdots$,事件 $\{\xi=x_k\}$ 的概率为

$$P(\xi=x_k)=p_k,k=1,2,\cdots,$$

则称 $P(\xi=x_1)=p_1,P(\xi=x_2)=p_2,\cdots,P(\xi=x_k)=p_k,\cdots$ 或

ξ	x_1	x_2	$\cdots$	x_n	$\cdots$
p_k	p_1	p_2	$\cdots$	p_n	$\cdots$

为离散型随机变量的**分布列**(或**分布律**).

显然随机变量的分布列具有下列性质:

(1) $p_k\geqslant 0(k=1,2,\cdots)$; (2) $\sum\limits_k p_k=1$.

例 2 一篮球运动员在某定点每次投篮的命中率为 0.8,假定每次投篮的条件相同,且结果互不影响.

(1) 求到投中为止所需投篮次数的分布列;

(2) 求投篮不超过两次就命中的概率.

解 (1) 设随机变量 η 表示到投中为止,运动员所需投篮的次数,则 η 的取值范围是 $\{1,2,\cdots,n,\cdots\}$. 设 $A_k=\{$第 k 次投中$\}(k=1,2,\cdots,n,\cdots)$,根据题意知 $A_1,A_2,\cdots,A_n,\cdots$ 是相互独立的,且 $P(A_k)=0.8,P(\overline{A_k})=0.2\ (k=1,2,\cdots,n,\cdots)$.

因为 $P(\eta=1)=P(A_1)=0.8$,

$P(\eta=2)=P(\overline{A_1}A_2)=P(\overline{A_1})P(A_2)=0.2\times 0.8$,

$\cdots$,

$P(\eta=n)=P(\overline{A_1}\,\overline{A_2}\cdots\overline{A_{n-1}}A_n)=P(\overline{A_1})P(\overline{A_2})\cdots P(\overline{A_{n-1}})P(A_n)=0.2^{n-1}\times 0.8$,

$\cdots$.

所以 η 的分布列为

η	1	2	$\cdots$	n	$\cdots$
p_k	0.8	0.2×0.8	$\cdots$	$0.2^{n-1}\times 0.8$	$\cdots$

(2) 根据题意知 $A=\{$投篮不超过两次就命中$\}=\{\eta\leqslant 2\}=\{\eta=1\}\cup\{\eta=2\}$,所以

$$P(A)=P(\eta\leqslant 2)=P(\{\eta=1\}\cup\{\eta=2\})=P(\eta=1)+P(\eta=2)=0.8+0.2\times 0.8=0.96.$$

由上述两例看出,离散型随机变量的可能取值可以是有限个,也可以是无穷可列个. 知道了离散型随机变量的分布列,也就掌握了它在各个部分范围内的概率. 分布列全面描述了离散型随机变量的概率分布规律.

三、连续型随机变量及其密度函数

在实际问题中,我们经常会遇到在一个区间内取值的随机变量. 例如,前面提到的灯泡的使用寿命是随机变量,它可以取 $[0,+\infty)$ 内的一切实数,它的取值是不可列的. 像这样的随机变量就是连续型随机变量,它们是不可能用分布列来表示取值的概率分布规律的,为此引入概率密度函数的概念.

定义 4 如果对于随机变量 ξ,存在一个非负函数 $f(x)$,使 ξ 在任意区间 $(a,b]$ 内取值的概率为

$$P(a<\xi\leqslant b)=\int_a^b f(x)\mathrm{d}x,$$

那么，ξ 就称为**连续型随机变量**，$f(x)$ 称为 ξ 的**概率密度函数**（简称为**概率密度**或**密度函数**）.

连续型随机变量 ξ 的密度函数 $f(x)$ 具有以下两个性质：

(1) $f(x)\geqslant 0, x\in\mathbf{R}$； (2) $\int_{-\infty}^{+\infty} f(x)\mathrm{d}x=1$.

从几何图形上看，密度函数就是在 x 轴上方且与 x 轴所围图形面积等于 1 的曲线，而概率 $P(a<\xi\leqslant b)$ 可以表示为密度函数 $f(x)$ 与 $x=a, x=b$ 及 x 轴所围曲边梯形的面积（图 10-9）.

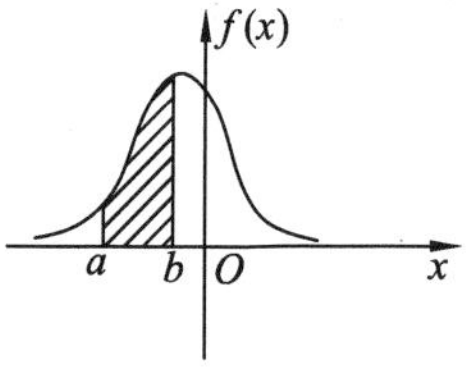

图 10-9

由密度函数的定义、性质，可推出连续型随机变量 ξ 的概率运算性质：

(1) $P(\xi=a)=0$；

(2) $P(a<\xi\leqslant b)=P(a\leqslant\xi<b)=P(a<\xi<b)=P(a\leqslant\xi\leqslant b)$；

(3) $P(a<\xi\leqslant b)=P(\xi\leqslant b)-P(\xi\leqslant a)=F(b)-F(a)$；

(4) $P(\xi>a)=1-P(\xi\leqslant a)=1-F(a)$.

由(1)知连续型随机变量恰取某一值的概率为 0，所以对于连续型随机变量所表示的事件，概率为 0 的事件不一定是不可能事件. 同样，概率为 1 的事件不一定是必然事件.

例 3 设连续型随机变量 ξ 的密度函数为

$$f(x)=\begin{cases}kx+1, & 0<x<2,\\ 0, & \text{其他}.\end{cases}$$

(1) 求系数 k； (2) 计算 $P(1.5<\xi<2.5)$.

解 (1) 由密度函数的性质(2)，知 $\int_{-\infty}^{+\infty} f(x)\mathrm{d}x=1$，即

$$\begin{aligned}\int_{-\infty}^{+\infty} f(x)\mathrm{d}x &= \int_{-\infty}^{0} f(x)\mathrm{d}x+\int_0^2 f(x)\mathrm{d}x+\int_2^{+\infty} f(x)\mathrm{d}x\\ &=\int_0^2 (kx+1)\mathrm{d}x=2k+2=1,\end{aligned}$$

解得 $k=-\frac{1}{2}$. 经检验，$k=-\frac{1}{2}$ 时，$f(x)\geqslant 0$ 满足密度函数的性质(1)，故 $k=-\frac{1}{2}$.

(2) $P(1.5<\xi<2.5)=\int_{1.5}^{2.5} f(x)\mathrm{d}x=\int_{1.5}^{2} f(x)\mathrm{d}x+\int_2^{2.5} f(x)\mathrm{d}x=\int_{1.5}^{2}\left(-\frac{1}{2}x+1\right)\mathrm{d}x=0.0625$.

由上例可知，对于连续型随机变量，只要知道它的密度函数，就可以通过积分求出它在各个区间内取值的概率. 因此，对于连续型随机变量而言，它的密度函数就类似于离散型随机变量的分布列，全面描述了它的概率分布规律.

四、几个重要的随机变量的分布

1. 离散型随机变量的分布

(1) 两点分布（0-1 分布）.

定义 5 若随机变量 ξ 只取两个可能的值 0，1，且

$$P(\xi=1)=p, P(\xi=0)=q,$$

其中 $0<p<1, q=1-p$，则称 ξ 服从**两点分布**（或 0-1 分布）. ξ 的分布列为

ξ	0	1
p_k	q	p

如果随机试验只出现两种结果 A 和 $\overline{A}$，则称其为**伯努利试验**. 例如，检验产品的质量是否合格，婴儿的性别是男还是女，投篮是否命中等都属于伯努利试验，它们都可以用两点分布来描述.

(2) 二项分布.

定义 6 若随机变量 ξ 的可能取值为 $0,1,\cdots,n$，且分布列为

$$p_k=P(\xi=k)=C_n^k p^k q^{n-k}(k=0,1,2,3,\cdots,n).$$

其中 $p,q>0$ 且 $p+q=1$. 此时称 ξ 服从**参数为 n,p 的二项分布**，记作 $\xi\sim B(n,p)$.

显然，当 $n=1$ 时，ξ 服从 0-1 分布，即 0-1 分布实际上是二项分布的特例.

二项分布名称的由来是因为二项式 $(p+q)^n$ 展开式的第 $k+1$ 项恰好是 $P(\xi=k)=C_n^k p^k q^{n-k}$. 由此还可以看出

$$\sum_{k=0}^{n} p_k=\sum_{k=0}^{n} C_n^k p^k q^{n-k}=(p+q)^n=1,$$

$\{p_k\}$ 满足分布列的基本性质.

在相同的条件下，对同一试验重复进行 n 次，如果每次试验的结果互不影响，则称这 n 次重复试验为 **n 次独立试验**. n 次独立的伯努利试验称为 **n 重伯努利试验**. 在 n 重伯努利试验中，令 ξ 表示事件 A 发生的次数，则

$$P(\xi=k)=P_n(k)=C_n^k p^k q^{n-k},k=0,1,2,3,\cdots,n,$$

即 ξ 服从参数为 n,p 的二项分布.

二项分布是一种常用分布. 例如，一批产品的不合格率为 p，检查 n 件产品，n 件产品中不合格品数 ξ 服从二项分布；调查 n 个人，n 个人中色盲人数 η 服从参数为 n,p 的二项分布，其中 p 为色盲率；n 部机器独立运转，每台机器出故障的概率为 p，则 n 部机器中出故障的机器数 ζ 服从二项分布；等等.

例 4 某特效药的临床有效率为 0.95，现有 10 人服用，问至少有 8 人治愈的概率是多少？

解 设 ξ 表示 10 人中被治愈的人数，则 $\xi\sim B(10,0.95)$，所求概率为

$$\begin{aligned}P(\xi\geqslant 8)&=P(\xi=8)+P(\xi=9)+P(\xi=10)\\&=C_{10}^{8}\times(0.95)^8\times(0.05)^2+C_{10}^{9}\times(0.95)^9\times(0.05)^1+C_{10}^{10}\times(0.95)^{10}\\&\approx 0.9885.\end{aligned}$$

(3) 泊松分布.

定义 7 若随机变量 ξ 的可能取值为 $0,1,2,\cdots,n,\cdots$，且分布列为

$$P(\xi=k)=\frac{\lambda^k}{k!}e^{-\lambda}(\lambda>0,k=0,1,2,\cdots,n,\cdots),$$

则称 ξ 服从参数为 λ 的**泊松分布**，记作 $\xi\sim P(\lambda)$.

具有泊松分布的随机变量在实际应用中是很多的. 例如，某一时段进入某商店的顾客数，某一地区一个时间段内发生交通事故的次数，一天内 110 报警台接到的报警的次数，等等，都服从泊松分布. 泊松分布也是概率论中一种重要的分布.

二项分布与泊松分布之间有着密切的联系. 二项分布应用非常广泛, 但当 n 较大时, 计算很烦琐, 这就需要比较简便的方法. 1837 年, 法国数学家泊松(Poisson)在研究二项分布的近似计算时发现, 当 n 较大、p 较小时, 二项分布 $P(\xi=k)=C_n^k p^k q^{n-k}\approx\frac{\lambda^k}{k!}e^{-\lambda}(\lambda>0, k=0, 1, 2, \cdots, n, \cdots)$, 其中 $\lambda=np$. 也就是说, 若随机变量 ξ 服从 $B(n,p)$, n 较大, 而 p 较小, 在实际计算中, 只要 $n>10$, $p<0.1$, 就可把 ξ 近似看作是服从 $\lambda=np$ 的泊松分布来求解, 而服从泊松分布的随机变量 ξ 的概率值可在泊松分布表(附表 1)中查出.

例 5 一个工厂生产的产品次品率为 0.015, 任取 100 件, 求其中恰有三件次品的概率.

解 设 100 件产品中的次品数为 ξ, 则 $\xi\sim B(100, 0.015)$, 由于 $n>10$, $p<0.1$, 故可用泊松分布近似. 令 $\lambda=np=100\times0.015=1.5$, 则可近似看作 $\xi\sim P(1.5)$.

查附表 1 可知, $P(\xi=3)=P(\xi\geqslant3)-P(\xi\geqslant4)=0.191153-0.065642=0.125511$.

2. 连续型随机变量的分布

(1) 均匀分布.

定义 8 若随机变量 ξ 的密度函数为

$$f(x)=\begin{cases}\frac{1}{b-a}, & a\leqslant x\leqslant b,\\ 0, & \text{其他}.\end{cases}$$

则称 ξ 服从区间 $[a,b]$ 上的**均匀分布**, 记作 $\xi\sim[a,b]$.

如果 $[c,d]$ 是 $[a,b]$ 的一个子区间(即 $a\leqslant c<d\leqslant b$), 则有

$$P(c\leqslant\xi\leqslant d)=\int_c^d f(x)\mathrm{d}x=\int_c^d\frac{1}{b-a}\mathrm{d}x=\frac{c-d}{b-a}.$$

上式表明, ξ 在 $[a,b]$ 的任一子区间取值的概率与区间的长度成正比, 而与子区间的位置无关. 也就是说, ξ 在区间 $[a,b]$ 上的概率分布是均匀的, 因此叫作均匀分布.

例 6 某公共汽车站每隔 10 min 有一趟公交车通过, 一乘客随机到达该车站候车, 候车时间 ξ 服从 $[0,10]$ 上的均匀分布, 问他至少等候 8 min 的概率是多少?

解 因为 ξ 服从 $[0,10]$ 上的均匀分布, 所以 ξ 的密度函数为

$$f(x)=\begin{cases}\frac{1}{10}, & 0\leqslant x\leqslant 10,\\ 0, & \text{其他}.\end{cases}$$

从而
$$P(8\leqslant\xi\leqslant 10)=\int_8^{10}f(x)\mathrm{d}x=\int_8^{10}\frac{1}{10}\mathrm{d}x=0.2,$$

即乘客等候 8 min 以上的概率为 0.2.

(2) 指数分布.

定义 9 若随机变量 ξ 的密度函数为

$$f(x)=\begin{cases}\lambda e^{-\lambda x}, & x>0,\\ 0, & x\leqslant 0,\end{cases}$$

其中 $\lambda>0$, 则称 ξ 服从参数为 λ 的**指数分布**, 记作 $\xi\sim Z(\lambda)$.

指数分布常被用作各种"寿命"的分布, 如电子元件的使用寿命, 动物的寿命, 电话的通话时间, 随机服务系统中的服务时间等都通常假定服从指数分布.

例 7 设某型号的灯管的使用寿命 ξ(单位: h)服从参数 $\lambda=\frac{1}{2000}$ 的指数分布, 试求:

(1) 任取该型号的灯管一只，能使用 1000 h 以上的概率；

(2) 在使用了 1000 h 后，还能再使用 1000 h 以上的概率.

解 由题意知，$\xi \sim Z\left(\frac{1}{2000}\right)$.

(1) $P(\xi > 1000) = \int_{1000}^{+\infty} \frac{1}{2000} e^{-\frac{t}{2000}} dt = \lim_{t \to +\infty} (-e^{-\frac{t}{2000}}) - (-e^{-\frac{1000}{2000}}) = e^{-\frac{1}{2}} \approx 0.607$，故能使用 1000 h 以上的概率为 60.7%.

(2) 在使用了 1000 h 后，还能再使用 1000 h 以上的概率为

$$P(\xi > 2000 | \xi > 1000) = \frac{P(\{\xi > 2000\} \cap \{\xi > 1000\})}{P(\xi > 1000)} = \frac{P(\xi > 2000)}{P(\xi > 1000)}.$$

又因为 $P(\xi > 2000) = \int_{2000}^{+\infty} \frac{1}{2000} e^{-\frac{t}{2000}} dt = \lim_{t \to +\infty} (-e^{-\frac{t}{2000}}) - (-e^{-\frac{2000}{2000}}) = e^{-1}$，

所以

$$P(\xi > 2000 | \xi > 1000) = \frac{e^{-1}}{e^{-\frac{1}{2}}} = e^{-\frac{1}{2}} \approx 0.607.$$

由此可以看出，任取一只该型号灯管，灯管能正常使用 1000 h 以上的概率与使用了 1000 h 后还能再使用 1000 h 以上的概率是相等的. 这反映出了指数分布的一个有趣特性："无记忆性"或"无后效性"，故指数分布被风趣地称为"永远年轻"的分布.

(3) 正态分布.

正态分布是最重要、最常见的一种连续型分布. 顾名思义"正态分布"一词就是"正常状态下的分布". 在自然界和社会领域常见的变量中，很多都具有"两头小、中间大、左右对称"的性质. 例如，一群人的身高，个子很高或很矮的都是少数，多数是中间状态，且以平均身高去作比较，比它高和比它矮的人数都差不多，这就适合用正态分布去刻画. 理论研究表明，一个变量如果受到大量的随机因素的影响，而各个因素所起的作用都很微小时，这样的变量一般都服从正态分布.

定义 10 若随机变量 ξ 的密度函数为

$$f(x) = \frac{1}{\sqrt{2\pi}\sigma} e^{-\frac{(x-\mu)^2}{2\sigma^2}} \quad (-\infty < x < +\infty),$$

其中 μ, σ 为常数且 $\sigma > 0$，则称 ξ 服从参数为 μ, σ 的**正态分布**，记作 $\xi \sim N(\mu, \sigma^2)$.

正态分布的密度函数的图象称为正态曲线(图 10-10)，它是以 $x = \mu$ 为对称轴的"钟形"曲线，且在 $x = \mu$ 处取得最大值 $\frac{1}{\sqrt{2\pi}\sigma}$. 参数 σ 决定正态曲线的形状，σ 越大，曲线越扁平，即随机变量取值越分散；σ 越小，曲线越狭高，即随机变量取值越集中.

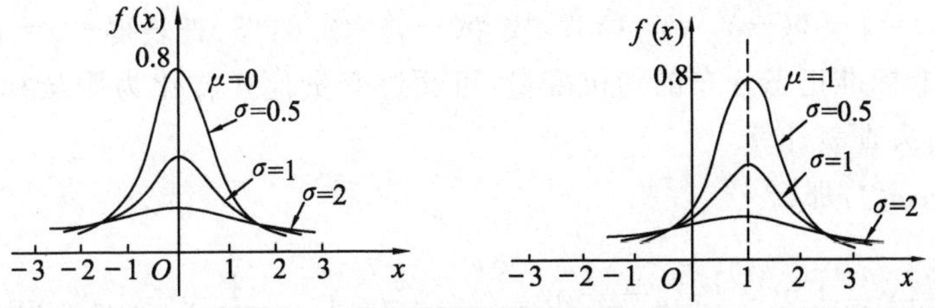

图 10-10

特别地，当 $\mu=0,\sigma=1$ 时，称随机变量 ξ 服从标准正态分布，记作 $\xi\sim N(0,1)$，其密度函数、分布函数分别记作：

$$\varphi(x)=\frac{1}{\sqrt{2\pi}}e^{-\frac{x^2}{2}}(-\infty<x<+\infty),$$

$$\Phi(x)=\frac{1}{\sqrt{2\pi}}\int_{-\infty}^{x}e^{-\frac{t^2}{2}}dt.$$

显然，$\varphi(x)$ 的图象关于 y 轴对称，且 $\varphi(x)$ 在 $x=0$ 处取得最大值 $\frac{1}{\sqrt{2\pi}}$（图 10-11）.

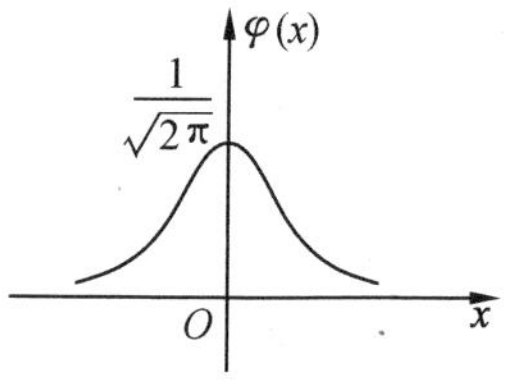

图 10-11

通常我们称 $\Phi(x)$ 为标准正态分布函数，它具有下列性质：

(1) $\Phi(-x)=1-\Phi(x)$；　　(2) $\Phi(0)=\frac{1}{2}$.

对于服从标准正态分布的随机变量的概率，我们可以通过查标准正态分布表（附表 2）来求得.

在计算概率时，我们需要注意：

(1) 计算 $P(\xi\leqslant x)=\Phi(x)$，当 $x\geqslant0$ 时，可查表求得；当 $x<0$ 时，$-x>0$，可先查表求得 $\Phi(-x)$ 的值，再利用标准正态分布的性质(1)，求出 $P(\xi\leqslant x)=\Phi(x)=1-\Phi(-x)$.

(2) 在(1)的基础上，利用连续型随机变量的概率运算性质，可计算

$$P(a<\xi\leqslant b)=P(\xi\leqslant b)-P(\xi\leqslant a)=\Phi(b)-\Phi(a),$$

$$P(\xi>a)=1-P(\xi\leqslant a)=1-\Phi(a).$$

例 8　设 $\xi\sim N(0,1)$，求：

(1) $P(\xi=1.24)$；(2) $P(\xi\geqslant-0.09)$；(3) $P(|\xi|<1.96)$；(4) $P(-2.32\leqslant\xi\leqslant1.2)$.

解　(1) 因为 ξ 是连续型随机变量，所以 $P(\xi=1.24)=0$.

(2) $P(\xi\geqslant-0.09)=1-\Phi(-0.09)=1-[1-\Phi(0.09)]=\Phi(0.09)=0.5359$.

(3) $$\begin{aligned}P(|\xi|<1.96)&=P(-1.96<\xi<1.96)=\Phi(1.96)-\Phi(-1.96)\\&=\Phi(1.96)-[1-\Phi(1.96)]\\&=2\Phi(1.96)-1=2\times0.975-1=0.95.\end{aligned}$$

(4) $$\begin{aligned}P(-2.32\leqslant\xi\leqslant1.2)&=\Phi(1.2)-\Phi(-2.32)=\Phi(1.2)-[1-\Phi(2.32)]\\&=0.8849-1+0.9898=0.8747.\end{aligned}$$

例 9　设 $\xi\sim N(0,1)$，求下式中的 a：

(1) $P(\xi>a)=0.0228$；　　(2) $P(\xi<a)=0.1587$.

解　(1) $P(\xi>a)=1-\Phi(a)=0.0228$，$\Phi(a)=0.9772$，查表得 $a=2$.

(2) 因为当 $x\geqslant0$ 时，$P(\xi<x)=\Phi(x)\geqslant0.5$，而 $P(\xi<a)=0.1587<0.5$，所以 $a<0$. $P(\xi<a)=\Phi(a)=1-\Phi(-a)=0.1587$，故 $\Phi(-a)=0.8413$，查表得 $-a=1$，即 $a=-1$.

对于服从非标准正态分布的随机变量，可通过变量代换转化为服从标准正态分布的随机变量，然后再去查表计算.

设 $\xi\sim N(\mu,\sigma^2)$，那么

$$P(\xi\leqslant x)=\int_{-\infty}^{x}\frac{1}{\sqrt{2\pi}\sigma}e^{-\frac{(t-\mu)^2}{2\sigma^2}}dt\xlongequal{令 u=\frac{t-\mu}{\sigma}}\int_{-\infty}^{\frac{x-\mu}{\sigma}}\frac{1}{\sqrt{2\pi}}e^{-\frac{u^2}{2}}du=\Phi\left(\frac{x-\mu}{\sigma}\right).$$

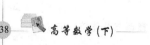

从而可以查表求出 $P(\xi\leqslant x)$. 类似地，$P(a<\xi\leqslant b)=P(\xi\leqslant b)-P(\xi\leqslant a)=\Phi\left(\frac{b-\mu}{\sigma}\right)-\Phi\left(\frac{a-\mu}{\sigma}\right)$. 事实上，可以证明 $\eta=\frac{\xi-\mu}{\sigma}\sim N(0,1)$，即可以把服从一般正态分布 $\xi\sim N(\mu,\sigma^2)$ 的随机变量 ξ，通过变换化为服从标准正态分布的随机变量 η，从而 $P(\xi\leqslant x)=P\left(\frac{\xi-\mu}{\sigma}\leqslant\frac{x-\mu}{\sigma}\right)=P\left(\eta\leqslant\frac{x-\mu}{\sigma}\right)=\Phi\left(\frac{x-\mu}{\sigma}\right)$.

例 10 设 $\xi\sim N(\mu,\sigma^2)$，求 ξ 的取值落在区间 $(\mu-k\sigma,\mu+k\sigma)$ 内的概率，其中 $k=1,2,3$.

解
$$P(\mu-k\sigma<\xi<\mu+k\sigma)=\Phi\left(\frac{\mu+k\sigma-\mu}{\sigma}\right)-\Phi\left(\frac{\mu-k\sigma-\mu}{\sigma}\right)$$
$$=\Phi(k)-\Phi(-k)=\Phi(k)-[1-\Phi(k)]=2\Phi(k)-1.$$

由标准正态分布表可查出

$$P(\mu-\sigma<\xi<\mu+\sigma)=2\Phi(1)-1=2\times0.8413-1=0.6826,$$
$$P(\mu-2\sigma<\xi<\mu+2\sigma)=2\Phi(2)-1=2\times0.9772-1=0.9544,$$
$$P(\mu-3\sigma<\xi<\mu+3\sigma)=2\Phi(3)-1=2\times0.9987-1=0.9974.$$

此例的结果说明：虽然随机变量 ξ 的取值遍及整个实数域，但是 ξ 的取值落在 $(\mu-3\sigma,\mu+3\sigma)$ 内的概率，即 $P(|\xi-\mu|<3\sigma)$ 等于 0.9974，几乎为 1. 这就是著名的“3σ”原则. 它是质量控制和管理中应用广泛的一个重要准则.

五、随机变量的函数

在实际应用中，我们常常遇到这样的情况，所关心的随机变量不能直接测量得到，而是某个能直接测量的随机变量的函数. 例如，我们能测量圆柱平行于底面的截面的直径 ξ，而关心的却是截面的面积 $\eta=\frac{\pi}{4}\xi^2$. 这里随机变量 η 就是随机变量 ξ 的函数.

定义 11 设 ξ 是一随机变量，$g(x)$ 是 $\mathbf{R}$ 上的连续函数，则称 $\eta=g(\xi)$ 为**随机变量 ξ 的函数**.

类似地，若 $h(x_1,x_2,\cdots,x_n)$ 是 $\mathbf{R}^n$ 上的连续函数，则称 $h(\xi_1,\xi_2,\cdots,\xi_n)$ 是 n 个随机变量 $\xi_1,\xi_2,\cdots,\xi_n$ 的函数. 显然，随机变量的函数仍是随机变量.

例 11 设 ξ 的分布列为

ξ	-1	0	1
p_k	$\frac{1}{2}$	$\frac{1}{3}$	$\frac{1}{6}$

试求 ξ^2 的分布列.

解 令 $\eta=\xi^2$，则 $\eta\in\{0,1\}$，$P(\eta=0)=P(\xi=0)=\frac{1}{3}$，

$$P(\eta=1)=P(\xi^2=1)=P(\{\xi=1\}\cup\{\xi=-1\})=P(\xi=1)+P(\xi=-1)=\frac{1}{2}+\frac{1}{6}=\frac{2}{3},$$

即 ξ^2 的分布列为

ξ^2	0	1
p_k	$\frac{1}{3}$	$\frac{2}{3}$

随机变量的函数仍是随机变量，但它的分布在一般情况下很难求得. 下面我们只介绍在统计学中有着重要应用的 χ^2 分布、t 分布、F 分布.

1. χ^2 **分布**

若 n 个随机变量表示的事件都相互独立，则称这 n 个随机变量是相互独立的.

如果 n 个随机变量 $\xi_1,\xi_2,\cdots,\xi_n$ 相互独立，且均服从标准正态分布 $N(0,1)$，则称随机变量 $\chi^2=\sum\limits_{k=1}^{n}\xi_k^2$ 服从**自由度为** n **的** χ^2 **分布**，记作 $\chi^2\sim\chi^2(n)$.

当随机变量 $\chi^2\sim\chi^2(n)$ 时，对给定的 $\alpha(0<\alpha<1)$，称满足

$$P(\chi^2>\chi_\alpha^2(n))=\alpha$$

的 $\chi_\alpha^2(n)$ 是自由度为 n 的 χ^2 分布的 α 分位数. 分位数 $\chi_\alpha^2(n)$ 可以从附表 3 中查到. 例如，$n=10,\alpha=0.05$，那么从附表 3 中查到 $\chi_{0.05}^2(10)=18.307$.

2. t **分布**

如果 ξ,η 是相互独立的随机变量，且 $\xi\sim N(0,1)$，$\eta\sim\chi^2(n)$，则称随机变量 $t=\frac{\xi}{\sqrt{\frac{\eta}{n}}}$ 服从**自由度为** n **的** t **分布**，记作 $t\sim t(n)$.

当随机变量 $t\sim t(n)$ 时，称满足 $P(t>t_\alpha(n))=\alpha$ 的 $t_\alpha(n)$ 是自由度为 n 的 t 分布的 α 分位数，分位数 $t_\alpha(n)$ 可以从附表 4 中查到. 例如，$n=10,\alpha=0.05$，那么从附表 4 中查到

$$t_{0.05}(10)=1.8125.$$

对于 t 分布，其分位数间有如下关系：$t_{1-\alpha}(n)=-t_\alpha(n)$. 例如，$t_{0.95}(10)=-t_{0.05}(10)=-1.8125$.

3. F **分布**

如果 ξ,η 是相互独立的随机变量，且 $\xi\sim\chi^2(n_1)$，$\eta\sim\chi^2(n_2)$，则称随机变量 $F=\frac{\frac{\xi}{n_1}}{\frac{\eta}{n_2}}$ 服从**自由度为** n_1 **和** n_2 **的** F **分布**，记作 $F\sim F(n_1,n_2)$.

当随机变量 $F\sim F(n_1,n_2)$ 时，称满足 $P(F>F_\alpha(n_1,n_2))=\alpha$ 的 $F_\alpha(n_1,n_2)$ 是自由度为 n_1 和 n_2 的 F 分布的 α 分位数.

对于 F 分布，其分位数间有如下关系：$F_\alpha(n_2,n_1)=\frac{1}{F_{1-\alpha}(n_1,n_2)}$.

对于数值较小的 α，分位数 $F_\alpha(n_1,n_2)$ 可以从附表 5 中查到. 例如，$n_1=10,n_2=5,\alpha=0.05$，从附表 6 中查到 $F_{0.05}(10,5)=4.74$，而

$$F_{0.95}(10,5)=\frac{1}{F_{0.05}(5,10)}=\frac{1}{3.33}\approx0.3.$$

习题 10-4(A)

1. 从装有 3 个红球、2 个白球的袋中任取 3 个球，η 表示所取 3 个球中白球的个数.

(1) 试求 η 的取值范围及分布列；

(2) 利用 η 的分布列，求取出的 3 个球中至少有 2 个红球的概率.

2. 已知随机变量 ξ 的分布列是

ξ	0	1	2	3	4	5
p_k	$\frac{1}{5}$	$\frac{1}{10}$	$\frac{1}{15}$	p_3	p_4	p_5

求：(1) $P(\xi\geqslant 3)$；(2) $P(\xi<2)$.

3. 判断函数 $f(x)=\sin x$ 在下列区间上能否是随机变量 ξ 的密度函数：

(1) $\left[0,\frac{\pi}{2}\right]$；　(2) $[0,\pi]$；　(3) $\left[-\frac{\pi}{2},\pi\right]$.

4. 设随机变量的密度函数为 $f(x)=\begin{cases}Ax^2, & |x|\leqslant 1,\\ 0, & 其他,\end{cases}$ 求：

(1) 常数 A；(2) $P\left(-2\leqslant\xi<\frac{1}{2}\right)$.

5. 在通常情况下，某种鸭子感染某种传染病的概率为 20%，假定在确定的时限内健康鸭子被感染的可能性互不影响，ξ 表示 25 只健康鸭子中被感染的只数，求 ξ 的分布列.

6. 某银行根据以往的资料可知，每 5 min 内到达的客户数可以用参数为 4 的泊松分布来描述，分别求在 5 min 内多于 5 人、多于 10 人到达的概率.

7. 某公共汽车站每隔 5 min 有一辆汽车停靠，乘客在任一时刻到达汽车站是等可能的，求乘客候车时间多于 1 min 而不超过 3 min 的概率.

8. 设 $\xi\sim N(0,1)$，查表求：

(1) $P(\xi<-1)$；　(2) $P(-1<\xi\leqslant 3)$；　(3) $P(\xi>3)$；　(4) $P(|\xi|\leqslant 2)$.

9. 设 $\xi\sim N(2,3^2)$，求：

(1) $P(\xi<2.6)$；　(2) $P(\xi>-2.5)$；(3) 满足 $P(\xi<\alpha)=0.7611$ 的 α.

10. 某厂生产的螺栓长度服从正态分布 $N(8.5,0.65^2)$，规定长度在范围 8.5 ± 0.1 内为合格品，求生产的螺栓是合格品的概率.

习题 10-4(B)

1. 设某一随机变量 η 的分布列为

η	-3	1	4
p_k	$\frac{1}{3}$	$\frac{1}{2}$	$\frac{1}{6}$

求：(1) $P(0<\eta\leqslant 4)$；(2) $P(0<\eta<4)$.

2. 已知一随机变量 ξ 的分布列为

ξ	-2	-1	0	1	2
p_k	a^2	$\frac{a}{3}$	$\frac{a}{2}$	$\frac{1}{2}$	$\frac{1}{3}$

求：(1) 实数 a 的值；(2) $P(|\xi|<2)$.

3. 袋中装有编号 1 至 3 的 3 个球，现从中任取 2 个球，ξ 表示取出的球中的最大号码，η 表示取出的两个球的号码的和，试分别求出 ξ,η 的分布列.

4. 鱼雷袭击舰艇，每颗鱼雷的命中率为 $p(0<p<1)$，现不断发射鱼雷，直至命中为止，求鱼雷发射的数目 ξ 的分布列.

5. 已知随机变量 ξ 的密度函数为 $f(x)=\begin{cases}\dfrac{A}{\sqrt{1-x^2}}, & |x|<1,\\ 0, & |x|\geqslant 1,\end{cases}$ 求：(1) 系数 A；(2) $P\left(-\dfrac{1}{2}\leqslant\xi<\dfrac{1}{2}\right)$.

6. 设随机变量 η 的分布函数 $F(x)=P(\eta\leqslant x)=\begin{cases}0, & x<0,\\ 1-\mathrm{e}^{-x}, & x\geqslant 0,\end{cases}$ 试求：

(1) $P(\eta\leqslant 2)$；(2) $P(0<\eta\leqslant 4)$.

7. 保险公司根据多年统计数据得知，每年由于某种事故死亡者占投保总数的 0.005%，问 1 年内 1 万个买这种保险的人中有超过 2 个因该事故死亡的概率是多少？

8. 某种纺织品每件表面的瑕疵点数 ξ 服从 $\lambda=0.8$ 的泊松分布. 瑕疵点不多于 1 个的为一等品，价值 100 元；瑕疵点大于 1 个但不多于 4 个的为二等品，价值 80 元；瑕疵点多于 4 个的为废品，价值为 0. 求：(1) 产品中废品的概率；(2) 产品价值的分布列.

9. 某商店根据以往的资料可知，某种商品每月的销售额可以用参数 $\lambda=4$ 的泊松分布来描述，试问该商店在月底一次至少需进多少件货才能有 90% 以上的把握保证下个月该种商品不至于脱销？

10. 已知某种动物的寿命服从参数为 0.1 的指数分布，求：(1) 这种动物能活到 12 年的概率；(2) 3 只这种动物都能活到 12 年的概率.

11. 设 $\xi\sim N(1,4)$.

(1) 求 $P(2<\xi\leqslant 5)$，$P(\xi>1)$，$P(|\xi|>2)$；

(2) 求 λ_1,λ_2，使 $P(\lambda_1\leqslant\xi\leqslant\lambda_2)=0.8$ 且 $P(\xi<\lambda_1)=P(\xi>\lambda_2)$；

(3) 求 α，使 $P(\xi<\alpha)=0.1151$.

12. 一个自动包装机向袋中装糖果，标准量是每袋 64 g，但因为随机性误差，每袋具体质量有波动. 根据以往积累的资料，可以认为一袋糖果的质量服从正态分布 $N(64,1.5^2)$，问随机抽出一袋糖果时，其质量是 65 g 的概率是多少？不到 62 g 的概率是多少？

13. 公共汽车车门的高度是按男子与车门顶碰头的概率在 0.01 以下来设计的. 假设成年男子身高(单位：cm) $\xi\sim N(170,36)$，问汽车车门的高度最少应该是多少？

14. 某厂生产的显像管的使用寿命 ξ 服从正态分布 $N(8000,\sigma^2)$，若要求(1) $P(7500<\xi<8500)=0.9$，(2) $P(\xi>7000)=0.95$，问允许 σ 的最大值分别是多少？

15. 设随机变量 ξ 的分布列为

ξ	−3	−2	−1	0	1	2
p_k	0.15	0.1	0.1	0.2	0.3	0.15

求：(1) $\eta=2\xi+3$ 的分布列；(2) $\theta=\xi^2$ 的分布列.

16. 设 ξ,η 相互独立，且均服从 0-1 分布，分别求 $\xi+\eta$ 与 $\xi\cdot\eta$ 的分布列.

§10-5 多维随机变量

在实际应用中，有些随机现象用一个随机变量来描述还不够，而需要用几个随机变量来描述.例如，打靶时以靶心为原点建立直角坐标系，命中点的位置是由一对随机变量(ξ,η)（两个坐标）来确定的.又如，考察某地区的气候，通常要同时考察气温X_1、气压X_2、风力X_3、湿度X_4这四个随机变量，记为(X_1,X_2,X_3,X_4).为研究这类随机变量的统计规律，我们需要研究多维随机变量.为方便研究，这里我们主要以二维离散型随机变量为例，介绍多维随机变量的相关知识.

一、二维离散型随机变量及其分布列

定义 1 若二维随机变量(ξ,η)只取有限多对或可列无穷多对值$(x_i,y_j)(i,j=1,2,\cdots)$，则称$(\xi,\eta)$为**二维离散型随机变量**.

设二维离散型随机变量(ξ,η)的所有可能取值为$(x_i,y_j)(i,j=1,2,\cdots)$，$(\xi,\eta)$取各个可能值的概率为

$$P(\xi=x_i,\eta=y_j)=p_{ij}(i,j=1,2,\cdots),$$

称$P(\xi=x_i,\eta=y_j)=p_{ij}(i,j=1,2,\cdots)$为$(\xi,\eta)$的分布列.

(ξ,η)的分布列还可以写成如下列表形式：

ξ \ η	y_1	y_2	$\cdots$	y_j	$\cdots$
x_1	p_{11}	p_{12}	$\cdots$	p_{1j}	$\cdots$
x_2	p_{21}	p_{22}	$\cdots$	p_{2j}	$\cdots$
$\vdots$	$\vdots$	$\vdots$		$\vdots$	
x_i	p_{i1}	p_{i2}	$\cdots$	p_{ij}	$\cdots$
$\vdots$	$\vdots$	$\vdots$		$\vdots$	

(ξ,η)的分布列具有下列性质：

(1) $p_{ij}\geqslant 0(i,j=1,2,\cdots)$；

(2) $\sum\limits_i\sum\limits_j p_{ij}=1$.

例 1 设(ξ,η)的分布列为

ξ \ η	1	2	3
0	0.1	0.1	0.3
1	0.25	0	0.25

求：(1) $P(\xi=0)$；(2) $P(\eta\leqslant 2)$；(3) $P(\xi<1,\eta\leqslant 2)$；(4) $P(\xi+\eta=2)$.

解 (1) 因为$\{\xi=0\}=\{\xi=0,\eta=1\}\cup\{\xi=0,\eta=2\}\cup\{\xi=0,\eta=3\}$，且事件$\{\xi=0,\eta=$

$1\}$，$\{\xi=0,\eta=2\}$，$\{\xi=0,\eta=3\}$两两互不相容，所以

$$P(\xi=0)=P(\xi=0,\eta=1)+P(\xi=0,\eta=2)+P(\xi=0,\eta=3)=0.1+0.1+0.3=0.5.$$

(2) 因为$\{\eta\leqslant 2\}=\{\eta=1\}\cup\{\eta=2\}=\{\xi=0,\eta=1\}\cup\{\xi=1,\eta=1\}\cup\{\xi=0,\eta=2\}\cup\{\xi=1,\eta=2\}$，且事件$\{\xi=0,\eta=1\}$，$\{\xi=1,\eta=1\}$，$\{\xi=0,\eta=2\}$，$\{\xi=1,\eta=2\}$两两互不相容，所以

$$\begin{aligned}P(\eta\leqslant 2)&=P(\xi=0,\eta=1)+P(\xi=1,\eta=1)+P(\xi=0,\eta=2)+P(\xi=1,\eta=2)\\&=0.1+0.25+0.1+0=0.45.\end{aligned}$$

(3) 因为$\{\xi<1,\eta\leqslant 2\}=\{\xi=0,\eta=1\}\cup\{\xi=0,\eta=2\}$，且事件$\{\xi=0,\eta=1\}$，$\{\xi=0,\eta=2\}$互不相容，所以

$$P(\xi<1,\eta\leqslant 2)=P(\xi=0,\eta=1)+P(\xi=0,\eta=2)=0.1+0.1=0.2.$$

(4) 因为$\{\xi+\eta=2\}=\{\xi=0,\eta=2\}\cup\{\xi=1,\eta=1\}$，且事件$\{\xi=0,\eta=2\}$，$\{\xi=1,\eta=1\}$互不相容，所以

$$P(\xi+\eta=2)=P(\xi=0,\eta=2)+P(\xi=1,\eta=1)=0.1+0.25=0.35.$$

例 2 现有1,2,3三个整数，ξ表示从这三个数字中随机抽取的一个整数，η表示从1到ξ中随机抽取的一个整数，试求(ξ,η)的分布列.

解 ξ,η的可能取值均为1,2,3. 利用概率乘法公式，可得(ξ,η)取各对数值的概率分别为 $P(\xi=1,\eta=1)=P(\xi=1)\cdot P(\eta=1|\xi=1)=\frac{1}{3}\times 1=\frac{1}{3}$.

类似地，有

$$P(\xi=2,\eta=1)=\frac{1}{3}\times\frac{1}{2}=\frac{1}{6},P(\xi=2,\eta=2)=\frac{1}{3}\times\frac{1}{2}=\frac{1}{6},$$

$$P(\xi=3,\eta=1)=\frac{1}{3}\times\frac{1}{3}=\frac{1}{9},P(\xi=3,\eta=2)=\frac{1}{3}\times\frac{1}{3}=\frac{1}{9},$$

$$P(\xi=3,\eta=3)=\frac{1}{3}\times\frac{1}{3}=\frac{1}{9}.$$

而$\{\xi=1,\eta=2\}$，$\{\xi=1,\eta=3\}$，$\{\xi=2,\eta=3\}$为不可能事件，所以其概率为零，即(ξ,η)的分布列为

ξ \ η	1	2	3
1	$\frac{1}{3}$	0	0
2	$\frac{1}{6}$	$\frac{1}{6}$	0
3	$\frac{1}{9}$	$\frac{1}{9}$	$\frac{1}{9}$

定义 2 对于离散型随机变量(ξ,η)，分量ξ(或η)的分布列称为(ξ,η)关于ξ(或η)的**边缘分布列**，记为$p_{i\cdot}(i=1,2,\cdots)$(或$p_{\cdot j}(j=1,2,\cdots)$).

边缘分布列可由(ξ,η)的分布列求出. 事实上，

$$\begin{aligned}p_{i\cdot}&=P(\xi=x_i)=P(\xi=x_i,\eta=y_1)+P(\xi=x_i,\eta=y_2)+\cdots+P(\xi=x_i,\eta=y_j)+\cdots\\&=\sum_j P(\xi=x_i,\eta=y_j)=\sum_j p_{ij},\end{aligned}$$

(ξ,η)关于ξ的边缘分布列为

$$p_{i\cdot}=P(\xi=x_i)=\sum_j p_{ij},\ i=1,2,\cdots.$$

同样可得到(ξ,η)关于η的边缘分布列为

$$p_{\cdot j}=P(\eta=y_j)=\sum_i p_{ij},\ j=1,2,\cdots.$$

(ξ,η)的边缘分布列有下列性质：

(1) $p_{i\cdot}\geqslant 0, p_{\cdot j}\geqslant 0(i,j=1,2,\cdots)$；

(2) $\sum_i p_{i\cdot}=1, \sum_j p_{\cdot j}=1$.

例 3 求例 2 中(ξ,η)关于ξ和η的边缘分布列.

解 ξ和η的可能值均为 1,2,3. (ξ,η)关于ξ的边缘分布列为

$$P(\xi=1)=p_{1\cdot}=p_{11}+p_{12}+p_{13}=\frac{1}{3}+0+0=\frac{1}{3},$$

$$P(\xi=2)=p_{2\cdot}=p_{21}+p_{22}+p_{23}=\frac{1}{6}+\frac{1}{6}+0=\frac{1}{3},$$

$$P(\xi=3)=p_{3\cdot}=p_{31}+p_{32}+p_{33}=\frac{1}{9}+\frac{1}{9}+\frac{1}{9}=\frac{1}{3}.$$

(ξ,η)关于η的边缘分布列为

$$P(\eta=1)=p_{\cdot 1}=p_{11}+p_{21}+p_{31}=\frac{1}{3}+\frac{1}{6}+\frac{1}{9}=\frac{11}{18},$$

$$P(\eta=2)=p_{\cdot 2}=p_{12}+p_{22}+p_{32}=0+\frac{1}{6}+\frac{1}{9}=\frac{5}{18},$$

$$P(\eta=3)=p_{\cdot 3}=p_{13}+p_{23}+p_{33}=0+0+\frac{1}{9}=\frac{1}{9}.$$

可以将(ξ,η)的分布列、边缘分布列写在同一张表上，如下表所示：

ξ \ η	1	2	3	$p_{i\cdot}$
1	$\frac{1}{3}$	0	0	$\frac{1}{3}$
2	$\frac{1}{6}$	$\frac{1}{6}$	0	$\frac{1}{3}$
3	$\frac{1}{9}$	$\frac{1}{9}$	$\frac{1}{9}$	$\frac{1}{3}$
$p_{\cdot j}$	$\frac{11}{18}$	$\frac{5}{18}$	$\frac{1}{9}$	

值得注意的是：对于二维离散型随机变量(ξ,η)，虽然由它的联合分布可以确定它的两个边缘分布，但在一般情况下，由(ξ,η)的两个边缘分布列是不能确定(ξ,η)的分布列的.

例 4 设盒中有 2 个红球、3 个白球，从中每次任取一个球，连续取两次，记ξ,η分别表示第一次与第二次取出的红球个数，分别对有放回摸球与无放回摸球两种情况，求出(ξ,η)的分布列与边缘分布列.

解 (1) 有放回摸球情况：

由于事件$\{\xi=i\}$与$\{\eta=j\}(i,j=0,1)$相互独立，所以

$$P(\xi=0,\eta=0)=P(\xi=0)\cdot P(\eta=0)=\frac{3}{5}\times\frac{3}{5}=\frac{9}{25},$$

$$P(\xi=0,\eta=1)=P(\xi=0)\cdot P(\eta=1)=\frac{3}{5}\times\frac{2}{5}=\frac{6}{25},$$

$$P(\xi=1,\eta=0)=P(\xi=1)\cdot P(\eta=0)=\frac{2}{5}\times\frac{3}{5}=\frac{6}{25},$$

$$P(\xi=1,\eta=1)=P(\xi=1)\cdot P(\eta=1)=\frac{2}{5}\times\frac{2}{5}=\frac{4}{25},$$

则(ξ,η)的分布列与边缘分布列为

ξ \ η	0	1	$p_{i\cdot}$
0	$\frac{9}{25}$	$\frac{6}{25}$	$\frac{3}{5}$
1	$\frac{6}{25}$	$\frac{4}{25}$	$\frac{2}{5}$
$p_{\cdot j}$	$\frac{3}{5}$	$\frac{2}{5}$	

(2) 无放回摸球情况:

$$P(\xi=0,\eta=0)=P(\xi=0)\cdot P(\eta=0|\xi=0)=\frac{3}{5}\times\frac{2}{4}=\frac{3}{10},$$

$$P(\xi=0,\eta=1)=P(\xi=0)\cdot P(\eta=1|\xi=0)=\frac{3}{5}\times\frac{2}{4}=\frac{3}{10},$$

$$P(\xi=1,\eta=0)=P(\xi=1)\cdot P(\eta=0|\xi=1)=\frac{2}{5}\times\frac{3}{4}=\frac{3}{10},$$

$$P(\xi=1,\eta=1)=P(\xi=1)\cdot P(\eta=1|\xi=1)=\frac{2}{5}\times\frac{1}{4}=\frac{1}{10},$$

则(ξ,η)的分布列与边缘分布列为

ξ \ η	0	1	$p_{i\cdot}$
0	$\frac{3}{10}$	$\frac{3}{10}$	$\frac{3}{5}$
1	$\frac{3}{10}$	$\frac{1}{10}$	$\frac{2}{5}$
$p_{\cdot j}$	$\frac{3}{5}$	$\frac{2}{5}$	

比较两表可以看出:在有放回抽样与无放回抽样两种情况下,(ξ,η)的边缘分布列完全相同,但(ξ,η)的分布列却不相同.这表明(ξ,η)的分布列不仅反映了两个变量的概率分布,而且反映了ξ与η之间的关系.因此,在研究二维随机变量时,不仅要考虑两个变量各自的性质,还需要考虑它们之间的联系,即将(ξ,η)作为一个整体来研究.

二、二维离散型随机变量的独立性

设二维离散型随机变量(ξ,η)的分布列为

$$p_{ij}=P(\xi=x_i,\eta=y_j),i,j=1,2,\cdots,$$

边缘分布列为

$$p_{i\cdot}=P(\xi=x_i)=\sum_j p_{ij},i=1,2,\cdots,$$

$$p_{\cdot j}=P(\eta=y_j)=\sum_i p_{ij},j=1,2,\cdots.$$

如果对于一切 i,j,有 $P(\xi=x_i,\eta=y_j)=P(\xi=x_i)\cdot P(\eta=y_j)$,即

$$p_{ij}=p_{i\cdot}\,p_{\cdot j},i,j=1,2,\cdots,$$

则称 ξ 与 η **相互独立**.

例 5 判断上述例 4 中 ξ 与 η 是否相互独立.

解 (1) 有放回摸球情况:

因为

$$P(\xi=0,\eta=0)=\frac{9}{25}=P(\xi=0)\cdot P(\eta=0),$$

$$P(\xi=0,\eta=1)=\frac{6}{25}=P(\xi=0)\cdot P(\eta=1),$$

$$P(\xi=1,\eta=0)=\frac{6}{25}=P(\xi=1)\cdot P(\eta=0),$$

$$P(\xi=1,\eta=1)=\frac{4}{25}=P(\xi=1)\cdot P(\eta=1),$$

所以 ξ 与 η 相互独立.

(2) 无放回摸球情况:

因为

$$P(\xi=0,\eta=0)=\frac{3}{10},$$

$$P(\xi=0)\cdot P(\eta=0)=\frac{3}{5}\times\frac{3}{5}=\frac{9}{25},$$

$$P(\xi=0,\eta=0)\neq P(\xi=0)\cdot P(\eta=0),$$

所以 ξ 与 η 不相互独立.

例 6 设(ξ,η)的分布列为

ξ \ η	1	2
1	$\frac{1}{9}$	a
2	$\frac{1}{6}$	$\frac{1}{3}$
3	$\frac{1}{18}$	b

且 ξ 与 η 相互独立,求常数 a,b 的值.

解 因为 ξ 与 η 相互独立,所以

$$P(\xi=1,\eta=1)=P(\xi=1)\cdot P(\eta=1),$$

$$P(\xi=3,\eta=1)=P(\xi=3)\cdot P(\eta=1),$$

而

$$P(\xi=1,\eta=1)=\frac{1}{9},P(\xi=3,\eta=1)=\frac{1}{18},$$

$$P(\xi=1)=\frac{1}{9}+a, P(\xi=3)=\frac{1}{18}+b, P(\eta=1)=\frac{1}{9}+\frac{1}{6}+\frac{1}{18}=\frac{1}{3},$$

故
$$\frac{1}{9}=\left(\frac{1}{9}+a\right)\times\frac{1}{3}, \frac{1}{18}=\left(\frac{1}{18}+b\right)\times\frac{1}{3},$$

解得
$$a=\frac{2}{9}, b=\frac{1}{9}.$$

习题 10-5(A)

1. 判断下列各命题是否正确：

(1) 由(ξ,η)的分布列可确定ξ与η的边缘分布列；

(2) 由(ξ,η)的两个边缘分布列可确定(ξ,η)的分布列；

(3) 若(ξ,η)是二维离散型随机变量，则$P(\xi\leqslant a,\eta\leqslant b)=P(\xi<a,\eta<b)$(其中$a,b$是常数).

2. 已知(ξ,η)的分布列为

ξ \ η	1	2	3
0	0.1	0.2	0.3
1	0.15	0	0.25

则 $P(\xi<1)=$____________, $P(\eta<2)=$____________,
$P(\eta\leqslant 2)=$____________, $P(\xi\leqslant 1,\eta<2)=$____________.

习题 10-5(B)

1. 袋中装有10个球，其中8个红球、2个白球，从袋中随机摸两次球，每次摸一个，定义随机变量ξ,η如下：

$$\xi=\begin{cases}0, & \text{若第一次取出的是红球,}\\ 1, & \text{若第一次取出的是白球;}\end{cases}\quad \eta=\begin{cases}0, & \text{若第二次取出的是红球,}\\ 1, & \text{若第二次取出的是白球.}\end{cases}$$

在有放回抽样和无放回抽样两种情形下，分别写出(ξ,η)的分布列与边缘分布列.

2. 设(ξ,η)只在点$(-1,1)$, $(-1,2)$, $(1,1)$, $(1,2)$处取值，且取这些值的概率依次为$\frac{1}{6},\frac{1}{3},\frac{1}{12},\frac{5}{12}$，求$(\xi,\eta)$的分布列与边缘分布列.

3. 设ξ与η相互独立，具有下列分布列：

ξ	0	1
p_k	0.3	0.7

η	-1	1	2
p_k	0.2	0.2	0.6

求(ξ,η)的分布列.

4. 设(ξ,η)的分布列为

ξ \ η	-1	3	5
-1	$\frac{1}{15}$	q	$\frac{1}{5}$
1	p	$\frac{1}{5}$	$\frac{3}{10}$

问p,q分别为何值时ξ与η相互独立？

§10-6　随机变量的数字特征

对于随机变量，只要知道它的概率分布我们就能掌握它的全部概率性质，然而在许多实际问题中求得随机变量的概率分布并不容易，而且对于有些问题来说，只要知道它的某些特征性质即可，如随机变量取值的集中位置、离散程度等. 我们把刻画随机变量某些方面特征的数值，称为随机变量的数字特征. 本节重点讨论随机变量的数学期望、方差、协方差与相关系数.

一、数学期望

先看一个例子.

一射手在一次射击中，命中的环数ξ这一随机变量的可能取值为0～10共11个整数. 在相同的条件下射击100次，其命中的环数情况统计如下：

ξ	10	9	8	7	0～6
频数	50	20	20	10	0
频率	0.5	0.2	0.2	0.1	0

就这100次射击的命中情况，可以从命中环数的平均值这一数字来观察射手的射击水平. 100次射击命中环数的平均值为

$$\frac{1}{100}(10\times50+9\times20+8\times20+7\times10)=9.1(\text{环}),$$

对上式稍作变化，得

$$10\times0.5+9\times0.2+8\times0.2+7\times0.1=9.1(\text{环}).$$

即在100次射击中，命中环数的平均值正好是ξ的所有可能取值与相应的频率乘积的总和，它反映了在100次射击中取值的“平均值”.

随着射击次数的增多，命中环数的频率稳定于概率. 设ξ的分布列为

ξ	10	9	8	7	6	5	4	3	2	1	0
p_k	p_{10}	p_9	p_8	p_7	p_6	p_5	p_4	p_3	p_2	p_1	p_0

记 $\sum_{k=0}^{10} k \cdot p_k$，它表示概率意义下命中环数的“平均值”. 我们称它为 ξ 的**概率平均值**或**数学期望**. 事实上，数学期望是平均值的推广，是以概率为权数的加权平均.

定义 1 设离散型随机变量 ξ 的分布列为

ξ	x_1	x_2	$\cdots$	x_n	$\cdots$
p_k	p_1	p_2	$\cdots$	p_n	$\cdots$

记
$$E(\xi) = x_1 p_1 + x_2 p_2 + \cdots + x_n p_n + \cdots = \sum_{k=1}^{\infty} x_k p_k.$$

当 ξ 的可能取值只有有限个时，$E(\xi) = \sum_{k=1}^{n} x_k p_k$ 存在；当 ξ 取无穷可列个值时，如果 $\sum_{k=1}^{\infty} |x_k| p_k = \lim_{n\to\infty} \sum_{k=1}^{n} |x_k| p_k$ 存在，则 $E(\xi)$ 存在，规定 $E(\xi) = \sum_{k=1}^{\infty} x_k p_k = \lim_{n\to\infty} \sum_{k=1}^{n} x_k p_k$. 如果 $E(\xi)$ 为常数，则称 $E(\xi)$ 为**离散型随机变量 ξ 的数学期望**（简称**期望**或**均值**）.

类似地，可给出连续型随机变量的数学期望的定义.

定义 2 设连续型随机变量 ξ 具有密度函数 $f(x)$，记
$$E(\xi) = \int_{-\infty}^{+\infty} x f(x) \mathrm{d}x,$$
如果广义积分 $\int_{-\infty}^{+\infty} |x| f(x) \mathrm{d}x$ 收敛，则称 $E(\xi)$ 为**连续型随机变量 ξ 的数学期望**.

例 1 计算 0－1 分布的数学期望.

解 设 ξ 服从 0－1 分布，则其分布列为

ξ	0	1
p_k	q	p

其中 $p, q > 0, p + q = 1$. 从而 $E(\xi) = 0 \cdot q + 1 \cdot p = p$.

例 2 计算正态分布的数学期望.

解 设 $\xi \sim N(\mu, \sigma^2)$，则
$$E(\xi) = \int_{-\infty}^{+\infty} x \frac{1}{\sqrt{2\pi}\sigma} \mathrm{e}^{-\frac{(x-\mu)^2}{2\sigma^2}} \mathrm{d}x \xlongequal{令\frac{x-\mu}{\sigma}=t} \int_{-\infty}^{+\infty} \frac{1}{\sqrt{2\pi}} (\mu + \sigma t) \mathrm{e}^{-\frac{t^2}{2}} \mathrm{d}t$$
$$= \frac{\mu}{\sqrt{2\pi}} \int_{-\infty}^{+\infty} \mathrm{e}^{-\frac{t^2}{2}} \mathrm{d}t + \frac{\sigma}{\sqrt{2\pi}} \int_{-\infty}^{+\infty} t \mathrm{e}^{-\frac{t^2}{2}} \mathrm{d}t.$$

第一个积分 $\int_{-\infty}^{+\infty} \mathrm{e}^{-\frac{t^2}{2}} \mathrm{d}t = \sqrt{2\pi}$ 称为**概率积分**；

第二个积分 $\int_{-\infty}^{+\infty} t \mathrm{e}^{-\frac{t^2}{2}} \mathrm{d}t$ 为对称区间上奇函数的积分，积分值为 0.

所以 $E(\xi) = \mu$.

这正是预料之中的结果，μ 是正态分布的中心，也是正态变量取值的集中位置. 又因为正态分布是对称的，μ 应该是期望.

数学期望是描述随机变量取值的平均状况的数字特征，它有许多重要的性质，利用这些

性质可以进行数学期望的计算.

性质 1 $E(C)=C$,C 为常数.

性质 2 $E(C\xi)=CE(\xi)$,C 为常数.

性质 3 $E(\xi+\eta)=E(\xi)+E(\eta)$.

一般地,有 $E(\sum_{i=1}^{n}C_i\xi_i)=\sum_{i=1}^{n}C_iE(\xi_i)$ (C_i 为常数;$i=1,2,\cdots,n$;n 为有限自然数).

性质 4 若随机变量 $\xi_1,\xi_2,\cdots,\xi_n$ 相互独立,且 $E(\xi_i)(i=1,2,\cdots,n)$ 均存在,则

$$E(\xi_1\cdot\xi_2\cdot\cdots\cdot\xi_n)=E(\xi_1)\cdot E(\xi_2)\cdot\cdots\cdot E(\xi_n).$$

性质 5 设 $g(x)$ 为 $\mathbf{R}$ 上的连续函数,随机变量 ξ 的函数为 $\eta=g(\xi)$,则 η 的数学期望 $E(\eta)$ 可按下列情形计算:

若 ξ 为离散型随机变量,具有分布列 $P(\xi=x_k)=p_k(k=1,2,\cdots,n,\cdots)$,并且极限 $\lim\limits_{n\to\infty}\sum_{k=1}^{n}|g(x_k)|p_k$ 存在,则

$$E(\eta)=E[g(\xi)]=g(x_1)p_1+g(x_2)p_2+\cdots+g(x_n)p_n+\cdots=\sum_{k=1}^{\infty}g(x_k)p_k;$$

若 ξ 为连续型随机变量,具有密度函数 $f(x)$,且 $\int_{-\infty}^{+\infty}|g(x)|f(x)\mathrm{d}x$ 收敛,则

$$E(\eta)=E[g(\xi)]=\int_{-\infty}^{+\infty}g(x)f(x)\mathrm{d}x.$$

例 3 设 ξ 的分布列为

ξ	-2	-1	0	1	2
p_k	$\frac{1}{5}$	$\frac{1}{6}$	$\frac{1}{5}$	$\frac{1}{15}$	$\frac{11}{30}$

求 $E(2\xi^2-1)$.

解 由数学期望的性质 5,得

$$E(\xi^2)=(-2)^2\times\frac{1}{5}+(-1)^2\times\frac{1}{6}+0^2\times\frac{1}{5}+1^2\times\frac{1}{15}+2^2\times\frac{11}{30}=\frac{5}{2},$$

所以
$$E(2\xi^2-1)=2E(\xi^2)-E(1)=5-1=4.$$

二、方差

数学期望反映了随机变量取值的集中位置,但在许多实际问题中仅了解取值的平均状况是不够的,还必须了解随机变量的取值偏离均值的程度.

例如,有甲、乙两工厂生产同一种设备,使用寿命(单位:h)的概率分布如下表所示.

甲工厂:

ξ	800	900	1000	1100	1200
p_k	0.1	0.2	0.4	0.2	0.1

乙工厂:

η	800	900	1000	1100	1200
p_k	0.2	0.2	0.2	0.2	0.2

计算，得

$E(\xi)=800\times0.1+900\times0.2+1000\times0.4+1100\times0.2+1200\times0.1=1000$，

$E(\eta)=800\times0.2+900\times0.2+1000\times0.2+1100\times0.2+1200\times0.2=1000$.

两厂生产的设备使用寿命的数学期望相同，但由分布列可以看出，甲厂产品的使用寿命较集中在 1000 h 左右，而乙厂产品的使用寿命却比较分散，说明乙厂产品的稳定性较差. 如何用一个数值来描述随机变量的分散程度呢？在概率中通常用“方差”这一数字特征来描述这种分散程度. 现在我们来看两个工厂产品使用寿命与其均值之差的概率分布.

甲工厂：

$\xi-E(\xi)$	-200	-100	0	100	200
p_k	0.1	0.2	0.4	0.2	0.1

乙工厂：

$\eta-E(\eta)$	-200	-100	0	100	200
p_k	0.2	0.2	0.2	0.2	0.2

我们从均值的定义联想到，能否用随机变量与其均值之差的数学期望来描述随机变量的分散程度呢？计算可知 $E[\xi-E(\xi)]=E[\eta-E(\eta)]=0$，显然由于正负抵消，这样做是不合理的. 为此，改用随机变量与其均值之差的平方的数学期望来描述，即

甲工厂：$E[\xi-E(\xi)]^2=(-200)^2\times0.1+(-100)^2\times0.2+0^2\times0.4+100^2\times0.2+200^2\times0.1=12000$；

乙工厂：$E[\eta-E(\eta)]^2=(-200)^2\times0.2+(-100)^2\times0.2+0^2\times0.2+100^2\times0.2+200^2\times0.2=20000$.

由此可见，甲工厂产品使用寿命的分散程度较小，产品质量较稳定.

定义 3 设离散型随机变量 ξ 的分布列为

ξ	x_1	x_2	$\cdots$	x_n	$\cdots$
p_k	p_1	p_2	$\cdots$	p_n	$\cdots$

记 $D(\xi)=[x_1-E(\xi)]^2p_1+[x_2-E(\xi)]^2p_2+\cdots+[x_n-E(\xi)]^2p_n+\cdots$

$$=\sum_{k=1}^{\infty}[x_k-E(\xi)]^2p_k,$$

当 $D(\xi)$ 为常数时，称 $D(\xi)$ 为**离散型随机变量 ξ 的方差**.

定义 4 设连续型随机变量 ξ 具有密度函数 $f(x)$，记

$$D(\xi)=\int_{-\infty}^{+\infty}[x-E(\xi)]^2f(x)\mathrm{d}x=E[\xi-E(\xi)]^2,$$

如果广义积分 $\int_{-\infty}^{+\infty}x^2f(x)\mathrm{d}x$ 收敛，则称 $D(\xi)$ 为**连续型随机变量 ξ 的方差**.

方差刻画了随机变量的分散程度，方差越小，随机变量取值的分散程度越小，即取值越集中.

例 4 计算 0－1 分布的方差.

解 由例 1，知 $E(\xi)=0\cdot q+1\cdot p=p$，

从而 $D(\xi)=(0-p)^2\cdot q+(1-p)^2\cdot p=p^2q+p-2p^2+p^3=pq$.

例 5 计算正态分布的方差.

解 设 $\xi \sim N(\mu,\sigma^2)$，由例 2 有 $E(\xi)=\mu$，所以

$$D(\xi)=\int_{-\infty}^{+\infty}(x-\mu)^2\frac{1}{\sqrt{2\pi}\sigma}\mathrm{e}^{-\frac{(x-\mu)^2}{2\sigma^2}}\mathrm{d}x \xlongequal{令\frac{x-\mu}{\sigma}=t} \int_{-\infty}^{+\infty}\frac{\sigma^2}{\sqrt{2\pi}}t^2\mathrm{e}^{-\frac{t^2}{2}}\mathrm{d}t$$

$$=-\frac{\sigma^2}{\sqrt{2\pi}}\int_{-\infty}^{+\infty}t\mathrm{d}(\mathrm{e}^{-\frac{t^2}{2}})=-\frac{\sigma^2}{\sqrt{2\pi}}\left(t\mathrm{e}^{-\frac{t^2}{2}}\bigg|_{-\infty}^{+\infty}-\int_{-\infty}^{+\infty}\mathrm{e}^{-\frac{t^2}{2}}\mathrm{d}t\right)$$

$$=-\frac{\sigma^2}{\sqrt{2\pi}}(0-\sqrt{2\pi})=\sigma^2.$$

下面介绍方差的性质.

性质 1 $D(\xi)=E[\xi-E(\xi)]^2=E(\xi^2)-E^2(\xi)$.

性质 2 $D(C)=0$，C 为常数.

性质 3 $D(C\xi)=C^2D(\xi)$，C 为常数.

性质 4 若有限个随机变量 $\xi_1,\xi_2,\cdots,\xi_n$ 相互独立，则

$D\left(\sum_{i=1}^{n}C_i\xi_i\right)=\sum_{i=1}^{n}C_i^2D(\xi_i)$（$C_i$ 均为常数；$i=1,2,\cdots,n$；n 为有限自然数）.

例 6 利用性质计算二项分布的数学期望和方差.

解 设 $\xi \sim B(n,p)$，则 ξ 表示 n 重伯努利试验中事件 A 发生的次数，它可看作是 n 个互相独立且都服从 0－1 分布的随机变量 $\xi_1,\xi_2,\cdots,\xi_n$ 之和，即 $\xi=\sum_{i=1}^{n}\xi_i$.

由例 1 和例 4 知，对任意的 i，有 $E(\xi_i)=p$，$D(\xi_i)=pq$.

从而由数学期望的性质，知 $E(\xi)=\sum_{i=1}^{n}E(\xi_i)=np$；

由方差的性质，知 $D(\xi)=\sum_{i=1}^{n}D(\xi_i)=npq$.

也可直接根据定义计算二项分布的数学期望和方差，但比例 6 的方法要烦琐.

例 7 设随机变量 ξ,η 相互独立，且 $\xi \sim N(1,2)$，$\eta \sim N(2,2)$，求随机变量 $\xi-2\eta+3$ 的数学期望和方差.

解 由例 2、例 5，知 $E(\xi)=1$，$D(\xi)=2$，$E(\eta)=2$，$D(\eta)=2$，于是

$$E(\xi-2\eta+3)=E(\xi)-2E(\eta)+E(3)=1-2\times2+3=0,$$

$$D(\xi-2\eta+3)=D(\xi)+4D(\eta)+D(3)=2+4\times2+0=10.$$

例 8 若 $\xi_1,\xi_2,\cdots,\xi_n$ 是 n 个相互独立的随机变量，且具有相同的分布，$E(\xi_i)=\mu$，$D(\xi_i)=\sigma^2(i=1,2,\cdots,n)$，求证：随机变量 $\bar{\xi}=\frac{1}{n}\sum_{i=1}^{n}\xi_i$ 的数学期望为 μ，随机变量 $\eta=\dfrac{\bar{\xi}}{\frac{1}{\sqrt{n}}}$ 的方差为 σ^2.

证明

$$E(\bar{\xi})=E\left(\frac{1}{n}\sum_{i=1}^{n}\xi_i\right)=\frac{1}{n}\sum_{i=1}^{n}E(\xi_i)=\frac{1}{n}\cdot n\mu=\mu,$$

$$D(\eta)=D\left(\frac{\bar{\xi}}{\frac{1}{\sqrt{n}}}\right)=nD(\bar{\xi})=nD\left(\frac{1}{n}\sum_{i=1}^{n}\xi_i\right)=\frac{n}{n^2}\sum_{i=1}^{n}D(\xi_i)=\frac{1}{n}\cdot n\sigma^2=\sigma^2.$$

根据数学期望和方差的定义、性质，可计算出一些常见概率分布的数学期望、方差，见下表(表 10-2)：

表 10-2

概率分布	$E(\xi)$	$D(\xi)$
$\xi\sim 0-1$	p	pq
$\xi\sim B(n,p)$	np	npq
$\xi\sim P(\lambda)$	λ	λ
$\xi\sim[a,b]$	$\frac{a+b}{2}$	$\frac{1}{12}(b-a)^2$
$\xi\sim N(\mu,\sigma^2)$	μ	σ^2
$\xi\sim Z(\lambda)$	$\frac{1}{\lambda}$	$\frac{1}{\lambda^2}$

三、协方差与相关系数

对二维随机变量(ξ,η)，我们除了讨论ξ与η的数学期望与方差，还需讨论ξ与η之间相互关系的数字特征.下面我们就讨论这方面的数字特征：协方差、相关系数.

定义 5 设有二维随机变量(ξ,η)，且$E(\xi)$，$E(\eta)$存在，如果$E\{[\xi-E(\xi)][\eta-E(\eta)]\}$存在，则称此值为$\xi$与$\eta$的**协方差**，记为$\mathrm{Cov}(\xi,\eta)$，即

$$\mathrm{Cov}(\xi,\eta)=E\{[\xi-E(\xi)][\eta-E(\eta)]\}.$$

当(ξ,η)为二维离散型随机变量时，其分布列为

$$p_{ij}=P(\xi=x_i,\eta=y_j)(i,j=1,2,\cdots),$$

则

$$\mathrm{Cov}(\xi,\eta)=\sum_i\sum_j[x_i-E(\xi)][y_j-E(\eta)]p_{ij}.$$

运用数学期望的性质可以证明，协方差有下列计算公式：

$$\mathrm{Cov}(\xi,\eta)=E(\xi\eta)-E(\xi)E(\eta).$$

特别地，取$\xi=\eta$时，有

$$\mathrm{Cov}(\xi,\xi)=E\{[\xi-E(\xi)][\xi-E(\xi)]\}=D(\xi).$$

协方差具有下列性质：

(1) $\mathrm{Cov}(\xi,\eta)=\mathrm{Cov}(\eta,\xi)$；

(2) $\mathrm{Cov}(a\xi,b\eta)=ab\mathrm{Cov}(\xi,\eta)$，其中$a,b$为任意常数；

(3) $\mathrm{Cov}(\xi_1+\xi_2,\eta)=\mathrm{Cov}(\xi_1,\eta)+\mathrm{Cov}(\xi_2,\eta)$；

(4) 若ξ与η相互独立，则$\mathrm{Cov}(\xi,\eta)=0$.

定义 6 若$D(\xi)>0$，$D(\eta)>0$，称$\frac{\mathrm{Cov}(\xi,\eta)}{\sqrt{D(\xi)}\sqrt{D(\eta)}}$为$\xi$与$\eta$的**相关系数**，记为$\rho_{\xi\eta}$，即

$$\rho_{\xi\eta}=\frac{\mathrm{Cov}(\xi,\eta)}{\sqrt{D(\xi)}\sqrt{D(\eta)}}.$$

相关系数具有下列性质：

(1) $|\rho_{\xi\eta}|\leqslant 1$.

(2) $|\rho_{\xi\eta}|=1$的充分必要条件是存在常数a,b使

$$P(\eta=a\xi+b)=1\text{ 且 }a\neq 0.$$

两个随机变量的相关系数是两个随机变量间线性联系密切程度的度量. $|\rho_{\xi\eta}|$越接近1, ξ与η之间的线性关系越密切. 当$|\rho_{\xi\eta}|=1$时, ξ与η之间存在完全的线性关系，即$\eta=a\xi+b$；当$\rho_{\xi\eta}=0$时, ξ与η之间无线性关系.

定义 7 若相关系数$\rho_{\xi\eta}=0$，则称ξ与η不相关.

显然，当$D(\xi)>0, D(\eta)>0$时，随机变量ξ与η不相关的充分必要条件是$\mathrm{Cov}(\xi,\eta)=0$.

若随机变量ξ与η相互独立，则$\mathrm{Cov}(\xi,\eta)=0$，此时ξ与η不相关. 反之，若随机变量ξ与η不相关，则ξ与η不一定相互独立.

例 9 设随机变量(ξ,η)的分布列为

ξ \ η	-1	1
-1	0.25	0
1	0.5	0.25

求$E(\xi), E(\eta), D(\xi), D(\eta), \mathrm{Cov}(\xi,\eta), \rho_{\xi\eta}$.

解 ξ,η的分布列分别为

ξ	-1	1
p_k	0.25	0.75

η	-1	1
p_k	0.75	0.25

$$E(\xi)=-1\times 0.25+1\times 0.75=0.5,$$
$$E(\xi^2)=(-1)^2\times 0.25+1^2\times 0.75=1,$$
$$D(\xi)=E(\xi^2)-E^2(\xi)=1-0.25=0.75,$$
$$E(\eta)=-1\times 0.75+1\times 0.25=-0.5,$$
$$E(\eta^2)=(-1)^2\times 0.75+1^2\times 0.25=1,$$
$$D(\eta)=E(\eta^2)-E^2(\eta)=1-0.25=0.75,$$
$$E(\xi\eta)=1\times 0.25+(-1)\times 0.5+1\times 0.25=0,$$
$$\mathrm{Cov}(\xi,\eta)=E(\xi\eta)-E(\xi)E(\eta)=0.25,$$
$$\rho_{\xi\eta}=\frac{\mathrm{Cov}(\xi,\eta)}{\sqrt{D(\xi)}\sqrt{D(\eta)}}=\frac{0.25}{\sqrt{0.75}\times\sqrt{0.75}}=\frac{1}{3}.$$

习题 10-6(A)

1. 设ξ的分布列为$P(\xi=k)=\frac{1}{n}(k=1,2,\cdots,n)$，求$E(\xi), D(\xi)$.

2. 利用定义求均匀分布的数学期望和方差.

3. 设随机变量ξ的分布密度为$\varphi(x)=\frac{1}{\pi(1+x^2)}$，由于$\int_{-\infty}^{+\infty}\frac{x}{\pi(1+x^2)}\mathrm{d}x=0$，能否认为$\xi$的数学期望$E(\xi)=0$？为什么？

4. 设随机变量 ξ 的概率密度为 $f(x)=\begin{cases}1+x, & -1\leqslant x\leqslant 0,\\ 1-x, & 0<x<1,\\ 0, & \text{其他},\end{cases}$ 求 $E(\xi)$, $D(\xi)$.

5. 某盒子中装有 20 件产品，其中有 4 件是次品，现随机地从盒子中抽取 3 件，求抽取的 3 件产品中次品数的数学期望和方差.

6. 利用数学期望的性质证明方差的性质 1.

7. 设 $\xi_1,\xi_2,\cdots,\xi_n$ 是 n 个相互独立的随机变量，且都服从正态分布 $N(\mu,\sigma^2)$，$\bar{\xi}=\frac{1}{n}\sum_{i=1}^{n}\xi_i$，$\nu=\frac{\bar{\xi}-\mu}{\sigma}\sqrt{n}$，证明：$E(\nu)=0$，$D(\nu)=1$.

习题 10-6(B)

1. 设 ξ 的分布列为

ξ	-1	0	$\frac{1}{2}$	1	2
p_k	$\frac{1}{3}$	$\frac{1}{6}$	$\frac{1}{6}$	$\frac{1}{12}$	$\frac{1}{4}$

求：(1) $E(\xi)$；(2) $E(-2\xi+1)$；(3) $E(\xi^2)$；(4) $D(\xi)$；(5) $D(-2\xi)$.

2. 两台自动机床 A,B 生产同一种零件，已知生产 1000 只零件的次品数及概率分别如下表所示：

次品数	0	1	2	3
概率(A)	0.7	0.2	0.06	0.04
概率(B)	0.8	0.06	0.04	0.10

问哪台机床加工质量较好？

3. 一批种子的发芽率为 90%，播种时每穴种 5 粒种子，求每穴种子发芽粒数的数学期望和方差.

4. 一批零件中有 9 个正品、3 个次品，在安装机器时，从这批零件中任取一个，若取出次品不再放回，继续重取一个，求取得正品以前，已取出的次品数的数学期望和方差.

5. 一台仪器中的 3 个元件相互独立地工作，发生故障的概率分别是 0.2，0.3，0.4，求发生故障的元件数的数学期望和方差.

6. 已知 $\xi\sim N(1,2)$，$\eta\sim N(2,4)$，且 ξ 与 η 相互独立，求 $E(3\xi-\eta+1)$ 和 $D(\eta-2\xi)$.

7. 设 ξ 的密度函数为 $f(x)=\begin{cases}kx^{\alpha}, & 0\leqslant x\leqslant 1, k,\alpha>0,\\ 0, & \text{其他},\end{cases}$ 且已知 $E(\xi)=\frac{3}{4}$，求 k 与 α 的值.

8. 设 ξ 的密度函数为 $\varphi(x)=\begin{cases}e^{-x}, & x>0,\\ 0, & x\leqslant 0,\end{cases}$ 求：(1) $E(\xi)$；(2) $E(e^{-2\xi})$.

9. 设随机变量(ξ,η)的分布列为

$\xi \backslash \eta$	1	2
0	0.4	0
1	0.4	0.2

求 $E(\xi)$,$E(\eta)$,$D(\xi)$,$D(\eta)$,$\mathrm{Cov}(\xi,\eta)$,$\rho_{\xi\eta}$.

§10-7 统计量 统计特征数

前面我们的讨论总是从已给的随机变量ξ出发,来研究该随机变量的种种性质,这时ξ的分布函数$F(x)$都已事先给定.然而在实际问题中,$F(x)$常常是未知的.例如,测试灯泡使用寿命的试验是破坏性的,一旦灯泡使用寿命测试出来,灯泡也就报废了.因此,直接寻求灯泡使用寿命ξ的分布是不现实的,一般只能从全部灯泡中抽取一定数量的灯泡,通过对这些灯泡的观测结果,来对全部灯泡的特性进行估计和推断.数理统计就是基于这种思想,利用概率的理论而建立起来的数学方法.

一、总体和样本

在统计学中,把研究对象的全体称为**总体**(或**母体**),而把构成总体的每一个对象称为**个体**;从总体中抽出的一部分个体称为**样本**(或**子样**),样本中所含个体的个数称为**样本容量**.

例如,研究一批灯泡的质量时,该批灯泡的全体就构成了总体,而其中的每一个灯泡就是个体;从该批灯泡中抽取 100 个进行检测或试验,则这 100 个灯泡就构成了一个容量为 100 的样本.

在实际问题中,从数学角度研究总体时,所关心的是它的某些数量指标,如灯泡的使用寿命(数量指标),这时总体就是每个灯泡(个体)使用寿命数据的集合Ω.设ξ表示灯泡的使用寿命,则ξ的取值的集合就是Ω.

一般地,当我们提到总体时,通常是指总体的某一数量指标ξ可能取值的集合,习惯上说成是总体ξ.这样,对总体的某种规律的研究,就归结为讨论与这种规律相联系的随机变量ξ的分布或其数字特征.

从总体中抽取容量为n的样本进行观测(或试验),实际上就是对总体在相同的条件下进行n次独立的重复试验,试验结果用$\xi_1,\xi_2,\cdots,\xi_n$表示,它们都是随机变量,样本就表现为n个随机变量,记为$(\xi_1,\xi_2,\cdots,\xi_n)$.对样本进行一次观察所得到的一组确定的取值$(x_1,x_2,\cdots,x_n)$称为**样本观察值**或**样本值**.

例如,从一批灯泡中抽取 100 个灯泡,样本即为$(\xi_1,\xi_2,\cdots,\xi_{100})$,其中$\xi_i(i=1,2,\cdots,100)$表示第$i$个灯泡的使用寿命;对抽出的 100 个灯泡进行测试后,其使用寿命值$(x_1,x_2,\cdots,x_{100})$就是样本值,其中x_i是$\xi_i(i=1,2,\cdots,100)$的观察值.

对总体在相同的条件下进行 n 次独立的重复试验，相当于对样本提出如下要求：

(1) 代表性. 总体中每个个体被抽中的机会是相等的，即样本中每个 $\xi_i(i=1,2,\cdots,n)$ 都和总体 ξ 具有相同的分布；

(2) 独立性. 样本中每个个体的观测结果互不影响，即 $\xi_1,\xi_2,\cdots,\xi_n$ 是相互独立的随机变量.

满足要求(1)和(2)的样本称为**简单随机样本**，今后所指的样本如无特别说明均为简单随机样本.

二、统计量

样本是总体的代表和反映，是统计推断的基本依据，但是，对于不同的总体，甚至对于同一个总体，我们所关心的问题往往是不一样的. 因此，根据不同的问题，必须对样本进行不同的处理，这种处理就是构造样本的某种函数.

设$(\xi_1,\xi_2,\cdots,\xi_n)$是来自总体 ξ 的一个样本，我们把随机变量 $\xi_1,\xi_2,\cdots,\xi_n$ 的函数称为**样本函数**. 若样本函数中不包含总体的未知参数，这样的样本函数称为**统计量**，记作 $Q(\xi_1,\xi_2,\cdots,\xi_n)$. 统计量是随机变量，它的取值依赖于样本值. 总体参数通常是指总体分布中所含的参数或数字特征.

设$(\xi_1,\xi_2,\cdots,\xi_n)$是来自总体 ξ 的一个样本，样本值为$(x_1,x_2,\cdots,x_n)$. 我们把 $Q(x_1,x_2,\cdots,x_n)$称为统计量 $Q(\xi_1,\xi_2,\cdots,\xi_n)$的观察值.

数理统计的中心任务就是针对问题的特征，构造一个合理的统计量，并找出它的分布规律，以便利用这种规律对总体作出相应的估计和推断.

三、统计特征数

能反映样本值分布的数字特征的统计量统称为**统计特征数**(或**样本特征数**).

设$(\xi_1,\xi_2,\cdots,\xi_n)$是来自总体 ξ 的一个样本，样本值为$(x_1,x_2,\cdots,x_n)$，下面介绍几个常用的统计特征数.

1. 样本矩

(1) 原点矩.

统计量 $A^{*k}=\dfrac{1}{n}\sum\limits_{i=1}^{n}\xi_i^k$ 称为 k **阶原点矩**，其观察值记为 $X^{*k}=\dfrac{1}{n}\sum\limits_{i=1}^{n}x_i^k$.

特别地，$k=1$ 时称为**样本均值**，记为 $\bar{\xi}=\dfrac{1}{n}\sum\limits_{i=1}^{n}\xi_i$，其观察值记为 $\bar{x}=\dfrac{1}{n}\sum\limits_{i=1}^{n}x_i$.

样本均值反映了样本值分布的集中位置，代表样本取值的平均水平.

(2) 中心矩.

统计量 $B^{*k}=\dfrac{1}{n-1}\sum\limits_{i=1}^{n}(\xi_i-\bar{\xi})^k$ 称为 k **阶中心矩**，其观察值记为

$$s^{*k}=\frac{1}{n-1}\sum_{i=1}^{n}(x_i-\bar{x})^k.$$

特别地，$k=2$ 时称为**样本方差**，记为 $S^{*2}=\dfrac{1}{n-1}\sum\limits_{i=1}^{n}(\xi_i-\bar{\xi})^2$，其观察值记为

$$s^{*2}=\frac{1}{n-1}\sum_{i=1}^{n}(x_i-\bar{x})^2.$$

样本方差的算术平方根称为**样本标准差**，记为 S^*.

样本方差或样本标准差反映了样本值分布的离中(或离散)程度.

2. 中位数

将样本值数据按大小排序后，居于中间位置的数称为**中位数**，记为 M_e. 当 n 为偶数时，规定 M_e 取居中位置的两数的平均值.

3. 样本极差

统计量 $R=\max\{\xi_1,\xi_2,\cdots,\xi_n\}-\min\{\xi_1,\xi_2,\cdots,\xi_n\}$ 称为**样本极差**，其观察值仍记为 R，即样本值中最大数与最小数之差.

4. 标准差系数

统计量 $C=\frac{S^*}{\bar{\xi}}\times 100\%$ 称为**标准差系数**，其观察值记为 $c=\frac{s^*}{\bar{x}}\times 100\%$.

标准差系数反映了样本值数据相对于样本均值的离散程度.

例 1 从某厂生产的一批灯泡中随机抽取 10 只，测得耐用时数(单位：h)如下：

989 992 998 1000 1002 1004 1004 1006 1007 1010

试求 $\bar{x},s^*,M_e,R,c$.

解 由计算器直接计算得

$\bar{x}=1001.2$，$s^*=6.6299$，$M_e=1003$，$R=21$，$c=0.66\%$.

四、统计量的分布

统计量的概率分布规律称为**统计量的分布**(或称为**抽样分布**).

在参数估计、假设检验及方差分析等内容中，常用的统计量及其分布有：

1. 单总体统计量分布定理

设$(\xi_1,\xi_2,\cdots,\xi_n)$是来自正态总体 $\xi\sim N(\mu,\sigma^2)$ 的样本，则有下列结论：

(1) $\bar{\xi}\sim N\left(\mu,\frac{\sigma^2}{n}\right)$，且 $\bar{\xi}$ 与 S^* 相互独立；

(2) $\chi^2=\frac{(n-1)S^{*2}}{\sigma^2}=\frac{\sum_{i=1}^{n}(\xi_i-\bar{\xi})^2}{\sigma^2}\sim\chi^2(n-1)$；

(3) $T=\frac{\bar{\xi}-\mu}{S^*}\sqrt{n}\sim t(n-1)$；

(4) $U=\frac{\bar{\xi}-\mu}{\sigma}\sqrt{n}\sim N(0,1)$；

(5) $\chi^2=\sum_{i=1}^{n}\left(\frac{\xi_i-\mu}{\sigma}\right)^2\sim\chi^2(n)$.

2. 双总体统计量分布定理

设$(\xi_1,\xi_2,\cdots,\xi_{n_1})$是来自正态总体 $\xi\sim N(\mu_1,\sigma_1^2)$ 的一个样本，$(\eta_1,\eta_2,\cdots,\eta_{n_2})$是来自正态总体 $\eta\sim N(\mu_2,\sigma_2^2)$ 的一个样本，且 ξ 与 η 相互独立，记

$$\bar{\xi}=\frac{1}{n_1}\sum_{i=1}^{n_1}\xi_i,\qquad S_1^{*2}=\frac{1}{n_1-1}\sum_{i=1}^{n_1}(\xi_i-\bar{\xi})^2,$$

$$\bar{\eta}=\frac{1}{n_2}\sum_{i=1}^{n_2}\eta_i,\qquad S_2^{*2}=\frac{1}{n_2-1}\sum_{i=1}^{n_2}(\eta_i-\bar{\eta})^2.$$

则有下列结论：

(1) $U=\dfrac{(\bar{\xi}-\bar{\eta})-(\mu_1-\mu_2)}{\sqrt{\dfrac{\sigma_1^2}{n_1}+\dfrac{\sigma_2^2}{n_2}}}\sim N(0,1)$；

(2) $T=\dfrac{(\bar{\xi}-\bar{\eta})-(\mu_1-\mu_2)}{\sqrt{\dfrac{(n_1-1)S_1^{*2}+(n_2-1)S_2^{*2}}{n_1+n_2-2}\left(\dfrac{1}{n_1}+\dfrac{1}{n_2}\right)}}\sim t(n_1+n_2-2)$(已知 $\sigma_1^2=\sigma_2^2$)；

(3) $F=\dfrac{S_1^{*2}/\sigma_1^2}{S_2^{*2}/\sigma_2^2}\sim F(n_1-1,n_2-1)$.

3. 极限定理

(1) 大数定律.

设 $\xi_1,\xi_2,\cdots,\xi_n$ 是相互独立且服从相同分布的随机变量，$E(\xi_i)=\mu$ 和 $D(\xi_i)=\sigma^2(i=1,2,\cdots,n)$均为有限常数，则对于任意的正数 ε，都有

$$\lim_{n\to\infty}P\left(\left|\frac{1}{n}\sum_{i=1}^{n}\xi_i-\mu\right|\geqslant\varepsilon\right)=0.$$

(2) 中心极限定理.

设 $\xi_1,\xi_2,\cdots,\xi_n$ 是相互独立且服从相同分布的随机变量，$E(\xi_i)=\mu$ 和 $D(\xi_i)=\sigma^2(i=1,2,\cdots,n)$均为有限常数，则统计量 $\eta=\dfrac{\bar{\xi}-\mu}{\dfrac{\sigma}{\sqrt{n}}}$对于任意的 x，都有

$$\lim_{n\to\infty}P(\eta\leqslant x)=\int_{-\infty}^{x}\frac{1}{\sqrt{2\pi}}e^{-\frac{t^2}{2}}dt.$$

由上述两定理可知，无论总体 ξ 服从怎样的分布，只要 $E(\xi_i)=\mu$ 和 $D(\xi_i)=\sigma^2(i=1,2,\cdots,n)$都存在，$(\xi_1,\xi_2,\cdots,\xi_n)$是来自总体的一个简单随机样本，那么当 n 充分大时，样本均值 $\bar{\xi}$ 的观察值总是稳定于总体期望 $E(\xi)=\mu$，并且统计量$\eta=\dfrac{\bar{\xi}-\mu}{\dfrac{\sigma}{\sqrt{n}}}$ 近似地服从标准正态分布 $N(0,1)$，或者说 $\bar{\xi}$ 近似地服从 $N\left(\mu,\dfrac{\sigma^2}{n}\right)$. 即当样本容量充分大时，不服从正态分布的总体可近似看作服从正态分布的总体进行处理.

例 2 已知总体 $\xi\sim N(1,9)$，$(\xi_1,\xi_2,\cdots,\xi_9)$是来自总体 ξ 的样本.

(1) 试比较 $\bar{\xi}$ 与 ξ 在[1,2]中取值的概率；

(2) 试求 $P\left(\sum_{i=1}^{9}(\xi_i-\bar{\xi})^2<31.41\right)$.

解 (1) 由已知 $\xi\sim N(1,9)$，得

$$P(1\leqslant\xi\leqslant2)=\Phi\left(\frac{2-1}{3}\right)-\Phi\left(\frac{1-1}{3}\right)=\Phi\left(\frac{1}{3}\right)-\Phi(0)=0.6203-0.5000=0.1203.$$

而 $\bar{\xi}\sim N(1,1)$，所以

$$P(1\leqslant\bar{\xi}\leqslant2)=\Phi\left(\frac{2-1}{1}\right)-\Phi\left(\frac{1-1}{1}\right)=\Phi(1)-\Phi(0)=0.8413-0.5000=0.3413.$$

由以上计算知，$\bar{\xi}$在[1,2]中取值的概率大于ξ在[1,2]中取值的概率.

$$(2)\ P\left(\sum_{i=1}^{9}(\xi_i-\bar{\xi})^2<31.41\right)=P\left(\sum_{i=1}^{9}(\xi_i-\bar{\xi})^2/9<3.49\right)$$
$$=P(\chi^2(8)<3.49)=1-P(\chi^2(8)\geqslant 3.49)$$
$$=1-0.90=0.10.$$

习题 10-7(A)

1. 若总体分布为$N(\mu,\sigma^2)$，其中μ已知，σ^2未知，$(\xi_1,\xi_2,\cdots,\xi_n)$是来自总体的一个样本，指出下列样本函数中哪些是统计量：

(1) $\dfrac{1}{n}\sum\limits_{i=1}^{n}\xi_i^2$；　(2) $\dfrac{1}{n}\sum\limits_{i=1}^{n}(\xi_i-\bar{\xi})^2$；　(3) $\sum\limits_{i=1}^{n}|\xi_i-\mu|$；

(4) $\dfrac{1}{\sigma^2}\sum\limits_{i=1}^{n}\xi_i^2$；　(5) $\min\{\xi_1,\xi_2,\cdots,\xi_n\}$；　(6) $\sum\limits_{i=1}^{n}\xi_i-\mu$.

2. 试叙述样本函数、统计量、统计特征数之间的联系与区别，以及统计量、统计特征数与它们的观察值之间的联系与区别.

3. 设$(\xi_1,\xi_2,\cdots,\xi_8)$是来自正态总体$\xi\sim N(\mu,\sigma^2)$的一个样本，试指出下列统计量的分布：

(1) $\dfrac{1}{8}\sum\limits_{i=1}^{8}\xi_i$；(2) $\dfrac{7S^{*2}}{\sigma^2}$；(3) $\dfrac{\bar{\xi}-\mu}{S^*}\sqrt{8}$；(4) $\dfrac{\bar{\xi}-\mu}{\sigma}\sqrt{8}$；(5) $\dfrac{\sum\limits_{i=1}^{8}(\xi_i-\mu)^2}{\sigma^2}$.

4. 从一批轴中随机抽检 6 根，测得直径(单位：mm)分别为：50.00，49.96，49.98，50.06，50.04，49.96.求样本均值、标准差、中位数、极差、标准差系数.

5. 在总体$\xi\sim N(20,4)$中随机抽取容量为 16 的样本，求样本均值落在 19.5 和 20.6 之间的概率.

6. 一种型号的包装机，包装额定质量为 100 g 的产品时，标准差为 2 g，包装额定质量为 500 g 的产品时，标准差为 4 g. 问该包装机包装哪种产品性能比较稳定？

习题 10-7(B)

1. 在总体$\xi\sim N(2.0,0.02^2)$中随机抽取容量为 100 的样本，求满足$P(|\bar{\xi}-2|<\lambda)=0.95$的$\lambda$值.

2. 设$(\xi_1,\xi_2,\cdots,\xi_8)$是来自正态总体$\xi\sim N(0,0.3^2)$的一个样本，求$P\left(\sum\limits_{i=1}^{8}\xi_i^2>1.80\right)$.

3. 设某电话交换机要为 2000 个用户服务，最忙时平均每个用户打电话的占线率为 3%，假设用户打电话是相互独立的. 问：若想以 99%的可能性满足用户的要求，最少需要设多少条线路？(提示：因为用户较多，利用中心极限定理求解)

§10-8 参数估计

在实际问题中，要求利用样本估计总体分布中的一些未知参数，这种估计方法称为**参数估计**. 估计总体未知参数 θ 的统计量 $\hat{\theta}(\xi_1,\xi_2,\cdots,\xi_n)$ 称为**估计量**. 参数估计分为两种类型：点估计和区间估计.

一、参数的点估计

1. 点估计的概念

参数的点估计就是利用估计量 $\hat{\theta}(\xi_1,\xi_2,\cdots,\xi_n)$ 的观察值 $\hat{\theta}(x_1,x_2,\cdots,x_n)$ 作为总体未知参数 θ 的估计值.

由于总体参数 θ 的值未知，无法知 θ 的真值，而估计量 $\hat{\theta}$ 是一随机变量，其观察值随着对样本的每次观察而得到不同的值. 人们自然希望估计量 $\hat{\theta}$ 的观察值与 θ 的真值越接近越好. 为此，人们从不同的角度引入了评价估计量"优良性"的各种标准，比较常用的有以下三种：

(1) 无偏性.

设 $\hat{\theta}(\xi_1,\xi_2,\cdots,\xi_n)$ 是总体未知参数 θ 的一个估计量，如果 $E(\hat{\theta})=\theta$，那么 $\hat{\theta}$ 称为参数 θ 的**无偏估计量**.

(2) 有效性.

设 $\hat{\theta}_1(\xi_1,\xi_2,\cdots,\xi_n)$，$\hat{\theta}_2(\xi_1,\xi_2,\cdots,\xi_n)$ 是总体参数 θ 的两个估计量，如果 $D(\hat{\theta}_1)<D(\hat{\theta}_2)$，则称 $\hat{\theta}_1$ 比 $\hat{\theta}_2$ 更**有效**；θ 的无偏估计量中方差最小的估计量称为**最优无偏估计量**.

(3) 一致性.

设 $\hat{\theta}(\xi_1,\xi_2,\cdots,\xi_n)$ 是总体参数 θ 的一个估计量，如果

$$\lim_{n\to\infty}P(\hat{\theta}=\theta)=1,$$

则称 $\hat{\theta}$ 为参数 θ 的**一致估计量**.

在实际问题中，无偏性与有效性适用于对样本容量较小的估计量的评价，一致性适用于对样本容量较大的估计量的评价.

可以证明：

(1) 不论总体 ξ 服从什么分布，若 $E(\xi)$ 和 $D(\xi)$ 都存在，则 $\bar{\xi}$ 和 S^{*2} 分别是 $E(\xi)$ 和 $D(\xi)$ 的无偏估计量.

(2) 不论总体 ξ 服从什么分布，若 $E(\xi)$ 和 $D(\xi)$ 都存在，则样本的统计特征数都是总体相应的数字特征的一致估计量.

(3) 设 $\xi\sim N(\mu,\sigma^2)$，μ,σ 均未知，则 $\bar{\xi}$ 和 S^{*2} 分别是 μ,σ^2 的最优无偏估计量，而对于固定的样本容量 n，$S^2=\dfrac{1}{n}\sum\limits_{i=1}^{n}(\xi_i-\bar{\xi})^2$ 不是 σ^2 的无偏估计量，但比 S^{*2} 更有效. 若 μ 已知，则

$S^2=\frac{1}{n}\sum_{i=1}^{n}(\xi_i-\mu)^2$ 是 σ^2 的最优无偏估计量.

2. 几个常见的参数的点估计量

(1) 总体数字特征的点估计量.

一般情况下,总是把样本的统计特征数作为总体相应的数字特征的估计量. 例如,$\hat{E}(\xi)=\bar{\xi},\hat{D}(\xi)=S^{*2}$ 分别作为总体数学期望、方差的估计量. 其中,当总体 ξ 的某个数字特征已知时,则将含有估计数字特征的估计量替换为该数字特征. 例如,已知 $E(\xi)=\mu$,那么方差 $D(\xi)$ 的估计量替换为 $S^{*2}=\frac{1}{n-1}\sum_{i=1}^{n}(\xi_i-\mu)^2$ 或 $S^2=\frac{1}{n}\sum_{i=1}^{n}(\xi_i-\mu)^2$.

(2) 总体分布参数的点估计.

我们知道总体 $\xi\sim N(\mu,\sigma^2)$ 时,总体 ξ 的分布参数 μ,σ^2 就分别是其期望和方差. 但在一般情况下,总体的参数与期望和方差并不一致,这时可利用参数与期望和方差的关系,推算出其估计量.

例 1 设总体 $\xi\sim[a,b]$,a,b 未知,试求参数 a,b 的估计量.

解 由 $E(\xi)=\frac{1}{2}(b+a),D(\xi)=\frac{1}{12}(b-a)^2$,得

$$\bar{\xi}=\frac{1}{2}(\hat{b}+\hat{a}),S^{*2}=\frac{1}{12}(\hat{b}-\hat{a})^2,$$

解得

$$\hat{a}=\bar{\xi}-\sqrt{3}S^*,\hat{b}=\bar{\xi}+\sqrt{3}S^*.$$

现将常用的几个分布的参数估计量列表如下(表 10-3):

表 10-3

分　布	被估参数	估计量
$\xi\sim 0\text{-}1$	$P(\xi=1)=p$	$\hat{p}=\bar{\xi}=\frac{k}{n}$(频率)
$\xi\sim B(n,p)$	n,p	$\hat{p}=1-\frac{S^{*2}}{\bar{\xi}},\hat{n}=\left[\frac{\bar{\xi}}{\hat{p}}\right]$(取整)
$\xi\sim P(\lambda)$	λ	$\hat{\lambda}=\bar{\xi}$ 或 S^{*2}
$\xi\sim[a,b]$	a,b	$\hat{a}=\bar{\xi}-\sqrt{3}S^*,\hat{b}=\bar{\xi}+\sqrt{3}S^*$
$\xi\sim N(\mu,\sigma^2)$	μ,σ^2	$\hat{\mu}=\bar{\xi},\hat{\sigma^2}=S^{*2}$
$\xi\sim Z(\lambda)$	λ	$\hat{\lambda}=\frac{1}{\bar{\xi}}$ 或 $\hat{\lambda}=\frac{1}{S^*}$

二、参数的区间估计

1. 置信区间的概念

在参数的点估计中,虽然总体未知参数 θ 的估计量 $\hat{\theta}$ 具有无偏性或有效性等优良性质,但 $\hat{\theta}$ 是一随机变量,$\hat{\theta}$ 的观察值只是 θ 的一个近似值. 在实际问题中,我们往往还希望根据样

本给出一个以较大的概率包含被估参数 θ 的范围，这就是区间估计的基本思想.

设 θ 是总体 ξ 分布中的一个未知参数，如果由样本确定的两个统计量 θ_1 和 $\theta_2(\theta_1<\theta_2)$，对于给定的 $\alpha(0<\alpha<1)$，能满足条件

$$P(\theta_1\leqslant\theta\leqslant\theta_2)=1-\alpha,$$

则区间$[\theta_1,\theta_2]$称为 θ 的 $1-\alpha$ **置信区间**，θ_1 和 θ_2 分别称为**置信下限**和**置信上限**，$1-\alpha$ 称为**置信水平**（或**置信度**），α 称为**显著性水平**.

显然，置信区间$[\theta_1,\theta_2]$是一个随机区间. 用置信区间表示包含未知参数的范围和可靠程度的统计方法，称为参数的**区间估计**.

区间估计的直观解释为：置信区间$[\theta_1,\theta_2]$依赖于样本值而得到每一个确定的区间是以 $1-\alpha$ 的概率包含参数 θ 的真值. 置信区间$[\theta_1,\theta_2]$的长度（它是随机的）表达了区间估计的准确性；置信度 $1-\alpha$ 表达了区间估计的可靠性；显著性水平 α 表达了区间估计的不可靠性，即不包含 θ 真值的可能性.

一般情况下，置信度 $1-\alpha$ 越大（α 越小），置信区间相应地也越大，即可靠性越大，但准确性越小. 因此，进行区间估计时，要正确处理好"可靠性"与"准确性"这一对矛盾. 一般情况下，可在满足置信度 $1-\alpha$ 的要求的前提下，适当增加样本容量以获得较小的置信区间.

2. 单正态总体置信区间的确定

(1) 构造置信区间的基本方法.

先分析一个例子：设$(\xi_1,\xi_2,\cdots,\xi_n)$是来自正态总体 $\xi\sim N(\mu,\sigma^2)$ 的一个样本，σ^2 已知，求 μ 的 $1-\alpha$ 置信区间.

若视 μ 已知，则统计量 $U=\dfrac{\bar{\xi}-\mu}{\sigma}\sqrt{n}\sim N(0,1)$，对于给定的置信度 $1-\alpha$，可在标准正态分布表中查表求得 λ_1,λ_2，使得 $P(\lambda_1\leqslant U\leqslant\lambda_2)=1-\alpha$，且 $P(U<\lambda_1)=P(U>\lambda_2)=\dfrac{\alpha}{2}$，即可取 $\lambda_2=-\lambda_1=u_{1-\frac{\alpha}{2}}$. 这时

$$P(-u_{1-\frac{\alpha}{2}}\leqslant U\leqslant u_{1-\frac{\alpha}{2}})=1-\alpha,$$

于是
$$P\left(\bar{\xi}-\frac{\sigma}{\sqrt{n}}u_{1-\frac{\alpha}{2}}\leqslant\mu\leqslant\bar{\xi}+\frac{\sigma}{\sqrt{n}}u_{1-\frac{\alpha}{2}}\right)=1-\alpha.$$

令 $\theta_1=\bar{\xi}-\dfrac{\sigma}{\sqrt{n}}u_{1-\frac{\alpha}{2}}$，$\theta_2=\bar{\xi}+\dfrac{\sigma}{\sqrt{n}}u_{1-\frac{\alpha}{2}}$，则 θ_1,θ_2 是统计量（不含总体未知参数），即 μ 的 $1-\alpha$ 置信区间为$[\theta_1,\theta_2]$.

一般地，构造总体 ξ 的参数 θ 的置信区间的步骤如下：

① 选用已知分布的统计量$\hat{\theta}$，$\hat{\theta}$含被估参数 θ（θ 看成已知），但$\hat{\theta}$的分布与是否知道 θ 的真值无关；

② 由 $P(\lambda_1\leqslant\hat{\theta}\leqslant\lambda_2)=1-\alpha$，且 $P(\hat{\theta}<\lambda_1)=P(\hat{\theta}>\lambda_2)=\dfrac{\alpha}{2}$，查$\hat{\theta}$的分布表求得 λ_1,λ_2；

③ 由 $\lambda_1\leqslant\hat{\theta}\leqslant\lambda_2$ 解出被估参数 θ，得到不等式 $\theta_1\leqslant\theta\leqslant\theta_2$，$\theta_1,\theta_2$ 是统计量（不含总体未知参数），于是 θ 的 $1-\alpha$ 置信区间为$[\theta_1,\theta_2]$.

(2) 单正态总体期望和方差的置信区间公式.

按照上述步骤，可推出正态总体 $\xi\sim N(\mu,\sigma^2)$的 μ 和 σ^2 的置信区间公式（表 10-4）：

表 10-4

被估参数	条件	选用统计量	分布	$1-\alpha$ 的置信区间
μ	σ^2 已知	$U=\dfrac{\bar{\xi}-\mu}{\sigma}\sqrt{n}$	$N(0,1)$	$\left[\bar{\xi}-\dfrac{\sigma}{\sqrt{n}}u_{1-\frac{\alpha}{2}},\bar{\xi}+\dfrac{\sigma}{\sqrt{n}}u_{1-\frac{\alpha}{2}}\right]$
	σ^2 未知	$T=\dfrac{\bar{\xi}-\mu}{S^*}\sqrt{n}$	$t(n-1)$	$\left[\bar{\xi}-\dfrac{S^*}{\sqrt{n}}t_{\frac{\alpha}{2}}(n-1),\bar{\xi}+\dfrac{S^*}{\sqrt{n}}t_{\frac{\alpha}{2}}(n-1)\right]$
σ^2	μ 已知	$\chi^2=\sum\limits_{i=1}^{n}\left(\dfrac{\xi_i-\mu}{\sigma}\right)^2$	$\chi^2(n)$	$\left[\dfrac{\sum\limits_{i=1}^{n}(\xi_i-\mu)^2}{\chi^2_{\frac{\alpha}{2}}(n)},\dfrac{\sum\limits_{i=1}^{n}(\xi_i-\mu)^2}{\chi^2_{1-\frac{\alpha}{2}}(n)}\right]$
	μ 未知	$\chi^2=\dfrac{(n-1)S^{*2}}{\sigma^2}$	$\chi^2(n-1)$	$\left[\dfrac{(n-1)S^{*2}}{\chi^2_{\frac{\alpha}{2}}(n-1)},\dfrac{(n-1)S^{*2}}{\chi^2_{1-\frac{\alpha}{2}}(n-1)}\right]$

例 2 从刚生产出来的一大堆钢珠中随机抽出 9 个，测量它们的直径(单位：mm)，并求得其样本均值 $\bar{\xi}=31.06$，样本方差 $S^{*2}=0.25^2$. 试求置信度为 95% 的 μ 和 σ^2 的置信区间.(假设钢珠直径 $\xi\sim N(\mu,\sigma^2)$)

解 这里 $n=9,\alpha=0.05$，查 t 分布表得 $t_{0.025}(8)=2.3060$，计算

$$\frac{S^*}{\sqrt{n}}t_{\frac{\alpha}{2}}(n-1)=\frac{0.25}{\sqrt{9}}\times 2.3060\approx 0.192.$$

由表 10-4，所求钢珠直径 μ 的置信区间为

$$[31.06-0.192,31.06+0.192]=[30.868,31.252].$$

查 χ^2 分布表得 $\chi^2_{0.025}(8)=17.535$，$\chi^2_{0.975}(8)=2.180$，计算

$$\frac{(n-1)S^{*2}}{\chi^2_{\frac{\alpha}{2}}(8)}=\frac{8\times 0.25^2}{17.535}\approx 0.0285,\frac{(n-1)S^{*2}}{\chi^2_{1-\frac{\alpha}{2}}(8)}=\frac{8\times 0.25^2}{2.180}\approx 0.2294.$$

由表 10-4 可知，所求钢珠直径方差 σ^2 的置信区间为 $[0.0285,0.2294]$.

(3) 大样本场合下，概率的置信区间.

若事件 A 发生的概率为 p，进行 n 次独立重复试验，其中 A 出现 μ_n 次，求 p 的置信区间.

由中心极限定理，当 n 相当大时，

$$U=\frac{\frac{\mu_n}{n}-p}{\sqrt{p(1-p)/n}}$$

渐渐趋近于正态分布 $N(0,1)$，于是有

$$P\left(-u_{1-\frac{\alpha}{2}}\leqslant\frac{\frac{\mu_n}{n}-p}{\sqrt{p(1-p)/n}}\leqslant u_{1-\frac{\alpha}{2}}\right)=1-\alpha,$$

也即

$$P\left(\frac{\mu_n}{n}-u_{1-\frac{\alpha}{2}}\sqrt{\frac{p(1-p)}{n}}\leqslant p\leqslant\frac{\mu_n}{n}+u_{1-\frac{\alpha}{2}}\sqrt{\frac{p(1-p)}{n}}\right)=1-\alpha.$$

这样得出的置信区间还会含有未知参数 p，在实际应用中，可以用它的估计 $\frac{\mu_n}{n}$ 代入. 因此，这

种情况下的置信区间是

$$\left[\frac{\mu_n}{n}-u_{1-\frac{\alpha}{2}}\sqrt{\frac{\frac{\mu_n}{n}\left(1-\frac{\mu_n}{n}\right)}{n}},\frac{\mu_n}{n}+u_{1-\frac{\alpha}{2}}\sqrt{\frac{\frac{\mu_n}{n}\left(1-\frac{\mu_n}{n}\right)}{n}}\right].$$

例 3 某种新产品在正式投产之前，随机抽选了 1000 人进行调查. 调查表明有 750 人需要这种产品. 求置信度为 95%的需求率 p 的置信区间.

解 由题意，
$$\frac{\mu_n}{n}=\frac{750}{1000}=0.75,$$

$$\sqrt{\frac{\frac{\mu_n}{n}\left(1-\frac{\mu_n}{n}\right)}{n}}=\sqrt{\frac{0.75\times0.25}{1000}}\approx0.014,$$

查正态分布表得 $u_{1-\frac{\alpha}{2}}=u_{0.975}=1.96$，所求置信区间为

$$[0.75-1.96\times0.014,0.75+1.96\times0.014]，即[0.723,0.777].$$

3. 双正态总体置信区间的确定

(1) 方差已知，求 $\mu_1-\mu_2$ 的置信区间.

设正态总体 $\xi\sim N(\mu_1,\sigma_1^2)$ 与正态总体 $\eta\sim N(\mu_2,\sigma_2^2)$ 相互独立，$(\xi_1,\xi_2,\cdots,\xi_n)$ 和 $(\eta_1,\eta_2,\cdots,\eta_n)$ 分别为总体 ξ,η 的样本，且方差 σ_1^2,σ_2^2 均为已知. 求 $\mu_1-\mu_2$ 的置信区间.

$\bar{\xi},\bar{\eta}$ 分别是总体 ξ,η 的样本均值，易知

$$E(\bar{\xi}-\bar{\eta})=\mu_1-\mu_2,D(\bar{\xi}-\bar{\eta})=D(\bar{\xi})+D(\bar{\eta})=\frac{\sigma_1^2}{n_1}+\frac{\sigma_2^2}{n_2}.$$

因此，统计量

$$U=\frac{(\bar{\xi}-\bar{\eta})-(\mu_1-\mu_2)}{\sqrt{\frac{\sigma_1^2}{n_1}+\frac{\sigma_2^2}{n_2}}}\sim N(0,1).$$

由此不难求得 $\mu_1-\mu_2$ 的置信区间为

$$\left[\bar{\xi}-\bar{\eta}-u_{1-\frac{\alpha}{2}}\sqrt{\frac{\sigma_1^2}{n_1}+\frac{\sigma_2^2}{n_2}},\bar{\xi}-\bar{\eta}+u_{1-\frac{\alpha}{2}}\sqrt{\frac{\sigma_1^2}{n_1}+\frac{\sigma_2^2}{n_2}}\right].$$

(2) 方差未知(但相等)，求 $\mu_1-\mu_2$ 的置信区间.

设 $\xi\sim N(\mu_1,\sigma^2)$，$\eta\sim N(\mu_2,\sigma^2)$，且它们相互独立；$\bar{\xi},S_1^{*2}$ 分别是总体 ξ 的容量为 n_1 的样本均值和样本方差，$\bar{\eta},S_2^{*2}$ 分别是总体 η 的容量为 n_2 的样本均值和样本方差. 统计量

$$T=\frac{(\bar{\xi}-\bar{\eta})-(\mu_1-\mu_2)}{\sqrt{\frac{(n_1-1)S_1^{*2}+(n_2-1)S_2^{*2}}{n_1+n_2-2}\left(\frac{1}{n_1}+\frac{1}{n_2}\right)}}\sim t(n_1+n_2-2).$$

因此，所求的置信区间为

$$\left[(\bar{\xi}-\bar{\eta})\mp t_{\frac{\alpha}{2}}(n_1+n_2-2)\sqrt{(n_1-1)S_1^{*2}+(n_2-1)S_2^{*2}}\cdot\sqrt{\frac{n_1+n_2}{n_1n_2(n_1+n_2-2)}}\right].$$

例 4 有两个建筑工程队，第一队有 10 人，平均每人每月完成 50 m² 的住房建筑任务，标准差 $S_1^*=6.7\ \text{m}^2$；第二队有 12 人，平均每人每月完成 43 m² 的住房建筑任务，标准差 $S_2^*=5.9\ \text{m}^2$. 试求 $\mu_1-\mu_2$ 的 $\alpha=0.05$ 的置信区间.

解 设两个总体相互独立且服从正态分布. 因为 $\alpha=0.05$，查 t 分布表得

$$t_{0.025}(20)=2.086,$$

$$\sqrt{(n_1-1)S_1^{*2}+(n_2-1)S_2^{*2}}=\sqrt{9\times6.7^2+11\times5.9^2}\approx28.052,$$

$$\sqrt{\frac{n_1+n_2}{n_1n_2(n_1+n_2-2)}}=\sqrt{\frac{10+12}{10\times12\times20}}\approx0.096,$$

故 $\mu_1-\mu_2$ 的置信区间为$[(50-43)\mp2.086\times28.052\times0.096]$，即$[1.38,12.62]$.

(3) 均值未知，求$\frac{\sigma_1^2}{\sigma_2^2}$的置信区间.

由 $F=\frac{S_1^{*2}/\sigma_1^2}{S_2^{*2}/\sigma_2^2}\sim F(n_1-1,n_2-1)$，有

$$P\left(F_{1-\frac{\alpha}{2}}(n_1-1,n_2-1)\leqslant\frac{S_1^{*2}/\sigma_2^2}{S_2^{*2}/\sigma_1^2}\leqslant F_{\frac{\alpha}{2}}(n_1-1,n_2-1)\right)=1-\alpha.$$

由此求得$\frac{\sigma_1^2}{\sigma_2^2}$的置信区间为

$$\left[\frac{S_1^{*2}}{S_2^{*2}\,F_{\frac{\alpha}{2}}(n_1-1,n_2-1)},\frac{S_1^{*2}}{S_2^{*2}\,F_{1-\frac{\alpha}{2}}(n_1-1,n_2-1)}\right].$$

例 5 两个正态总体 $N(\mu_1,\sigma_1^2)$，$N(\mu_2,\sigma_2^2)$的参数均未知.依次取容量为 13，10 的两个独立样本，测得样本方差 $S_1^{*2}=8.41$，$S_2^{*2}=5.29$.求两个总体方差比$\frac{\sigma_1^2}{\sigma_2^2}$ 的置信度分别为 90%的置信区间.

解 因 $n_1-1=12$，$n_2-1=9$，$\frac{\alpha}{2}=0.05$，$1-\frac{\alpha}{2}=0.95$，查 F 分布表得

$$F_{0.05}(12,9)=3.07,F_{0.95}(12,9)=\frac{1}{F_{0.05}(9,12)}=\frac{1}{2.80}$$

$$\left(F_{1-\frac{\alpha}{2}}(n_1-1,n_2-1)=\frac{1}{F_{\frac{\alpha}{2}}(n_2-1,n_1-1)}\right),$$

而$\frac{S_1^{*2}}{S_2^{*2}}=\frac{8.41}{5.29}\approx1.59$，所以$\frac{\sigma_1^2}{\sigma_2^2}$ 的置信区间为$[1.59/3.07,1.59\times2.80]$，即$[0.52,4.45]$.

习题 10-8(A)

1. 抽检 10 个零件的尺寸，它们与设计尺寸的偏差(单位：μm)如下：

1.0, 1.5, −1.0, −2.0, −1.5, 1.0, 1.1, 1.2, 1.8, 2.0.

求零件尺寸偏差 ξ 的数学期望、方差的无偏估计值.

2. 某车间生产滚珠，从长期实践中知道，滚珠直径 ξ 服从正态分布 $N(\mu,0.20^2)$，从某天的产品中随机抽取 6 个，测得直径(单位：mm)如下：

14.7, 15.0, 14.9, 14.8, 15.2, 15.1.

求置信度为 90%，99%的置信区间.

3. 设总体 $\xi\sim N(\mu,1)$，样本(ξ_1,ξ_2,ξ_3)，试证下述统计量：

(1) $\hat{\mu}_1=\frac{1}{4}\xi_1+\frac{1}{2}\xi_2+\frac{1}{4}\xi_3$，　　(2) $\hat{\mu}_2=\frac{1}{3}\xi_1+\frac{1}{3}\xi_2+\frac{1}{3}\xi_3$，

(3) $\hat{\mu}_3=\frac{1}{5}\xi_1+\frac{3}{5}\xi_2+\frac{1}{5}\xi_3$，　　(4) $\hat{\mu}_4=\frac{1}{6}\xi_1+\frac{5}{6}\xi_3$

都是 μ 的无偏估计量，并判断哪一个估计量最有效.

4. 对某种产品随机抽查 100 件，发现有 3 件次品. 试以 0.95 的置信水平确定该产品合格率的置信区间.

习题 10-8(B)

1. 对某种飞机轮胎的耐磨性进行试验，8 只轮胎起落一次后测得磨损量(单位：mg)如下：

4900，5220，5500，6020，6340，7660，8650，4870.

假定轮胎的磨损量服从正态分布 $N(\mu,\sigma^2)$，在 $\alpha=0.05$ 的条件下，试求：

(1) 平均磨损量的置信区间；(2) 磨损量方差的置信区间.

2. 某香烟厂向化验室送去两批烟草，化验室从两批烟草中各随机抽取重量相同的 5 例化验，测得尼古丁的含量(单位：mg)为

A：24，27，26，21，24；B：27，28，23，31，26.

假设烟草中尼古丁的含量服从正态分布：$N_A(\mu_1,5)$，$N_B(\mu_2,8)$，且它们相互独立. 取置信度为 0.95，求两种烟草的尼古丁平均含量差 $\mu_1-\mu_2$ 的置信区间.

3. 为了比较 A，B 两种灯泡的使用寿命(单位：h)，从 A 型号中随机抽取 80 只，测得平均使用寿命 $\bar{\xi}=2000$，样本标准差 $S_1^*=80$；从 B 型号中随机抽取 100 只，测得平均使用寿命 $\bar{\eta}=1900$，样本标准差 $S_2^*=100$. 假设两种型号灯泡的使用寿命均服从正态分布且相互独立，试求置信度为 0.99 的 $\mu_1-\mu_2$ 的置信区间.

4. 求题 3 中两个总体方差比 $\frac{\sigma_1^2}{\sigma_2^2}$ 的置信区间.(取置信度为 0.90)

5. 在甲、乙两城市进行的职工家庭消费情况调查结果表明：甲市抽取 500 户，平均每户年消费支出 30000 元，标准差 4000 元；乙市抽取 1000 户，平均每户年消费支出 42000 元，标准差 5000 元. 试求：

(1) 甲、乙两城市职工家庭每户平均年消费支出间差异的置信区间；(置信度为 0.95)

(2) 甲、乙两城市职工家庭每户平均年消费支出方差比 $\frac{\sigma_1^2}{\sigma_2^2}$ 的置信区间.(置信度为 0.90)

§10-9 假设检验

在上一节中，我们讨论了怎样用样本统计量来推断总体未知参数——参数的点估计与区间估计. 参数估计是统计推断中的一类重要问题，还有另一类重要问题就是本节所要讨论的假设检验. 本节主要讨论正态总体参数的假设检验问题.

一、假设检验问题的提出

在许多实际问题中，只能先对总体的分布函数形式或分布的某些参数作出某些可能的

假设，然后根据所得的样本数据对假设的正确性作出判断，这就是所谓的假设检验问题.

先从一个例子谈起.

例 1 某工厂生产一种产品，其直径 ξ 服从正态分布 $N(2,0.02^2)$. 现在为了提高产量，采用了一种新工艺，从采用了新工艺生产的产品中抽取 100 个，测得其直径平均值 $\bar{x}=1.978$ cm，它与原工艺中的 $\mu=2$ cm 相差 0.022 cm.

问题：这种差异是纯粹由检验及生产的随机因素造成的，还是由于新工艺条件下产品直径发生了显著性变化呢？

分析：假设"新工艺对产品直径没有显著影响"，即 $\mu=2$ cm，那么，从采用了新工艺生产的产品中抽取的样本，可以认为是从原工艺生产的产品总体 ξ 中抽取的，统计量 $U=\frac{\bar{\xi}-\mu}{\sigma}\sqrt{n}=\frac{\bar{\xi}-2}{0.002}$ 服从正态分布 $N(0,1)$.

如果给定 $\alpha=0.05$，$u_{1-\frac{\alpha}{2}}=1.96$，应有 $P(|U|\leqslant 1.96)=0.95$，也就是说从新工艺生产的产品中抽取容量为 100 的样本均值 $\bar{\xi}$，能使 U 在 $[-1.96,1.96]$ 内取值的概率为 0.95，而落在 $(-\infty,-1.96)\cup(1.96,+\infty)$ 内的概率为 0.05. 现将 $\bar{\xi}$ 的 $\bar{x}=1.978$ cm 代入 U，得 $U=-11$，即 U 落在了 $(-\infty,-1.96)$ 内，这表明概率为 0.05 的事件发生了，这是一种异常现象. 因此，有理由认为"假设"不正确，即"$\mu=2$ cm"应该被否定或拒绝.

上述拒绝接受"假设 $\mu=2$ cm"的依据是小概率原理：在一次试验中，当事件 A 发生的概率 $P(A)$ 很小时，A 称为**小概率事件**，小概率事件在一次试验中应认为是几乎不可能发生的. 小概率原理在假设检验中被广泛采用.

二、假设检验的程序

从例 1 的问题提出和分析过程中，对于假设检验，一般可归纳出以下 4 个步骤：

(1) 提出原假设 H_0，即明确所要检验的对象.

(2) 建立检验用的统计量 θ.

对检验统计量 θ 有两个要求：① 它与原假设 H_0 有关，在 H_0 成立的条件下不带有任何总体的未知参数；② 在 H_0 成立的条件下，θ 的分布已知. 正态总体的常用统计量为 U，T，χ^2，F，并称相应的检验为 U 检验法、T 检验法、χ^2 检验法、F 检验法.

(3) 确定接受域和拒绝域.

在给定的 α 下，查分布表得统计量的临界值 $\theta_{\frac{\alpha}{2}}$，$\theta_{1-\frac{\alpha}{2}}$，由 $P(\theta>\theta_{\frac{\alpha}{2}})+P(\theta<\theta_{1-\frac{\alpha}{2}})=\alpha$，设定事件 $A=\{\theta>\theta_{\frac{\alpha}{2}}\}\cup\{\theta<\theta_{1-\frac{\alpha}{2}}\}$ 为小概率事件，我们称 $[\theta_{1-\frac{\alpha}{2}},\theta_{\frac{\alpha}{2}}]$ 为接受域，$(-\infty,\theta_{1-\frac{\alpha}{2}})\cup(\theta_{\frac{\alpha}{2}},+\infty)$ 为拒绝域，α 通常取 0.05，0.1 等.

(4) 根据样本观察值计算出统计量 θ 的观察值，并作出判断.

如果 A 发生，则拒绝原假设 H_0，否则接受原假设 H_0，并作出实际问题的解释.

现将例 1 解答如下：

解 (1)原假设 H_0：$\mu=2$；

(2) 由于已知总体方差 $\theta^2=0.02^2$，所以选用统计量

$$U=\frac{\bar{\xi}-\mu}{\sigma}\sqrt{n}=\frac{\bar{\xi}-2}{0.002}\sim N(0,1);$$

(3) 对于给定 $\alpha=0.05$，由 $P(|U|<u_{0.975})=0.95$，查表得 $u_{0.975}=1.96$，即接受域为 $[-1.96,1.96]$，拒绝域为 $(-\infty,-1.96)\cup(1.96,+\infty)$；

(4) 由 $\bar{x}=1.978$，得 $U=\frac{1.978-2}{0.002}=-11$，且 $|U|=11>1.96$，所以拒绝原假设 H_0.

即采用新工艺后，产品直径发生了显著变化.

三、单正态总体期望和方差的检验

假设检验的关键是提出原假设和选用合适的统计量，而检验步骤则完全相仿. 关于单正态总体期望和方差的检验问题及方法，可列表如下(表 10-5)：

表 10-5

原假设 H_0	条件	检验法	选用统计量	统计量分布	拒 绝 域
$\mu=\mu_0$ (μ_0 为常数)	σ^2 已知	U	$U=\frac{\bar{\xi}-\mu_0}{\sigma_0}\sqrt{n}$	$N(0,1)$	$(-\infty,-u_{1-\frac{\alpha}{2}})\cup(u_{1-\frac{\alpha}{2}},+\infty)$
	σ^2 未知	T	$T=\frac{\bar{\xi}-\mu_0}{S^*}\sqrt{n}$	$t(n-1)$	$\left(-\infty,-t_{\frac{\alpha}{2}}(n-1)\right)\cup\left(t_{\frac{\alpha}{2}}(n-1),+\infty\right)$
$\sigma^2=\sigma_0^2$ (σ_0^2 为常数)	μ 已知	χ^2	$\chi^2=\sum_{i=1}^{n}\left(\frac{\bar{\xi}-\mu_0}{\sigma_0}\right)^2$	$\chi^2(n)$	$\left(0,\chi^2_{1-\frac{\alpha}{2}}(n)\right)\cup\left(\chi^2_{\frac{\alpha}{2}}(n),+\infty\right)$
	μ 未知	χ^2	$\chi^2=\frac{(n-1)S^{*2}}{\sigma_0^2}$	$\chi^2(n-1)$	$\left(0,\chi^2_{1-\frac{\alpha}{2}}(n-1)\right)\cup\left(\chi^2_{\frac{\alpha}{2}}(n-1),+\infty\right)$

例 2 已知某厂生产的维尼纶纤度在正常情况下服从正态分布 $N(1.405,0.048^2)$. 某天抽取 5 根纤维测得纤度为 1.36，1.40，1.44，1.32，1.55，问这一天纤度的期望和方差是否正常？($\alpha=0.10$)

解 (1) 检验期望 μ.

① 原假设 $H_0:\mu=1.405$；

② 由于方差未知(当天总体方差未知)，故选用统计量 $T=\frac{\bar{\xi}-\mu_0}{S^*}\sqrt{n}\sim t(4)$；

③ 由 $\alpha=0.10$，查表得 $t_{0.05}(4)=2.1318$，所以拒绝域为 $(-\infty,-2.1318)\cup(2.1318,+\infty)$；

④ 根据样本值计算得

$$\bar{x}=1.414,s^{*2}=0.00778,s^*=0.0882,T=\frac{\bar{X}-\mu_0}{s^*}\sqrt{n}=\frac{1.414-1.405}{0.0882}\sqrt{5}\approx0.2282.$$

由于 $|T|<t_{0.05}(4)=2.1318$，所以接受原假设 H_0. 即这一天纤度期望无显著变化.

(2) 检验方差 σ^2.

① 原假设 $H_0:\sigma^2=0.048^2$；

② 根据题意，选用统计量 $\chi^2=\frac{(n-1)S^{*2}}{\sigma_0^2}\sim\chi^2(4)$；

③ 由 $\alpha=0.10$，查表得 $\chi^2_{0.95}(4)=0.711$，$\chi^2_{0.05}(4)=9.488$，所以拒绝域为 $(0,0.711)\cup(9.488,+\infty)$；

④ 由(1)中数据得 $\chi^2=\frac{(n-1)s^{*2}}{\sigma_0^2}=\frac{4\times 0.00778}{0.048^2}\approx 13.507$.

可知 $\chi^2=13.507>\chi^2_{0.05}(4)=9.488$，所以拒绝原假设 $H_0:\sigma^2=0.048^2$. 即这一天纤度方差明显地变大.

四、大样本场合下概率的假设检验

当样本容量较大时(一般 $n>30$)，即在所谓大样本场合下，如何进行概率的假设检验？利用中心极限定理，在假设 $p=p_0$ 成立时，统计量 $Z=\frac{\mu_n-np_0}{\sqrt{np_0(1-p_0)}}$渐近于服从标准正态分布 $N(0,1)$. 其中 μ_n 表示事件 A 发生的次数，n 表示试验的次数.

例 3 华光厂有一批产品 10000 件，按规定的标准，出厂时次品率不得超过 3%. 质量检验员从中任意抽取 100 件，发现其中有 5 件次品. 问这批产品能否出厂？($\alpha=0.05$)

解 这是大样本场合下的概率检验问题，可选用统计量 $Z=\frac{\mu_n-np_0}{\sqrt{np_0(1-p_0)}}$.

$\mu_n=5$，$n=100$，$p_0=0.03$. 对 $\alpha=0.05$ 查正态分布表得临界值为 1.645，即拒绝域为 $(1.645,+\infty)$.

而 $Z=\frac{5-100\times 0.03}{\sqrt{100\times 0.03\times 0.97}}\approx 1.172<1.645$，因此该批产品符合规定标准，可以出厂.

五、双正态总体期望和方差的检验

设$(\xi_1,\xi_2,\cdots,\xi_{n_1})$是来自正态总体 $\xi\sim N(\mu_1,\sigma_1^2)$的一个样本，$(\eta_1,\eta_2,\cdots,\eta_{n_2})$是来自正态总体 $\eta\sim N(\mu_2,\sigma_2^2)$的一个样本，且 ξ 与 η 相互独立，记

$$\bar{\xi}=\frac{1}{n_1}\sum_{i=1}^{n_1}\xi_i,\quad S_1^{*2}=\frac{1}{n_1-1}\sum_{i=1}^{n_1}(\xi_i-\bar{\xi})^2,$$

$$\bar{\eta}=\frac{1}{n_2}\sum_{i=1}^{n_2}\eta_i,\quad S_2^{*2}=\frac{1}{n_2-1}\sum_{i=1}^{n_2}(\eta_i-\bar{\eta})^2.$$

检验的对象为 $\mu_1=\mu_2$ 和 $\sigma_1^2=\sigma_2^2$时，常选用双总体统计量 U,T,F. 在原假设 H_0 成立的条件下，可根据已知条件直接选用§10-7 中的双正态总体的统计量并变形，作为检验统计量.

1. 检验期望

原假设 $H_0:\mu_1=\mu_2$.

(1) σ_1^2,σ_2^2均已知，选用统计量

$$U=\frac{\bar{\xi}-\bar{\eta}}{\sqrt{\frac{\sigma_1^2}{n_1}+\frac{\sigma_2^2}{n_2}}}\sim N(0,1).$$

(2) σ_1^2,σ_2^2均未知，但已知 $\sigma_1^2=\sigma_2^2$，选用统计量

$$T=\frac{\bar{\xi}-\bar{\eta}}{\sqrt{\frac{(n_1-1)S_1^{*2}+(n_2-1)S_2^{*2}}{n_1+n_2-2}\left(\frac{1}{n_1}+\frac{1}{n_2}\right)}}\sim t(n_1+n_2-2).$$

(3) σ_1^2,σ_2^2均未知，但 $n_1=n_2=n$，令

$$Z_i=\xi_i-\eta_i(i=1,2,\cdots,n),d=\mu_1-\mu_2.$$

$Z_1,Z_2,\cdots,Z_n$ 为随机变量，记

$$\bar{Z}=\frac{1}{n}\sum_{i=1}^{n}Z_i,S^{*2}=\frac{1}{n-1}\sum_{i=1}^{n}(Z_i-\bar{Z})^2.$$

此时，原假设转化为 $H_0:d=0$，选用统计量

$$T=\frac{\bar{Z}}{S^*}\sqrt{n}\sim t(n-1).$$

此方法称为配对试验的 T 检验法.

2. 检验方差

原假设 $H_0:\sigma_1^2=\sigma_2^2$.

选用统计量　$F=\frac{S_1^{*2}}{S_2^{*2}}\sim F(n_1-1,n_2-1)$.

拒绝域为$\left(0,F_{1-\frac{\alpha}{2}}(n_1-1,n_2-1)\right)\cup\left(F_{\frac{\alpha}{2}}(n_1-1,n_2-1),+\infty\right)$，且

$$F_{1-\frac{\alpha}{2}}(n_1-1,n_2-1)=\frac{1}{F_{\frac{\alpha}{2}}(n_2-1,n_1-1)}.$$

例 4　对两批经纱进行强力试验，数据(单位：g)如下：

甲批	57	56	61	60	47	49	63	61
乙批	65	69	54	60	52	62	57	60

假定经纱的强力服从正态分布，试问两批经纱的平均强力是否有显著差异？($\alpha=0.05$)

解　方差 $\sigma_甲^2,\sigma_乙^2$ 未知，且不知道是否相等，但 $n_1=n_2=8$. 用配对 T 检验法.

将原数据配对得 Z_i　-8　-13　7　0　-5　-13　6　1

① 原假设 $H_0:d=0(\mu_甲=\mu_乙)$；

② 选用统计量 $T=\frac{\bar{Z}}{S^*}\sqrt{n}\sim t(7)$；

③ 由 $\alpha=0.05$，查表得 $t_{0.025}(7)=2.3646$，即拒绝域为$(-\infty,-2.3646)\cup(2.3646,+\infty)$；

④ 计算得 $\bar{Z}=-3.125$，$S^{*2}=73.286$，$S^*=8.561$，$|T|=1.0325<2.3646$，因此接受原假设 H_0.

即两批经纱的平均强力无显著差异.

本例还可以用检验方差的办法来解，即先检验 $\sigma_甲^2=\sigma_乙^2$. 若接受此假设，则可按期望检验中的(2)进行检验. 解法如下：

(1) 检验方差.

① 原假设 $H_0:\sigma_甲^2=\sigma_乙^2$；

② 选用统计量 $F=\frac{S_1^{*2}}{S_2^{*2}}\sim F(n_1-1,n_2-1)$；

③ 由 $\alpha=0.05$，查表得 $F_{0.025}(7,7)=4.99$，$F_{0.975}(7,7)=\frac{1}{F_{0.025}(7,7)}\approx 0.2$，即拒绝域为$(0,0.2)\cup(4.99,+\infty)$；

④ 由样本值计算得 $F=1.33$，$0.2<F<4.99$，所以接受原假设 $H_0:\sigma_甲^2=\sigma_乙^2$.

(2) 检验平均强力.

① 原假设 $H_0: \mu_{甲}=\mu_{乙}$;

② 由于 $\sigma_{甲}^2=\sigma_{乙}^2$,选用统计量

$$T=\frac{\bar{\xi}-\bar{\eta}}{\sqrt{\frac{(n_1-1)S_1^{*2}+(n_2-1)S_2^{*2}}{n_1+n_2-2}\left(\frac{1}{n_1}+\frac{1}{n_2}\right)}}\sim t(14);$$

③ 由 $\alpha=0.05$,查表得 $t_{0.025}(14)=2.1448$,即拒绝域为 $(-\infty,-2.1448)\cup(2.1448,+\infty)$;

④ 由样本值计算得 $|T|=0.5548$.

因为 $|T|<2.1448=t_{0.025}(14)$,故接受原假设.即两批经纱的平均强力无显著差异.

六、假设检验的两类错误

给定显著性水平 α 后,总体参数 θ 的置信区间,或假设检验中的拒绝域的确定,都是以小概率原理为依据的.由于样本信息的不完备性,在实际应用中,判断结果可能会发生两类错误.

第一类错误是:原假设 H_0 本来正确,但小概率事件 A 真的发生了,导致错误地拒绝 H_0,这类错误称为弃真错误,弃真错误的概率就是显著性水平 α,记作 $P(A|H_0)=\alpha$.

第二类错误是:原假设 H_0 本来不正确,但小概率事件 A 真的没有发生,导致错误地接受 H_0,这类错误称为存伪错误,存伪错误的概率记作 $P(\overline{A}|\overline{H_0})=\beta$.

一般来说,在样本容量 n 固定的前提下,犯两类错误的概率难以同时得到控制,而且可以证明:当 α 增大时,β 将随之减小;反之,则 β 将随之增大.在理论研究和实际工作中通常遵循这样的原则:先限制 α 使之满足要求,然后通过合理地增加样本容量 n 使 β 尽可能地减小.

习题 10-9(A)

1. 某厂生产的手表表壳,在正常情况下,其直径(单位: mm)服从正态分布 $N(20,1)$,从某天生产的表壳中抽查 5 只表壳,测得直径分别为 19,19.5,19,20,20.5.问在 $\alpha=0.05$ 下,生产情况是否正常?

2. 有一种元件,要求其平均使用寿命不得低于 1000 h,现从这批元件中随机抽取 25 只,测得其平均使用寿命为 950 h.已知该元件的使用寿命服从标准差 $\sigma=100$ h 的正态分布,试在 $\alpha=0.05$ 下确定这批元件是否合格.

3. 一种铆钉的直径(单位: mm)服从正态分布,其生产标准为 $\mu_0=25.27$,$\sigma_0^2=0.02^2$.现从该种铆钉中抽取 10 个,测得直径如下:

25.06, 25.28, 25.27, 25.25, 25.26, 25.24, 25.25, 25.26, 25.27, 25.26.

问在 $\alpha=0.05$ 下,该种铆钉是否符合标准?

4. 正常人的脉搏平均为 72 次/分,现某医生测得 10 例某种慢性病毒中毒患者的脉搏(次/分)如下:

54, 68, 67, 78, 66, 70, 67, 65, 70, 69.

已知该种病毒中毒患者的脉搏服从正态分布.试问中毒者和正常人的脉搏有无显著性差异?

($\alpha=0.05$)

5. 某厂的次品率规定不超过4%，现有一大批产品，从中抽查了50件，发现有4件次品. 问这批产品能否出厂？($\alpha=0.05$)

习题 10-9(B)

1. 对甲、乙两批同类型电子元件的电阻进行测试，各取6只，测得数据(单位：Ω)如下：

甲批	0.140	0.138	0.143	0.141	0.144	0.137
乙批	0.135	0.140	0.142	0.136	0.138	0.140

根据经验，元件的电阻服从正态分布，且方差几乎相等，问能否认为两批元件的电阻期望无显著差异？($\alpha=0.05$)

2. 羊毛加工处理前后的含脂率抽样分析数据如下：

处理前	0.19	0.18	0.21	0.30	0.41	0.12	0.27
处理后	0.15	0.12	0.07	0.24	0.19	0.06	0.08

假定处理前后的含脂率都服从正态分布，问处理前后含脂率的均值有无显著变化？($\alpha=0.10$)

3. 在针织品的漂白工艺过程中，要考察温度对针织品断裂强力的影响. 为了比较70℃与80℃的影响有无差别，在这两个温度下分别重复做了8次试验，得到(单位：kg)如下数据：

70℃时的强力	20.5	18.8	19.8	20.9	21.5	19.5	21.0	21.2
80℃时的强力	17.7	20.3	20.0	18.8	19.0	20.1	20.2	19.1

(1) 设断裂强力分别服从正态分布 $N(\mu_1,\sigma^2)$，$N(\mu_2,\sigma^2)$. 问在 $\alpha=0.05$ 下，70℃下的强力与80℃下的强力是否有显著差异？

(2) 利用试验的数据，在 $\alpha=0.05$ 下，检验方差有无显著差异.

§10-10 一元线性回归分析与相关分析

在自然界与经济领域内，有两类现象：一类是确定性现象；另一类是非确定性现象. 由此决定了变量之间存在着两类不同的数量关系：一类是确定性关系，即**函数关系**；另一类是非确定性关系，即变量之间尽管存在着数量关系，但这种数量关系是不确定的，这类关系称为**相关关系**. 例如，圆的面积 S 和半径 r 之间有关系 $S=\pi r^2$，此种关系为函数关系；家庭的支出与收入之间的关系，收入确定以后，支出并不随之而定，收入高的家庭一般来说支出水平也高，并且对同等收入水平的家庭其支出也并不一定一样，此种关系称为相关关系. 再比如，儿子的身高与他父亲的身高之间的关系，某种商品的销售量与其价格之间的关系，粮食总产量与播种面积、施肥量、受灾面积之间的关系等，都是相关关系.

另外，变量之间有时有确定的关系，但由于试验(或测量等)误差的影响，也难得出确定的函数关系. 回归分析与相关分析均为研究及度量两个或两个以上变量之间相关关系的一种统计方法. 在进行分析、建立数学模型时，常需选择其中之一为因变量，而其余的作为自变量，然后根据样本资料，研究及测定自变量与因变量之间的关系.

严格来说，回归与相关的含义是不同的. 如果自变量是人为可以控制的、非随机的，则简称**控制变量**. 因变量是随机的，则它们之间的关系称为**回归关系**. 如果自变量和因变量都是随机的，则它们之间的关系称为**相关关系**. 由于从计算的角度来看，二者的差别又不很大，因此常常忽略其区别而混合使用. 在下面的讨论中，我们都认定自变量是确定性的量，而不管它是随机变量还是控制变量的取值.

一、一元线性回归分析

用一个或一组非随机变量来估计或预测某一随机变量的观察值时，所建立的数学模型以及进行的统计分析，叫作**回归分析**. 如果这个数学模型是线性的，称为**线性回归分析**. 自变量只有一个的线性回归分析，叫作一元线性回归分析，相应的数学模型叫作一元线性回归函数，记作

$$\hat{y}=a+bx.$$

其中 x 为自变量(控制变量)，y 为因变量(随机变量)，a，b 为参数.

研究和处理这类问题的方法，通常是先假设 y 与 x 的相关关系可以用一个一元线性方程来近似地加以描述，并根据试验中 y 与 x 的若干个实测数据对 (x,y)，用最小二乘法原理对线性方程中的未知参数作出估计，然后对 y 与 x 的线性相关关系的假设作显著性检验，进而达到对 y 和 x 进行预测和控制的目的.

1. 建立一元线性回归方程

下面结合具体问题说明如何建立一元线性回归的数学模型.

例 1 水稻产量与化肥施用量之间的关系，在土质、面积、种子等相同条件下，由试验获得如下数据：

化肥用量 x/kg	15	20	25	30	35	40	45
水稻产量 y/kg	330	345	365	405	445	490	455

将数据对 (x_i,y_i) 标在直角平面上，每对数据 (x_i,y_i) 在平面图中以一个叉点表示，这种图形称为散点图.

从散点图 10-12 上可以形象地看出这两个变量之间的大致关系：化肥用量增加，水稻产量也增加，大致呈线性关系，但观察值又不严格落在一条直线上. 这种关系就是回归关系，该直线称为回归直线，记作 $\hat{y}=a+bx$. 将样本数据对 (x_i,y_i) 中的 x_i 代入直线方程 $\hat{y}=a+bx$ 所得的值记为 $\hat{y}_i$. 由于 a，b 未知，因此 a，b 取不同的值所得到的具体方程有无数个，即所得到的直线有无数条. 现以例 1 为例来考察选择什么样的直线更为"合理".

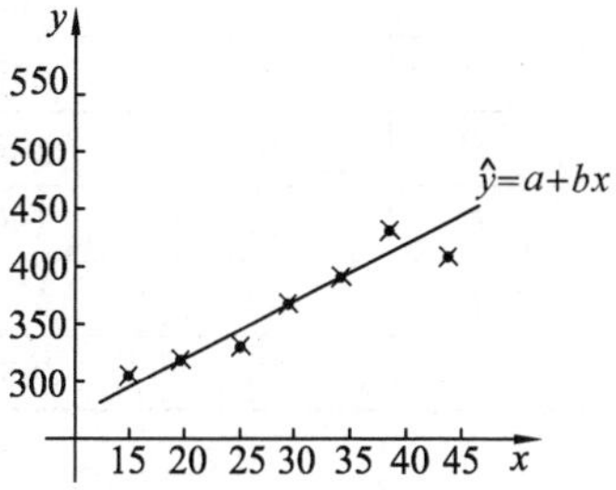

图 10-12

记 $\varepsilon=y-\hat{y}$，并将试验所得到的每对数据 (x_i,y_i) 代入，得

$$\varepsilon_i=y_i-\hat{y}_i=y_i-(a+bx_i)\ (i=1,2,\cdots,7),$$

其中 x_i，y_i 是已知值，a，b，ε_i 是未知的.

显然 ε 是随机变量，ε 对应于试验数据对 (x_i,y_i) 的观察值是 ε_i，通常把 ε 称为 y 与 $\hat{y}$ 的**离差**(或误差). 记 y_i 与 $\hat{y}_i$ 的离差平方和为 θ，即

$$\theta = \varepsilon_1^2 + \varepsilon_2^2 + \cdots + \varepsilon_7^2 = \sum_{i=1}^{7} \varepsilon_i^2,$$

则 θ 的值的大小刻画了图中所列的点与直线 $\hat{y}=a+bx$ 的偏离程度. 利用求多元函数最值的方法,在 θ 最小的要求下求出 a,b 的值,记为 $\hat{a},\hat{b}$,这便是**最小二乘原理**. 其直观意义是散点图中所列点与由 $\hat{a},\hat{b}$ 所确定的直线 $\hat{y}=\hat{a}+\hat{b}x$ 的偏离最小.

一般地,对于 n 个实测数据对而言,利用最小二乘原理可求得

$$\begin{cases} \hat{a}=\bar{y}-\hat{b}\bar{x}, \\ \hat{b}=\dfrac{L_{xy}}{L_{xx}}, \end{cases}$$

其中
$$\bar{x} = \frac{1}{n}\sum_{i=1}^{n} x_i, \quad \bar{y} = \frac{1}{n}\sum_{i=1}^{n} y_i,$$

$$L_{xx} = \sum_{i=1}^{n}(x_i - \bar{x})^2 = \sum_{i=1}^{n} x_i^2 - n\bar{x}^2,$$

$$L_{yy} = \sum_{i=1}^{n}(y_i - \bar{y})^2 = \sum_{i=1}^{n} y_i^2 - n\bar{y}^2,$$

$$L_{xy} = \sum_{i=1}^{n}(x_i - \bar{x})(y_i - \bar{y}) = \sum_{i=1}^{n} x_i y_i - n\bar{x}\bar{y}.$$

从而得到直线方程

$$\hat{y}=\hat{a}+\hat{b}x.$$

$\hat{a},\hat{b}$ 称为参数 a,b 的最小二乘估计(可以证明 $\hat{a},\hat{b}$ 分别是 a,b 的无偏估计).

下面来求例 1 的回归方程.

将例 1 中的实测数据经过计算处理,可列出计算表如下:

序号	x_i	y_i	x_i^2	y_i^2	$x_i y_i$	$\hat{y}_i$	$\varepsilon_i = y_i - \hat{y}_i$
1	15	330	225	108900	4950	325.18	4.82
2	20	345	400	119025	6900	351.79	−6.79
3	25	365	625	133225	9125	378.40	−13.40
4	30	405	900	164025	12150	405.00	0.00
5	35	445	1225	198025	15575	431.61	13.39
6	40	490	1600	240100	19600	458.22	31.78
7	45	455	2025	207025	20475	484.82	−29.82
$\sum$	210	2835	7000	1170325	88775		

$$\bar{x}=\frac{210}{7}=30, \bar{y}=\frac{2835}{7}=405, n=7,$$

$$L_{xx}=7000-7\times 30^2=700,$$

$$L_{yy}=1170325-7\times 405^2=22150,$$

$$L_{xy}=88775-7\times 30\times 405=3725,$$

$$\hat{b}=\frac{L_{xy}}{L_{xx}}=\frac{3725}{700}\approx 5.3214, \hat{a}=405-5.3214\times 30\approx 245.36,$$

故所求的一元线性回归方程为 $\hat{y}=245.36+5.3214x$.

2. 未知参数 σ^2 的估计

σ^2 是随机误差 ε 的方差.如果误差大,那么求出来的回归直线用处不大;如果误差比较小,那么求出来的回归直线就比较理想.可见 σ^2 的大小反映回归直线拟合程度的好坏.那么,如何估计 σ^2?一般可用下式:

$$\hat{\sigma^2}=\frac{1}{n-2}\sum_{i=1}^{n}(y_i-\hat{a}-\hat{b}x_i)^2$$

作为未知参数 σ^2 的估计(可以证明它是 σ^2 的无偏估计).

由例 1 的数据,可得

$$\begin{aligned}\hat{\sigma^2}&=\frac{1}{7-2}\sum_{i=1}^{7}\varepsilon_i^2\\&=\frac{1}{5}[4.82^2+(-6.79)^2+(-13.40)^2+0+13.39^2+31.78^2+(-29.82)^2]\\&\approx 429.62.\end{aligned}$$

*二、一元线性回归的相关性检验

从上面回归直线方程的计算过程可以看出,只要给出 x 和 y 的 n 对数据,即使两变量之间根本没有线性相关关系,也可以得到一个一元线性回归方程.显然,这样的回归直线方程是毫无意义的.因此,要进一步判定两变量之间是否确有密切的线性相关关系.一般用假设检验的方法来进行,这类检验称为线性回归的**相关性检验**.检验的步骤如下:

(1) 原假设 H_0:y 与 x 存在密切的线性相关关系.

(2) 选用统计量:相关系数 R,它的分布记为 $r(n-2)$,$n-2$ 称为 r 分布的自由度.当已知 x 和 y 的 n 对观察值 $(x_i,y_i)(i=1,2,\cdots,n)$后,$R$ 的观察值 $r=\frac{L_{xy}}{\sqrt{L_{xx}L_{yy}}}$.

(3) 给定 α,查相关系数临界值表,$r_\alpha(n-2)$称为分布的临界值,$0\leqslant|r|\leqslant 1$.当 H_0 成立时,$P(|R|>r_\alpha(n-2))=1-\alpha$,即接受域为$(r_\alpha(n-2),1]$.

(4) 计算 r 的值,作出判断.

例如,在例 1 中 $L_{xx}=700$,$L_{yy}=22150$,$L_{xy}=3725$,$n=7$,$r=\frac{L_{xy}}{\sqrt{L_{xx}L_{yy}}}\approx 0.9460$.若给定 $\alpha=0.05$,查相关系数临界值表,得 $r_{0.05}(5)=0.7545$,因为$|r|>r_{0.05}(5)$,所以 y 与 x 之间的线性相关关系显著.

*三、预测与控制

一元线性回归方程一经求得并通过相关性检验,便能用来进行预测和控制.

1. 预测

包括点预测和区间预测两种.

(1) 点预测.

所谓点预测,就是根据给定的 $x=x_0$,将由回归方程 $\hat{y}=\hat{a}+\hat{b}x$ 求得的$\hat{y_0}$作为 y_0 的预测值.

(2) 区间预测.

区间预测是在给定 $x=x_0$ 时,利用区间估计的方法求出 y_0 的置信区间.

可以证明，对于给定的显著性水平 α，y_0 的置信区间为

$$\left[\hat{y}_0-At_{\frac{\alpha}{2}}(n-2),\hat{y}_0+At_{\frac{\alpha}{2}}(n-2)\right],$$

其中 $A=\sqrt{\dfrac{(1-r^2)L_{yy}}{n-2}\left[1+\dfrac{1}{n}+\dfrac{(x_0-\bar{x})^2}{L_{xx}}\right]}$. 当 n 较大时，$A\approx\sqrt{\dfrac{(1-r^2)L_{yy}}{n-2}}$.

2. 控制

控制问题实质上是预测问题的反问题，具体地说，就是给出对于 y_0 的要求，反过来求满足这种要求的相应的 x_0.

例 2 某企业固定资产投资总额与实现利税的资料如下(单位：万元)：

年份	2010	2011	2012	2013	2014	2015	2016	2017	2018	2019
投资总额 x	23.8	27.6	31.6	32.4	33.7	34.9	43.2	52.8	63.8	73.4
实现利税 y	41.4	51.8	61.7	67.9	68.7	77.5	95.9	137.4	155.0	175.0

(1) 求 y 与 x 的线性回归方程；

(2) 检验 y 与 x 的线性相关性；

(3) 求固定资产投资额为 85 万元时，实现利税总值的预测值及预测区间；($\alpha=0.05$)

(4) 要使 2020 年的利税在 2019 年的基础上增长速度不超过 8%，问固定资产投资总额应控制在怎样的规模上？

解 (1) 根据资料计算得

$\sum\limits_{i=1}^{10}x_i=417.2,\sum\limits_{i=1}^{10}y_i=932.3,$

$L_{xx}=2436.72,L_{yy}=19347.68,L_{xy}=6820.66,$

$\hat{b}=\dfrac{L_{xy}}{L_{xx}}=\dfrac{6820.66}{2436.72}\approx2.799,\hat{a}=\bar{y}-\hat{b}\bar{x}=\dfrac{932.3}{10}-2.799\times\dfrac{417.2}{10}\approx-23.54,$

故所求的回归直线方程为 $\hat{y}=-23.54+2.799x$.

(2) 计算 $r=\dfrac{L_{xy}}{\sqrt{L_{xx}L_{yy}}}=\dfrac{6820.66}{\sqrt{2436.72\times19347.68}}\approx0.9934$.

由 $\alpha=0.05$，$n-2=10-2=8$，查相关系数临界值表，得 $r_{0.05}(8)=0.6319$，因为 $|r|>r_{0.05}(8)$，所以 y 与 x 之间的线性相关关系显著.

(3) 因为 $\hat{y}=-23.54+2.799x$，当 $x_0=85$ 时，

$$\hat{y}_0=-23.54+2.799\times85=214.58,$$

又

$$A=\sqrt{\frac{(1-r^2)L_{yy}}{n-2}\left[1+\frac{1}{n}+\frac{(x_0-\bar{x})^2}{L_{xx}}\right]}$$

$$=\sqrt{\frac{(1-0.9934^2)\times19347.68}{10-2}\left[1+\frac{1}{10}+\frac{(85-41.72)^2}{2436.72}\right]}\approx7.7293,$$

$$t_{\frac{\alpha}{2}}(n-2)=t_{0.025}(8)=2.306,$$

于是，预测区间为

$\left[\hat{y}_0-At_{\frac{\alpha}{2}}(n-2),\hat{y}_0+At_{\frac{\alpha}{2}}(n-2)\right]=[214.58-7.7293\times2.306,214.58+7.7293\times2.306]$，即[196.76,232.40].

(4) 由题意，$y_0=175(1+8\%)=189$. 故

$$x_0=\frac{1}{\hat{b}}(y_0-\hat{a})=\frac{1}{2.799}(189+23.54)\approx 75.93,$$

即固定资产投资额应控制在 73.4 万元到 75.93 万元之间.

习题 10-10(A)

1. 已经获得 x,y 的观测值如下：

x	0	2	3	5	6
y	6	-1	-3	-10	-16

(1) 作出散点图；(2) 求 y 对 x 的回归直线方程；(3) 求参数 σ^2 的估计.

2. 某种产品的生产量 x 和单位成本 y 之间的数据统计如下：

产量 x/千件	2	4	5	6	8	10	12	14
成本 y/元	580	540	500	460	380	320	280	240

(1) 求 y 对 x 的回归直线方程；

(2) 检验 y 与 x 之间的线性相关关系的显著性.($\alpha_1=0.05,\alpha_2=0.10$)

习题 10-10(B)

1. 有 6 根弹簧悬挂了不同质量的物体，物体的质量与弹簧长度的数据如下表：

物体的质量 x/g	5	10	15	20	25	30
弹簧的长度 y/cm	7.25	8.12	8.95	9.90	10.9	11.8

(1) 试将这 6 对观测值标在坐标纸上，并回答决定弹簧的长度关于物体质量的回归能否认为是线性的；

(2) 求出回归方程；

(3) 试在 $x=16$ 时作出 y 的预测区间.($\alpha=0.05$)

2. 某医院用光电比色计检验尿汞时，得尿汞含量(单位：mg/L)与消光系数读数的结果如下：

尿汞含量 x	2	4	6	8	10
消光系数 y	64	138	205	285	360

已知它们之间有关系式：$y_i=\beta_0+\beta_1 x_i+\varepsilon_i,\varepsilon_i\sim N(0,\sigma^2)$，且各 ε_i 相互独立. 试求 β_0,β_1 的最小二乘估计，并在 $\alpha=0.05$ 水平下检验 β_1 是否为零.

本章内容小结

1．本章的主要内容：

随机事件，基本事件，样本空间，事件之间的关系与运算；概率的定义与基本性质，概率的加法公式、乘法公式，全概率公式，贝叶斯公式；事件的独立性.

随机变量，离散型随机变量及其分布列；连续型随机变量及其密度函数；0－1分布，二项分布，泊松分布，均匀分布，指数分布，正态分布；随机变量的函数.

二维离散型随机变量的分布列、边缘分布列、独立性.

随机变量的数学特征：数学期望、方差、协方差与相关系数.

2．联系于随机试验的样本空间的子集和该试验下的随机事件一一对应，并可以用集合论的观点来描述、解释和论证事件间的关系及其运算.

3．事件发生的可能性大小是客观存在的，度量事件发生的可能性大小的数——概率，通常与试验条件相关，书中给出实际中应用较多的两个定义（概率的统计定义和古典定义）后，归纳出概率的数学定义.

4．在直接计算某事件 A 的概率较困难时，应注意将事件 A 表示成已知（或便于计算）概率的事件之间的关系运算，恰当地选用概率的基本性质、运算公式，并同时注意问题的条件，认真辨别所涉事件的概率计算的模式和方法.

5．概率的运算公式.

(1) 加法公式：

$$P(A\cup B)=\begin{cases}P(A)+P(B)\ (AB=\varnothing),\\ P(A)+P(B)-P(AB)\ (AB\neq\varnothing).\end{cases}$$

(2) 乘法公式：

$$P(AB)=\begin{cases}P(A)P(B|A)=P(B)P(A|B),\\ P(A)P(B)\ (A,B\text{ 相互独立}).\end{cases}$$

(3) 全概率公式：

$$P(A)=\sum_{i=1}^{n}P(H_i)P(A|H_i),\quad H_1,H_2,\cdots,H_n\text{ 为样本空间 }\Omega\text{ 的一个划分}.$$

(4) 贝叶斯公式：

$$P(H_i|A)=\frac{P(AH_i)}{P(A)}=\frac{P(H_i)P(A|H_i)}{P(A)}=\frac{P(H_i)P(A|H_i)}{\sum\limits_{k=1}^{n}P(H_k)P(A|H_k)},i=1,2,\cdots,n.$$

6．随机变量及其概率分布是概率论的核心，学习中要理解离散型随机变量及其分布列、连续型随机变量及其密度函数的相关知识，掌握几种常用随机变量的概率分布.

7．数学期望、方差、协方差及相关系数是随机变量的重要数字特征.数学期望简称为期望或均值，它描述了随机变量 ξ 的集中位置，是一个反映 ξ 取值平均特性的量；方差则反映了 ξ 在期望值周围取值的离散程度；协方差、相关系数均是随机变量间线性联系密切程度的度量.

8．简单随机样本、统计量、抽样分布等基本概念和基本结论是统计推断的最基本内容，为以后的内容提供了准备知识.

9. 参数估计是基本统计推断方法之一. 未知参数 θ 的点估计,就是构造一个统计量 $\hat{\theta}(\xi_1,\xi_2,\cdots,\xi_n)$ 作为参数 θ 的估计. 评价估计量的优良性标准一般有:无偏性、有效性和一致性. 未知参数 θ 的区间估计,就是指以概率 $1-\alpha$ 包含未知参数 θ 的随机区间 (θ_1,θ_2) 称为 θ 的置信区间,$1-\alpha$ 称为置信水平.

10. 假设检验是另一类重要的统计推断方法,它利用样本统计量并按一种决策规则对原假设作出拒绝或接受的推断,决策规则运用了"小概率"原理. 假设检验作出的推断结论(决策)不能保证绝对正确,它可能会犯两类错误:弃真错误和存伪错误. 弃真错误的概率就是显著性水平 α,而存伪错误的概率计算比较复杂. 假设检验过程可分 4 个步骤:

(1) 提出原假设.

(2) 建立检验用的统计量.

(3) 确定拒绝域.

(4) 根据样本观察值计算出统计量的观察值,并作出判断.

假设检验按检验统计量来分,有 U 检验法、T 检验法、F 检验法和 χ^2 检验法.

11. 一元线性回归模型 $y=a+bx+\varepsilon$ 的回归方程为 $\hat{y}=a+bx$,未知参数 a,b 的最小二乘估计为 $\begin{cases}\hat{a}=\bar{y}-\hat{b}\bar{x},\\ \hat{b}=\dfrac{L_{xy}}{L_{xx}},\end{cases}$ 未知参数 σ^2 的无偏估计为 $\hat{\sigma}^2=\dfrac{1}{n-2}\sum\limits_{i=1}^{n}(y_i-\hat{a}-\hat{b}x_i)^2$.

12. 回归分析的重要应用是作预测. y_0 的预测值为 $\hat{y}=\hat{a}+\hat{b}x_0$,置信度为$1-\alpha$的预测区间为

$$\left[\hat{y}_0-At_{\frac{\alpha}{2}}(n-2),\hat{y}_0+At_{\frac{\alpha}{2}}(n-2)\right],$$

其中 $A=\sqrt{\dfrac{(1-r^2)L_{yy}}{n-2}\left[1+\dfrac{1}{n}+\dfrac{(x_0-\bar{x})^2}{L_{xx}}\right]}$,当 n 较大时,$A\approx\sqrt{\dfrac{(1-r^2)L_{yy}}{n-2}}$.

自测题十

一、填空题

1. 有 A,B,C 三个事件.

(1) 若 B 发生,A 不发生,则这个事件可表示为________________;

(2) 若 A,B,C 至少有一个发生,则这个事件可表示为________________;

(3) 若 A,B,C 不多于一个发生,则这个事件可表示为________________.

2. 设事件 $A_i=\{$第 i 次击中目标$\}(i=1,2,3,4)$,$B=\{$击中次数大于 2$\}$,则事件 $A=\bigcup\limits_{i=1}^{4}A_i$ 的含义是______________,$\bar{A}$ 的含义是______________,$\bar{B}$ 的含义是______________.

3. 试用等号或不等号把下面 4 个量联系起来:

$P(AB)$______ $P(A)$______ $P(A\cup B)$______ $P(A)+P(B)$.

4. 假设在1000个男子中活到某一年龄的人数如下：

年龄 ξ	10	20	30	40	50	60	70	80	90	100
人　数	950	920	900	870	800	680	450	200	25	5

若事件 $A=\{$活到40岁$\}$，$B=\{$活到50岁$\}$，$C=\{$活到60岁$\}$，则 $P(A)=$________，$P(B|A)=$________，$P(C|A)=$________，$P(\overline{C}|B)=$________，$P(AB)=$________.

5. 若随机变量 ξ 的分布列为

ξ	1	2	3	4
p_k	$\frac{a}{50}$	$\frac{a}{25}$	$\frac{3a}{50}$	$\frac{4a}{50}$

则常数 a 的数值为________________.

6. 设 ξ 服从二项分布 $B(n,p)$，且 $E(\xi)=6$，$D(\xi)=5$，则 $p=$____________，$n=$____________.

7. 设随机变量 ξ,η 相互独立，且 $P(\xi\leqslant 1)=\frac{1}{2}$，$P(\eta\leqslant 1)=\frac{1}{3}$，则 $P(\xi\leqslant 1,\eta\leqslant 1)=$________________.

8. 设随机变量 ξ,η 相互独立，且 $D(\xi)=2$，$D(\eta)=1$，则 $D(\xi-2\eta+3)=$____________.

9. 设 $\hat{\theta}$ 是未知参数 θ 的一个估计，当________时，称 $\hat{\theta}$ 是 θ 的无偏估计.

10. 设 $(\xi_1,\xi_2,\cdots,\xi_n)$ 是正态总体 $N(\mu,\sigma^2)$ 的随机样本，置信度为 $1-\alpha$ 时，若 σ^2 已知，则 μ 的置信区间为________________；若 σ^2 未知，则 μ 的置信区间为________________.

11. 设正态总体 $\xi\sim N(\mu_1,\sigma_1^2)$ 与正态总体 $\eta\sim N(\mu_2,\sigma_2^2)$ 相互独立，$(\xi_1,\xi_2,\cdots,\xi_n)$，$(\eta_1,\eta_2,\cdots,\eta_n)$ 分别为总体 ξ,η 的样本. 若置信度为 $1-\alpha$，则当 σ_1^2,σ_2^2 均为已知时，$\mu_1-\mu_2$ 的置信区间为____________________________；当 $\sigma_1^2=\sigma_2^2$ 未知且 $n_1=n_2=n$ 时，$\mu_1-\mu_2$ 置信区间为____________________________.

12. 假设检验就是利用________原理，先提出一个假设，然后根据________提供的信息，判断假设是否正确.

13. 对一个正态总体，原假设 $\mu=\mu_0$，若方差已知，则应选统计量________________；若方差未知，则应选统计量________________；当原假设 $\sigma^2=\sigma_0^2$ 时，应选统计量________________.

14. 变量间的关系可分为____________和____________两大类.

15. 一元线性回归的数学模型是________________________. 在一元线性回归中，$y=a+bx+\varepsilon$，$\varepsilon\sim$________，称为________，a 和 b 称为________，x 称为________变量，一元线性回归方程为__________________.

16. 一元线性回归中回归系数 $\hat{b}=$________，$\hat{a}=$________.

二、选择题

1. 能使 $(A\cup B)-A=B$ 成立的条件是 (　　)

A. $A\supset B$　　　　B. $B\supset A$

C. $A=B$　　　　D. $A\cap B=\varnothing$

2. 若事件 A,B,C 满足 $A\cup B\supset C$,则 $A\cap B\cap C$ 等于 (　　)

A. C　　B. $\varnothing$　　C. $A\cup B$　　D. 不一定

3. 如果事件 A 与 B 互不相容,那么 (　　)

A. A 与 B 是对立事件　　B. $A\cup B$ 是必然事件

C. $\overline{A}\cup\overline{B}$ 必然事件　　D. $\overline{A}$ 与 $\overline{B}$ 互不相容

4. 对于任意随机变量 ξ,若 $E(\xi)$,$E(\xi^2)$存在,则 $E(\xi^2)$与 $E^2(\xi)$的关系是 (　　)

A. $E(\xi^2)<E^2(\xi)$　　B. $E(\xi^2)>E^2(\xi)$

C. $E(\xi^2)\leqslant E^2(\xi)$　　D. $E(\xi^2)\geqslant E^2(\xi)$

5. 设随机变量 $\xi\sim N(\mu,\sigma^2)$,且 $P(\xi<5)=P(\xi>1)$,密度函数 $f(x)$有极大值$\dfrac{1}{\sqrt{2\pi}}$,则有 (　　)

A. $\mu=2,\sigma=2$　　B. $\mu=3,\sigma=2$

C. $\mu=3,\sigma=1$　　D. $\mu=3,\sigma=3$

6. 投掷两颗骰子,设事件 $A=\{$出现点数之和等于 3$\}$,则 $P(A)$等于 (　　)

A. $\dfrac{1}{2}$　　B. $\dfrac{1}{3}$

C. $\dfrac{1}{6}$　　D. $\dfrac{1}{18}$

7. 设 ξ_1,ξ_2 是任意两个随机变量,下面等式成立的是 (　　)

A. $E(\xi_1+\xi_2)=E(\xi_1)+E(\xi_2)$　　B. $D(\xi_1+\xi_2)=D(\xi_1)+D(\xi_2)$

C. $E(\xi_1\xi_2)=E(\xi_1)E(\xi_2)$　　D. 有不少于两个等式成立

8. 设随机变量 ξ,η 的分布列为

ξ \ η	0	1	2
0	$\frac{1}{12}$	$\frac{2}{12}$	$\frac{2}{12}$
1	$\frac{1}{12}$	$\frac{1}{12}$	0
1	$\frac{2}{12}$	$\frac{1}{12}$	$\frac{2}{12}$

则 $P(\xi\eta=0)=$ (　　)

A. $\dfrac{1}{12}$　　B. $\dfrac{2}{12}$　　C. $\dfrac{4}{12}$　　D. $\dfrac{8}{12}$

9. (多选)在给定显著性水平 $\alpha=0.02$ 时,若原假设被拒绝,则认为 (　　)

A. 原假设一定不正确　　B. 原假设正确的概率为 0.02

C. 原假设正确是小概率事件　　D. 原假设不正确是小概率事件

10. 对给定显著性水平 α,用 U 检验法时,临界值 $u_{\frac{\alpha}{2}}$应满足 (　　)

A. $\Phi(u_{\frac{\alpha}{2}})=1-\dfrac{\alpha}{2}$　　B. $\Phi(u_{\frac{\alpha}{2}})=\alpha$

C. $\Phi(u_{\frac{\alpha}{2}})=1-\alpha$　　D. 以上都不对

11. 在假设检验中，显著性水平 α 表示　　　　（　　）

A. 原假设为假，但接受原假设的概率

B. 原假设为真，但拒绝原假设的概率

C. 拒绝原假设的概率

D. 小概率事件概率的最小值

12. 若一个正态总体方差未知，检验 $H_0:\mu=\mu_0$，$H_1:\mu\neq\mu_0$，抽取样本为$(\xi_1,\xi_2,\cdots,\xi_n)$，则拒绝域应与________有关.　　　　（　　）

A. 样本值，显著性水平 α　　　　B. 样本值，显著性水平 α，样本容量 n

C. 样本值，样本容量 n　　　　D. 显著性水平 α，样本容量 n

13. 在一元线性回归的数学模型 $y=a+bx+\varepsilon$，$\varepsilon\sim N(0,\sigma^2)$中　　　　（　　）

A. x 是控制变量　　　　B. x 是确定性变量

C. ε 是常数　　　　D. a,b,ε 为待定常数

三、综合题

1. 已知 $P(A)=x$，$P(B)=y$，$xy\neq0$，给出下列三个条件：(1) $P(AB)=z$；(2) A,B 相互独立；(3) A,B 互不相容. 试分别按上述条件求出下列概率：

$P(\bar{A}\cup\bar{B})$，$P(\bar{A}B)$，$P(\bar{A}\cup B)$，$P(\bar{A}\bar{B})$，$P(A|B)$.

2. 在一盒子中装有 15 个乒乓球，其中 9 个为新球，用过的球则认为是旧球，在第一次比赛时任取 3 个球，比赛后放回盒中，在第二次比赛时再任取 3 个球，求：

(1) 第一次取出的 3 个球中恰有 2 个新球的概率；

(2) 当第一次取出的球中恰有 2 个新球时，第二次取出的球均为新球的概率；

(3) 第二次取出的球均为新球的概率.

3. 某零件需经三道工序才能加工成型.

(1) 三道工序是否出废品相互独立，且出废品的概率依次是 0.1，0.2，0.3，试求成型零件为废品的概率；

(2) 将每道工序所出的废品剔除后，再进行下一道工序，且三道工序出废品的概率依次为 0.1，0.2，0.3，试求一个零件加工到成型不是废品的概率.

4. 某种商品的一、二等品为合格品，配货时一、二等品的数量比为 5∶3. 根据以往的经验，顾客购买时，一等品被认为二等品的概率为$\frac{2}{5}$，二等品被认为一等品的概率为$\frac{1}{3}$. 求：

(1) 顾客购买一件该种商品，认为商品为一等品的概率；

(2) 被顾客认为是一等品，而商品恰是一等品的概率.

5. 设 ξ,η 相互独立，且分布列为

ξ	0	1
p_k	$\frac{1}{2}$	$\frac{1}{2}$

η	0	1	2
p_k	$\frac{1}{2}$	$\frac{1}{3}$	$\frac{1}{6}$

求：(1) $\xi+\eta$ 的分布列；(2) $E(\xi\eta)$.

6. 随机变量 ξ 的密度函数为 $f(x)=\begin{cases}a+bx^2, & x\in(0,1),\\ 0, & \text{其他},\end{cases}$ 且 $E(\xi)=\frac{3}{5}$，求 a,b 及$E(\xi^2)$的值.

7. 设二维随机变量(ξ,η)的分布列为

ξ \ η	-1	0
0	$\frac{1}{3}$	$\frac{1}{4}$
1	$\frac{1}{4}$	$\frac{1}{6}$

试求：(1) (ξ,η)关于ξ和关于η的边缘分布列；(2) ξ与η是否相互独立，为什么？(3) $P(\xi+\eta=0)$.

8. 设随机变量ξ的分布列为

ξ	-1	0	1
p_k	$\frac{1}{3}$	$\frac{1}{3}$	$\frac{1}{3}$

设$\eta=\xi^2$，求：(1) $D(\xi)$，$D(\eta)$；(2) $\rho_{\xi\eta}$.

9. 从一个正态总体中抽取容量为 5 的一组样本观测值为

$$6.6,\ 4.6,\ 5.4,\ 5.8,\ 5.5.$$

求置信度为 95%的总体期望及方差的置信区间.

10. 为了比较甲、乙两批同类电子元件的使用寿命，现从甲批元件中抽取 12 只，测得平均使用寿命为 1000 h，标准差为 18 h；从乙批元件中抽取 15 只，测得平均使用寿命为 980 h，标准差为 30 h. 假定元件使用寿命服从正态分布，方差相等，试求两总体均值差的置信区间.（置信度为 90%）

11. 25 名男生与 17 名女生参加一次标准化英语考试，平均成绩分别为 82 分和 88 分，标准差分别为 8 分和 7 分，若成绩服从正态分布，求男、女生成绩方差比的置信区间.（置信度为 98%）

12. 某年某市对 1000 户居民的抽样调查结果表明，全年居民购买副食品支出占购买食品支出的 75.4%，试以 99%的概率估计全年这种比率的置信区间.

13. 某种零件的长度服从正态分布，现随机抽取 6 件，测得长度（单位：cm）分别为

$$36.4,\ 38.2,\ 36.6,\ 36.9,\ 37.8,\ 37.6,$$

能否认为该种零件的平均长度为 37 cm？（置信度为 95%）

14. 某村在水稻全面实割前，随机抽取 10 块地进行实割，亩产量（单位：kg）分别为

$$540,\ 632,\ 674,\ 694,\ 695,\ 705,\ 736,\ 680,\ 780,\ 845.$$

若水稻亩产服从正态分布，可否认为该村水稻亩产的标准差不超过去年的数值即 75 kg？（置信度为 95%）

15. 某商店从两个灯泡厂各购进一批灯泡，假定灯泡的使用寿命服从正态分布，方差分别为 80^2 和 94^2. 今从两批灯泡中各取 50 个进行检验，测得平均使用寿命分别为 1282 h 和 1208 h，可否由此认为两厂灯泡使用寿命相同？（置信度为 98%）

16. 某厂在某天的产品中抽取 120 件进行检查，发现有 7 件次品，若规定次品率不能高于 5%，能否认为这一天的生产是正常的？（置信度为 95%）

附 表

表 1 泊松分布表

$$1-F(c)=\sum_{k=c}^{\infty}\frac{\lambda^{k}}{k!}e^{-\lambda}$$

λ		0.001	0.002	0.003	0.004	0.005	0.006	0.007	0.008	0.009	0.010
x	0	1.0000000	1.0000000	1.0000000	1.0000000	1.0000000	1.0000000	1.0000000	1.0000000	1.0000000	1.0000000
	1	0.0009995	0.0019980	0.0029955	0.0039920	0.0049875	0.0059820	0.0069756	0.0079681	0.0089596	0.0099502
	2	0000005	0000020	0000045	0000080	0000125	0000179	0000244	0000318	0000403	0000497
	3							0000001	0000001	0000001	0000002

λ		0.02	0.03	0.04	0.05	0.06	0.07	0.08	0.09	0.10	0.11
x	0	1.0000000	1.0000000	1.0000000	1.0000000	1.0000000	1.0000000	1.0000000	1.0000000	1.0000000	1.0000000
	1	0.0198013	0.0295545	0.0392106	0.0487706	0.0582355	0.0676062	0.0768837	0.0860688	0.0951626	0.1041659
	2	0001973	0004411	0007790	0012091	0017296	0023386	0030343	0038150	0046788	0056241
	3	0000013	0000044	0000104	0000201	0000344	0000542	0000804	0001136	0001547	0002043
	4			0000001	0000003	0000005	0000009	0000016	0000025	0000033	0000056
	5										0000001

λ		0.12	0.13	0.14	0.15	0.16	0.17	0.18	0.19	0.20	0.21
x	0	1.0000000	1.0000000	1.0000000	1.0000000	1.0000000	1.0000000	1.0000000	1.0000000	1.0000000	1.0000000
	1	0.1130796	0.1219046	0.1306418	0.1392920	0.1478562	0.1563352	0.1647298	0.1730409	0.1812692	0.1894158
	2	0066491	0077522	0089316	0101858	0115132	0129122	0143812	0159187	0175231	0191931
	3	0002633	0003323	0004119	0005029	0006058	0007212	0008498	0009920	0011485	0013197
	4	0000079	0000107	0000143	0000187	0000240	0000304	0000379	0000467	0000563	0000685
	5	0000002	0000003	0000004	0000006	0000008	0000010	0000014	0000018	0000023	0000029
	6								0000001	0000001	0000001

λ		0.22	0.23	0.24	0.25	0.26	0.27	0.28	0.29	0.30	0.40
x	0	1.0000000	1.0000000	1.0000000	1.0000000	1.0000000	1.0000000	1.0000000	1.0000000	1.0000000	1.0000000
	1	0.1974812	0.2054664	0.2133721	0.2211992	0.2289484	0.2366205	0.2442163	0.2517634	0.2591818	0.3296800
	2	0209271	0227237	0245815	0264990	0284750	0305080	0325968	0347400	0369363	0615519
	3	0015060	0017083	0019266	0021615	0024135	0026829	0029701	0032755	0035995	0079263
	4	0000819	0000971	0001142	0001334	0001548	0001786	0002049	0002339	0002658	0007763
	5	0000036	0000044	0000054	0000066	0000080	0000096	0000113	0000134	0000158	0000612
	6	0000001	0000002	0000002	0000003	0000003	0000004	0000005	0000006	0000008	0000040
	7										0000002

λ		0.5	0.6	0.7	0.8	0.9	1.0	1.1	1.2	1.3	1.4
x	0	1.0000000	1.0000000	1.0000000	1.0000000	1.0000000	1.0000000	1.0000000	1.0000000	1.0000000	1.0000000
	1	0.393468	0.451188	0.503415	0.550671	0.593430	0.632121	0.667129	0.698806	0.727469	0.753403
	2	090204	121901	155805	191208	227518	264241	300971	337373	373177	408167
	3	014388	023115	034142	047423	062857	080301	099584	120513	142888	166502
	4	001752	003358	005753	009080	013459	018988	025742	033769	043095	053725
	5	000172	000394	000786	001411	002344	003660	005435	007746	010663	014253
	6	000014	000039	000090	000184	000343	000594	000968	001500	002231	003201
	7	000001	000003	000009	000021	000043	000083	000149	000251	000404	000622
	8			0000001	0000002	0000005	000010	000020	000037	000064	000107
	9						00001	00002	00005	000009	000016
	10								000001	000001	000002

续表

λ		1.5	1.6	1.7	1.8	1.9	2.0	2.1	2.2	2.3	2.4
	0	1.0000000	1.0000000	1.0000000	1.0000000	1.0000000	1.0000000	1.0000000	1.0000000	1.0000000	1.0000000
	1	0.776870	0.798103	0.817316	0.834701	0.850431	0.864665	0.877544	889197	899741	0.909282
	2	442175	475069	506754	537163	566251	593994	620385	645430	669146	691559
	3	191153	216642	242777	269379	296280	323324	350369	377286	403961	430291
	4	065642	078813	093189	108703	125298	142877	161357	180648	200653	221277
	5	0.018576	0.023682	0.029615	0.036407	0.044081	0.052653	0.062126	0.072496	0.083751	0.095869
	6	004456	006040	007999	010378	013219	016564	020449	024910	029976	035673
x	7	000926	001336	001875	002569	003446	004534	005862	007461	009362	011594
	8	000170	000260	000388	000562	000793	001097	001486	001978	002589	003339
	9	000028	000045	000072	000110	000163	000237	000337	000470	000642	000862
	10	000004	000007	000012	000019	000030	000046	000069	000101	000144	000202
	11	000001	000001	000002	000003	000005	000008	000013	000020	000029	000043
	12					000001	000001	000002	000004	000006	000008
	13								000001	000001	000002

λ		2.5	2.6	2.7	2.8	2.9	3.0	3.1	3.2	3.3	3.4
	0	1.0000000	1.0000000	1.0000000	1.0000000	1.0000000	1.0000000	1.0000000	1.0000000	1.0000000	1.0000000
	1	0.917915	0.925726	0.932794	0.939190	0.944977	0.950213	0.954951	0.959238	0.963117	0.966627
	2	712703	732615	751340	768922	785409	800852	815298	828799	841402	853158
	3	456187	481570	506376	530546	554037	576810	598837	620096	640574	660260
	4	242424	263998	285908	308063	330377	352768	375160	397480	419662	441643
	5	108822	122577	137092	152324	168223	184737	201811	219387	237410	255818
	6	042021	049037	056732	065110	074174	083918	094334	105408	117123	129458
	7	014187	017170	020569	024411	028717	033509	033804	044619	050966	057853
x	8	004247	005334	006621	008131	009885	011905	014213	016830	019777	023074
	9	001140	001487	001914	002433	003058	003803	004683	005714	006912	008293
	10	000277	000376	000501	000660	000858	001102	001401	001762	001195	002709
	11	000062	000087	000120	000164	000220	000292	000383	000497	000638	000810
	12	000013	000018	000026	000037	000052	000071	000097	000129	000171	000223
	13	000002	000004	000005	000008	000011	000016	000023	000031	000042	000057
	14		000001	000001	000002	000002	000003	000005	000007	000010	000014
	15						000001	000001	000001	000002	000003
	16										000001

λ		3.5	3.6	3.7	3.8	3.9	4.0	4.1	4.2	4.3	4.4
	0	1.0000000	1.0000000	1.0000000	1.0000000	1.0000000	1.0000000	1.0000000	1.0000000	1.0000000	1.0000000
	1	0.969803	0.972676	0.975276	0.977629	0.979758	0.981684	0.983427	0.985004	0.986431	0.987723
	2	864112	874311	883799	892620	900815	908422	915479	922023	928087	933702
	3	697153	697253	714567	731103	746875	761897	776186	789762	802645	814858
	4	463367	484784	505847	526515	546753	566530	585818	604597	622846	640552
	5	274555	293562	312781	332156	351635	371163	390692	410173	429562	448816
	6	142386	155281	169962	184444	199442	214870	230688	246875	263338	280088
	7	065288	073273	081809	090892	100517	110674	121352	132536	144210	156355
	8	026739	030789	035241	040107	045402	051134	057312	063943	071032	078579
x	9	009874	011671	013703	015984	018533	021363	024492	027932	031698	035803
	10	003315	004024	004848	005799	006890	008138	009540	011127	012906	014890
	11	001109	001271	001572	001929	002349	002840	003410	004069	004825	005688
	12	000289	000370	000470	000592	000739	000915	001125	001374	001666	002008
	13	000076	000100	000130	000168	000216	000274	000345	000433	000534	000658
	14	000019	00025	000034	000045	000059	000076	000098	000216	000160	000201
	15	000004	000006	000008	000011	000015	000020	000026	000034	000045	000058
	16	000001	000001	000002	000003	000004	000005	000007	000009	000012	000016
	17				000001	000001	000001	000002	000002	000003	000004
	18									000001	000001

表 2　标准正态分布表

$$\Phi(x)=\int_{-\infty}^{x}\frac{1}{\sqrt{2\pi}}e^{-\frac{u^2}{2}}du=P(\xi\leqslant x)$$

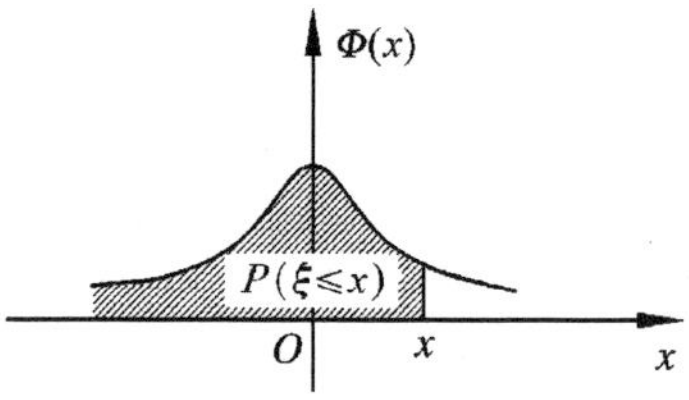

x	0	1	2	3	4	5	6	7	8	9
0.0	0.5000	0.5040	0.5080	0.5120	0.5160	0.5199	0.5239	0.5279	0.5319	0.5359
0.1	0.5398	0.5438	0.5478	0.5517	0.5557	0.5596	0.5636	0.5675	0.5714	0.5753
0.2	0.5793	0.5832	0.5871	0.5910	0.5948	0.5987	0.6026	0.6064	0.6103	0.6141
0.3	0.6179	0.6217	0.6255	0.6203	0.6331	0.6368	0.6406	0.6443	0.6480	0.6517
0.4	0.6554	0.6591	0.6628	0.6664	0.6700	0.6736	0.6772	0.6808	0.6844	0.6879
0.5	0.6915	0.6950	0.6985	0.7019	0.7054	0.7088	0.7123	0.7157	0.7190	0.7224
0.6	0.7257	0.7291	0.7324	0.7357	0.7389	0.7422	0.7454	0.7486	0.7517	0.7549
0.7	0.7580	0.7611	0.7642	0.7673	0.7703	0.7734	0.7764	0.7794	0.7823	0.7852
0.8	0.7881	0.7910	0.7939	0.7967	0.7995	0.8023	0.8051	0.8078	0.8106	0.8133
0.9	0.8159	0.8186	0.8212	0.8238	0.8264	0.8289	0.8315	0.8340	0.8365	0.8389
1.0	0.8413	0.8438	0.8461	0.8485	0.8508	0.8531	0.8554	0.8577	0.8599	0.8621
1.1	0.8643	0.8665	0.8636	0.8708	0.8729	0.8749	0.8770	0.8790	0.8810	0.8830
1.2	0.8849	0.8869	0.8888	0.8907	0.8925	0.8944	0.8962	0.8980	0.8997	0.9015
1.3	0.9032	0.9049	0.9066	0.9082	0.9099	0.9115	0.9131	0.9147	0.9162	0.9177
1.4	0.9192	0.9207	0.9222	0.9236	0.9251	0.9265	0.9278	0.9292	0.9306	0.9319
1.5	0.9332	0.9345	0.9357	0.9370	0.9382	0.9394	0.9406	0.9418	0.9430	0.9441
1.6	0.9452	0.9463	0.9474	0.9484	0.9495	0.9505	0.9515	0.9525	0.9535	0.9545
1.7	0.9554	0.9564	0.9573	0.9582	0.9591	0.9599	0.9608	0.9616	0.9625	0.9633
1.8	0.9641	0.9648	0.9656	0.9664	0.9671	0.9678	0.9686	0.9693	0.9700	0.9706
1.9	0.9713	0.9719	0.9726	0.9732	0.9738	0.9744	0.9750	0.9756	0.9762	0.9767
2.0	0.9772	0.9778	0.9783	0.9788	0.9793	0.9798	0.9803	0.9808	0.9812	0.9817
2.1	0.9821	0.9826	0.9830	0.9834	0.9838	0.9842	0.9846	0.9850	0.9854	0.9857
2.2	0.9861	0.9864	0.9868	0.9871	0.9874	0.9878	0.9881	0.9884	0.9887	0.9890
2.3	0.9893	0.9896	0.9898	0.9901	0.9904	0.9906	0.9909	0.9911	0.9913	0.9916
2.4	0.9918	0.9920	0.9922	0.9925	0.9927	0.9929	0.9931	0.9932	0.9934	0.9936
2.5	0.9938	0.9940	0.9941	0.9943	0.9945	0.9946	0.9948	0.9949	0.9951	0.9952
2.6	0.9953	0.9955	0.9956	0.9957	0.9959	0.9960	0.9961	0.9962	0.9963	0.9964
2.7	0.9965	0.9966	0.9967	0.9968	0.9969	0.9970	0.9971	0.9972	0.9973	0.9974
2.8	0.9974	0.9975	0.9976	0.9977	0.9977	0.9978	0.9978	0.9979	0.9980	0.9981
2.9	0.9981	0.9982	0.9982	0.9983	0.9984	0.9984	0.9985	0.9985	0.9986	0.9986
3.0	0.9987	0.9987	0.9987	0.9988	0.9988	0.9989	0.9989	0.9989	0.9990	0.9990

表3 χ^2分布表

$$P(\chi^2(n)>\chi^2_\alpha(n))=\alpha$$

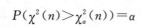

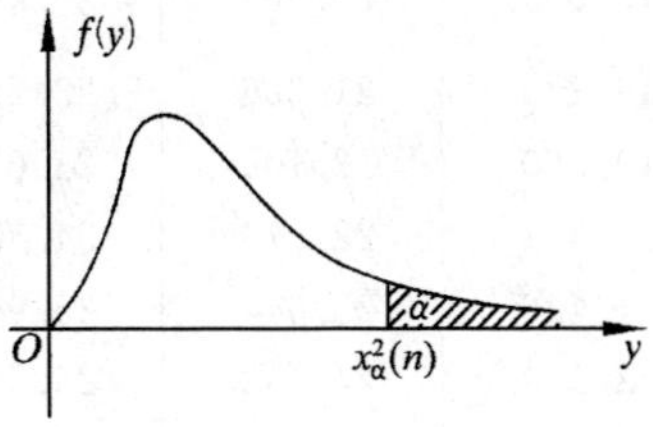

n	α=0.995	0.99	0.975	0.95	0.90	0.75
1	—	—	0.001	0.004	0.016	0.102
2	0.010	0.020	0.051	0.103	0.211	0.575
3	0.072	0.115	0.216	0.352	0.584	1.213
4	0.207	0.297	0.484	0.711	1.064	1.928
5	0.412	0.554	0.831	1.145	1.610	2.675
6	0.676	0.872	1.237	1.635	2.204	3.455
7	0.989	1.239	1.690	2.167	2.833	4.255
8	1.344	1.646	2.180	2.733	3.490	5.071
9	1.735	2.088	2.700	3.325	4.168	5.899
10	2.156	2.558	3.247	3.940	4.865	6.737
11	2.603	3.053	3.816	4.575	5.578	7.584
12	3.074	3.571	4.404	5.226	6.304	8.438
13	3.565	4.107	5.009	5.892	7.042	9.299
14	4.075	4.660	5.629	6.571	7.790	10.165
15	4.601	5.229	6.262	7.261	8.547	11.037
16	5.142	5.812	6.908	7.962	9.312	11.912
17	5.697	6.408	7.564	8.672	10.085	12.792
18	6.265	7.015	8.231	9.390	10.865	13.675
19	6.844	7.633	8.907	10.117	11.651	14.562
20	7.434	8.260	9.591	10.851	12.443	15.452
21	8.034	8.897	10.283	11.591	13.240	16.344
22	8.643	9.542	10.982	12.338	14.042	17.240
23	9.260	10.196	11.689	13.091	14.848	18.137
24	9.886	10.856	12.401	13.848	15.659	19.037
25	10.520	11.524	13.120	14.611	16.473	19.939
26	11.160	12.198	13.844	15.379	17.292	20.843
27	11.808	12.879	14.573	16.151	18.114	21.749
28	12.461	13.565	15.308	16.928	18.939	22.657
29	13.121	14.257	16.047	17.708	19.768	23.567
30	13.787	14.954	16.791	18.493	20.599	24.478

续表

n	$\alpha=0.995$	0.99	0.975	0.95	0.90	0.75
31	14.458	15.655	17.539	19.281	21.434	25.390
32	15.134	16.362	18.291	20.072	22.271	26.304
33	15.815	17.074	19.047	20.867	23.110	27.219
34	16.501	17.789	19.806	21.664	23.952	28.136
35	17.192	18.509	20.569	22.465	24.797	29.054
36	17.887	19.233	21.336	23.269	25.643	29.973
37	18.586	19.960	22.106	24.075	26.492	30.893
38	19.289	20.691	22.878	24.884	27.343	31.815
39	19.996	21.426	23.654	25.695	28.196	32.737
40	20.707	22.164	24.433	26.509	29.051	33.660
41	21.421	22.906	25.215	27.326	29.907	34.585
42	22.138	23.650	25.999	28.144	30.765	35.510
43	22.859	24.398	26.795	28.965	31.625	36.436
44	23.584	25.148	27.575	29.787	32.487	37.363
45	24.311	25.901	28.366	30.612	30.350	38.291

$$P(\chi^2(n)>\chi_\alpha^2(n))=\alpha$$

n	$\alpha=0.25$	0.10	0.05	0.025	0.01	0.005
1	1.323	2.706	3.841	5.024	6.635	7.879
2	2.773	4.605	5.991	7.378	9.210	10.597
3	4.108	6.251	7.815	9.348	11.345	12.838
4	5.385	7.779	9.488	11.143	13.277	14.860
5	6.626	9.236	11.071	12.833	15.086	16.750
6	7.841	10.645	12.592	14.449	16.812	18.548
7	9.037	12.017	14.067	16.013	18.475	20.278
8	10.219	13.362	15.507	17.535	20.090	21.955
9	11.380	14.684	16.919	19.023	21.666	23.589
10	12.549	15.987	18.307	20.483	23.209	25.188
11	13.701	17.275	19.675	21.920	24.725	26.757
12	14.845	18.549	21.026	23.337	26.217	28.299
13	15.984	19.812	22.362	24.736	27.688	29.819
14	17.117	21.064	23.685	26.119	29.141	31.319
15	18.245	22.307	24.996	27.488	30.578	32.801
16	19.369	23.542	26.296	28.845	32.000	34.267
17	20.489	24.769	27.587	30.191	33.409	35.718
18	21.605	25.989	28.869	31.526	34.805	37.156
19	22.718	27.204	30.144	32.852	36.191	38.582
20	23.828	28.412	31.410	34.170	37.566	39.997

续表

n	$\alpha=0.25$	0.10	0.05	0.025	0.01	0.005
21	24.935	29.615	32.671	35.479	38.932	41.401
22	26.039	30.813	33.924	36.781	40.289	42.796
23	27.141	32.007	35.172	38.076	41.638	44.181
24	28.241	33.196	36.415	39.364	42.980	45.559
25	29.339	34.382	37.652	40.646	44.314	46.928
26	30.435	35.563	38.885	41.923	45.642	48.290
27	31.528	36.741	40.113	43.194	46.963	49.645
28	32.620	37.916	41.337	44.461	48.278	50.993
29	33.711	39.087	42.557	45.722	49.588	52.336
30	34.800	40.256	43.773	46.979	50.892	53.672
31	35.887	41.422	44.985	48.232	52.191	55.003
32	36.973	42.585	46.194	49.480	53.486	56.328
33	38.058	43.745	47.400	50.725	54.776	57.648
34	39.141	44.903	48.602	51.966	56.061	58.964
35	40.223	46.059	49.802	53.203	57.342	60.275
36	41.304	47.212	50.998	54.437	58.619	61.581
37	42.383	48.363	52.192	55.668	59.892	62.883
38	43.462	49.513	53.384	56.896	61.162	64.181
39	44.539	50.660	54.572	58.120	62.428	65.476
40	45.616	51.805	55.758	59.342	63.691	66.766
41	46.692	52.949	56.942	60.561	64.950	68.053
42	47.766	54.090	58.124	61.777	66.206	69.336
43	48.840	55.230	59.304	62.990	67.459	70.616
44	49.913	56.369	60.481	64.201	68.701	71.893
45	50.985	57.505	61.656	65.410	69.957	73.166

表4　t分布表

$$P(t(n)>t_{\alpha}(n))=\alpha$$

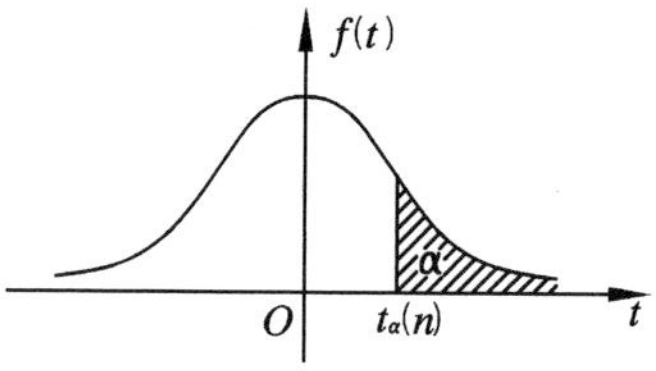

n	α=0.25	0.10	0.05	0.025	0.01	0.005
1	1.0000	3.0777	6.3138	12.7062	31.8207	63.6574
2	0.8165	1.8856	2.9200	4.3027	6.9646	9.9248
3	0.7649	1.6377	2.3534	3.1824	4.5407	5.8409
4	0.7407	1.5332	2.1318	2.7764	3.7496	4.6041
5	0.7267	1.4759	2.0150	2.5706	3.3649	4.0322
6	0.7176	1.4398	1.9432	2.4469	3.1427	3.7074
7	0.7111	1.4149	1.8946	2.3646	2.9980	3.4995
8	0.7064	1.3968	1.8595	2.3060	2.8965	3.3554
9	0.7027	1.3830	1.8331	2.2622	2.8214	3.2498
10	0.6998	1.3722	1.8125	2.2281	2.7638	3.1693
11	0.6964	1.3634	1.7959	2.2010	2.7181	3.1058
12	0.6955	1.3562	1.7823	2.1788	2.6810	3.0545
13	0.6938	1.3502	1.7709	2.1604	2.6503	3.0123
14	0.6924	1.3450	1.7613	2.1448	2.6245	2.9768
15	0.6912	1.3406	1.7531	2.1315	2.6025	2.9467
16	0.6901	1.3368	1.7459	2.1199	2.5835	2.9208
17	0.6892	1.3334	1.7396	2.1098	2.5669	2.8982
18	0.6884	1.3304	1.7341	2.1009	2.5524	2.8784
19	0.6876	1.3277	1.7291	2.0930	2.5395	2.8609
20	0.6870	1.3253	1.7247	2.0860	2.5280	2.8453
21	0.6864	1.3232	1.7207	2.0796	2.5177	2.8313
22	0.6858	1.3112	1.7171	2.0739	2.5083	2.8188
23	0.6853	1.3195	1.7139	2.0687	2.4999	2.8073
24	0.6848	1.3178	1.7109	2.0639	2.4922	2.7969
25	0.6844	1.3163	1.7081	2.0595	2.4851	2.7874
26	0.6840	1.3150	1.7056	2.0555	2.4786	2.7787
27	0.6837	1.3137	1.7033	2.0518	2.4727	2.7707
28	0.6834	1.3125	1.7011	2.0484	2.4671	2.7633
29	0.6830	1.3114	1.6991	2.0452	2.4620	2.7564
30	0.6828	1.3104	1.6973	2.0423	2.4578	2.7500

续表

n	α=0.25	0.10	0.05	0.025	0.01	0.005
31	0.6825	1.3095	1.6955	2.0395	2.4528	2.7440
32	0.6822	1.3086	1.6939	2.0369	2.4487	2.7385
33	0.6820	1.3077	1.6924	2.0345	2.4448	2.7333
34	0.6818	1.3070	1.6909	2.0322	2.4411	2.7284
35	0.6816	1.4062	1.6896	2.0301	2.4377	2.7238
36	0.6814	1.3055	1.6883	2.0281	2.4345	2.7195
37	0.6812	1.3049	1.6871	2.0262	2.4314	2.7154
38	0.6810	1.3042	1.6860	2.0244	2.4286	2.7116
39	0.6808	1.3036	1.6849	2.0227	2.4258	2.7079
40	0.6807	1.3031	1.6839	2.0211	2.4233	2.7045
41	0.6805	1.3025	1.6829	2.0195	2.4208	2.7012
42	0.6804	1.3020	1.6820	2.0181	2.4185	2.6981
43	0.6802	1.3016	1.6811	2.0167	2.4163	2.6951
44	0.6801	1.3011	1.6802	2.0154	2.4141	2.6923
45	0.6800	1.3006	1.6794	2.0141	2.4121	2.6896

表 5　F 检验的临界值(F_α)表

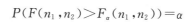

$$P(F(n_1,n_2)>F_\alpha(n_1,n_2))=\alpha$$

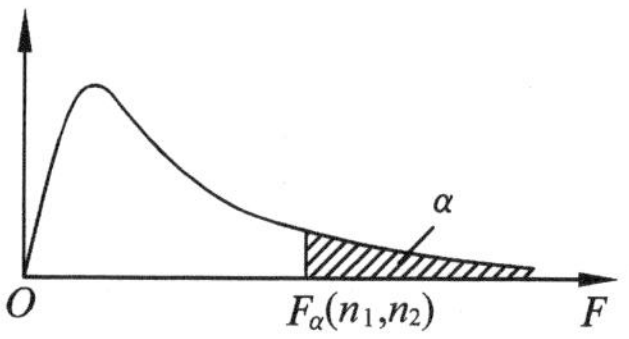

$\alpha=0.10$

n_2	n_1																		n_2
	∞	1	2	3	4	5	6	7	8	9	10	15	20	30	50	100	200	500	
1	39.9	49.5	53.6	55.8	57.2	58.2	58.9	59.4	59.9	60.2	61.2	61.7	62.3	62.7	63.0	63.2	63.3	63.3	1
2	8.53	9.00	9.16	9.24	9.29	9.33	9.35	9.37	9.38	9.39	9.42	9.44	9.46	9.47	9.48	9.49	9.49	9.49	2
3	5.54	5.46	5.39	5.34	5.31	5.28	5.27	5.25	5.24	5.23	5.20	5.18	5.17	5.15	5.14	5.14	5.14	5.13	3
4	4.54	4.32	4.19	4.11	4.05	4.01	3.98	3.95	3.94	3.92	3.87	3.84	3.82	3.80	3.78	3.77	3.76	3.76	4
5	4.06	3.78	3.62	3.52	3.45	3.40	3.37	3.34	3.32	3.30	3.24	3.21	3.17	3.15	3.13	3.12	3.11	3.10	5
6	3.78	3.46	3.29	3.18	3.11	3.05	3.01	2.98	2.96	2.94	2.87	2.84	2.80	2.77	2.75	2.73	2.73	2.72	6
7	3.59	3.26	3.07	2.96	2.88	2.83	2.78	2.75	2.72	2.70	2.63	2.59	2.56	2.52	2.50	2.48	2.48	2.47	7
8	3.46	3.11	2.92	2.81	2.73	2.67	2.62	2.59	2.56	2.54	2.46	2.42	2.38	2.35	2.32	2.31	2.30	2.29	8
9	3.36	3.01	2.81	2.69	2.61	2.55	2.51	2.47	2.44	2.42	2.34	2.30	2.25	2.22	2.19	2.17	2.17	2.16	9
10	3.28	2.92	2.73	2.61	2.52	2.46	2.41	2.38	2.35	2.32	2.24	2.20	2.16	2.12	2.09	2.07	2.06	2.06	10
11	3.23	2.86	2.66	2.54	2.45	2.39	2.34	2.30	2.27	2.25	2.17	2.12	2.08	2.04	2.00	1.99	1.98	1.97	11
12	3.18	2.81	2.61	2.48	2.39	2.33	2.28	2.24	2.21	2.19	2.10	2.06	2.01	1.97	1.94	1.92	1.91	1.90	12
13	3.14	2.76	2.56	2.43	2.35	2.28	2.23	2.20	2.16	2.14	2.05	2.01	1.96	1.92	1.88	1.86	1.85	1.85	13
14	3.10	2.73	2.52	2.39	2.31	2.24	2.19	2.15	2.12	2.10	2.01	1.96	1.91	1.87	1.83	1.82	1.80	1.80	14
15	3.07	2.70	2.49	2.36	2.27	2.21	2.16	2.12	2.09	2.06	1.97	1.92	1.87	1.83	1.79	1.77	1.76	1.76	15
16	3.05	2.67	2.46	2.33	2.24	2.18	2.13	2.09	2.06	2.03	1.94	1.89	1.84	1.79	1.76	1.74	1.73	1.72	16
17	3.03	2.64	2.44	2.31	2.22	2.15	2.10	2.06	2.03	2.00	1.91	1.86	1.81	1.76	1.73	1.71	1.69	1.69	17
18	3.01	2.62	2.42	2.29	2.20	2.13	2.08	2.04	2.00	1.98	1.89	1.84	1.78	1.74	1.70	1.68	1.67	1.66	18
19	2.99	2.61	2.40	2.27	2.18	2.11	2.06	2.02	1.98	1.96	1.86	1.81	1.76	1.71	1.67	1.65	1.64	1.63	19
20	2.97	2.59	2.38	2.25	2.16	2.09	2.04	2.00	1.96	1.94	1.84	1.79	1.74	1.69	1.65	1.63	1.62	1.61	20
22	2.95	2.56	2.35	2.22	2.13	2.06	2.01	1.97	1.93	1.90	1.81	1.76	1.70	1.65	1.61	1.59	1.58	1.57	22
24	2.93	2.54	2.33	2.19	2.10	2.04	1.98	1.94	1.91	1.88	1.78	1.73	1.67	1.62	1.58	1.56	1.54	1.53	24
26	2.91	2.52	2.31	2.17	2.08	2.01	1.96	1.92	1.88	1.86	1.76	1.71	1.65	1.59	1.55	1.53	1.51	1.50	26
28	2.89	2.50	2.29	2.16	2.06	2.00	1.94	1.90	1.87	1.84	1.74	1.69	1.63	1.57	1.53	1.50	1.49	1.48	28
30	2.88	2.49	2.28	2.14	2.05	1.98	1.93	1.88	1.85	1.82	1.72	1.67	1.61	1.55	1.51	1.48	1.47	1.46	30
40	2.84	2.44	2.23	2.09	2.00	1.93	1.87	1.83	1.79	1.76	1.66	1.61	1.54	1.48	1.43	1.41	1.39	1.38	40
50	2.81	2.41	2.20	2.06	1.97	1.90	1.84	1.80	1.76	1.73	1.63	1.57	1.50	1.44	1.39	1.36	1.34	1.33	50
60	2.79	2.39	2.18	2.04	1.95	1.87	1.82	1.77	1.74	1.71	1.60	1.54	1.48	1.41	1.36	1.33	1.31	1.29	60
80	2.77	2.37	2.15	2.02	1.92	1.85	1.79	1.75	1.71	1.68	1.57	1.51	1.44	1.38	1.32	1.28	1.26	1.24	80
100	2.76	2.36	2.14	2.00	1.91	1.83	1.78	1.73	1.70	1.66	1.56	1.49	1.42	1.35	1.29	1.26	1.23	1.21	100
200	2.73	2.33	2.11	1.97	1.88	1.80	1.75	1.70	1.66	1.63	1.52	1.46	1.38	1.31	1.24	1.20	1.17	1.14	200
500	2.72	2.31	2.10	1.96	1.86	1.79	1.73	1.68	1.64	1.61	1.50	1.44	1.36	1.28	1.21	1.16	1.12	1.09	500
∞	2.71	2.30	2.08	1.94	1.85	1.77	1.72	1.67	1.63	1.60	1.49	1.42	1.34	1.26	1.18	1.13	1.08	1.00	∞

$\alpha=0.05$

n_2	n_1															n_2
	1	2	3	4	5	6	7	8	9	10	12	14	16	18	20	
1	161	200	216	225	230	234	237	239	241	242	244	245	246	247	248	1
2	18.5	19.0	19.2	19.2	19.3	19.3	19.4	19.4	19.4	19.4	19.4	19.4	19.4	19.4	19.4	2
3	10.1	9.55	9.28	9.12	9.01	8.94	8.89	8.85	8.81	8.79	8.74	8.71	8.69	8.67	8.66	3
4	7.71	6.94	6.59	6.39	6.26	6.16	6.09	6.04	6.00	5.96	5.91	5.87	5.84	5.82	5.80	4
5	6.61	5.79	5.41	5.19	5.05	4.95	4.88	4.82	4.77	4.74	4.68	4.64	4.60	4.58	4.56	5
6	5.99	5.14	4.76	4.53	4.39	4.28	4.21	4.15	4.10	4.06	4.00	3.96	3.92	3.90	3.87	6
7	5.59	4.74	4.35	4.12	3.97	3.87	3.79	3.73	3.68	3.64	3.57	3.53	3.49	3.47	3.44	7
8	5.32	4.46	4.07	3.84	3.69	3.58	3.50	3.44	3.39	3.35	3.28	3.24	3.20	3.17	3.15	8
9	5.12	4.26	3.86	3.63	3.48	3.37	3.29	3.23	3.18	3.14	3.07	3.03	2.99	2.96	2.94	9
10	4.96	4.10	3.71	3.48	3.33	3.22	3.14	3.07	3.02	2.98	2.91	2.86	2.83	2.80	2.77	10
11	4.84	3.98	3.59	3.36	3.20	3.09	3.01	2.95	2.90	2.85	2.79	2.74	2.70	2.67	2.65	11
12	4.75	3.89	3.49	3.26	3.11	3.00	2.91	2.85	2.80	2.75	2.69	2.64	2.60	2.57	2.54	12
13	4.67	3.81	3.41	3.18	3.03	2.92	2.83	2.77	2.71	2.67	2.60	2.55	2.51	2.48	2.46	13
14	4.60	3.74	3.34	3.11	2.96	2.85	2.76	2.70	2.65	2.60	2.53	2.48	2.44	2.41	2.39	14
15	4.54	3.68	3.29	3.06	2.90	2.79	2.71	2.64	2.59	2.54	2.48	2.42	2.38	2.35	2.33	15
16	4.49	3.63	3.24	3.01	2.85	2.74	2.66	2.59	2.54	2.49	2.42	2.37	2.33	2.30	2.28	16
17	4.45	3.59	3.20	2.96	2.81	2.70	2.61	2.55	2.49	2.45	2.38	2.33	2.29	2.26	2.23	17
18	4.41	3.55	3.16	2.93	2.77	2.66	2.58	2.51	2.46	2.41	2.34	2.29	2.25	2.22	2.19	18
19	4.38	3.52	3.13	2.90	2.74	2.63	2.54	2.48	2.42	2.38	2.31	2.26	2.21	2.18	2.16	19
20	4.35	3.49	3.10	2.87	2.71	2.60	2.51	2.45	2.39	2.35	2.28	2.22	2.18	2.15	2.12	20
21	4.32	3.47	3.07	2.84	2.68	2.57	2.49	2.42	2.37	2.32	2.25	2.20	2.16	2.12	2.10	21
22	4.30	3.44	3.05	2.82	2.66	2.55	2.46	2.40	2.34	2.30	2.23	2.17	2.13	2.10	2.07	22
23	4.28	3.42	3.03	2.80	2.64	2.53	2.44	2.37	2.32	2.27	2.20	2.15	2.11	2.07	2.05	23
24	4.26	3.40	3.01	2.78	2.62	2.51	2.42	2.36	2.30	2.25	2.18	2.13	2.09	2.05	2.03	24
25	4.24	3.39	2.99	2.76	2.60	2.49	2.40	2.34	2.28	2.24	2.16	2.11	2.07	2.04	2.01	25
26	4.23	3.37	2.98	2.74	2.59	2.47	2.39	2.32	2.27	2.22	2.15	2.09	2.05	2.02	1.99	26
27	4.21	3.35	2.96	2.73	2.57	2.46	2.37	2.31	2.25	2.20	2.13	2.08	2.04	2.00	1.97	27
28	4.20	3.34	2.95	2.71	2.56	2.45	2.36	2.29	2.24	2.19	2.12	2.06	2.02	1.99	1.96	28
29	4.18	3.33	2.93	2.70	2.55	2.43	2.35	2.28	2.22	2.18	2.10	2.05	2.01	1.97	1.94	29
30	4.17	3.32	2.92	2.69	2.53	2.42	2.33	2.27	2.21	2.16	2.09	2.04	1.99	1.96	1.93	30
32	4.15	3.29	2.90	2.67	2.51	2.40	2.31	2.24	2.19	2.14	2.07	2.01	1.97	1.94	1.91	32
34	4.13	3.28	2.88	2.65	2.49	2.38	2.29	2.23	2.17	2.12	2.05	1.99	1.95	1.92	1.89	34
36	4.11	3.26	2.87	2.63	2.48	2.36	2.28	2.21	2.15	2.11	2.03	1.98	1.93	1.90	1.87	36
38	4.10	3.24	2.85	2.62	2.46	2.35	2.26	2.19	2.14	2.09	2.02	1.96	1.92	1.88	1.85	38
40	4.08	3.23	2.84	2.61	2.45	2.34	2.25	2.18	2.12	2.08	2.00	1.95	1.90	1.87	1.84	40
42	4.07	3.22	2.83	2.59	2.44	2.32	2.24	2.17	2.11	2.06	1.99	1.93	1.89	1.86	1.83	42
44	4.06	3.21	2.82	2.58	2.43	2.31	2.23	2.16	2.10	2.05	1.98	1.92	1.88	1.84	1.81	44
46	4.05	3.20	2.81	2.57	2.42	2.30	2.22	2.15	2.09	2.04	1.97	1.91	1.87	1.83	1.80	46
48	4.04	3.19	2.80	2.57	2.41	2.29	2.21	2.14	2.08	2.03	1.96	1.90	1.86	1.82	1.79	48
50	4.03	3.18	2.79	2.56	2.40	2.29	2.20	2.13	2.07	2.03	1.95	1.89	1.85	1.81	1.78	50
60	4.00	3.15	2.76	2.53	2.37	2.25	2.17	2.10	2.04	1.99	1.92	1.86	1.82	1.78	1.75	60
80	3.96	3.11	2.72	2.49	2.33	2.21	2.13	2.06	2.00	1.95	1.88	1.82	1.77	1.73	1.70	80
100	3.94	3.09	2.70	2.46	2.31	2.19	2.10	2.03	1.97	1.93	1.85	1.79	1.75	1.71	1.68	100
125	3.92	3.07	2.68	2.44	2.29	2.17	2.08	2.01	1.96	1.91	1.83	1.77	1.72	1.69	1.65	125
150	3.90	3.06	2.66	2.43	2.27	2.16	2.07	2.00	1.94	1.89	1.82	1.76	1.71	1.67	1.64	150
200	3.89	3.04	2.65	2.42	2.26	2.14	2.06	1.98	1.93	1.88	1.80	1.74	1.69	1.66	1.62	200
300	3.87	3.03	2.63	2.40	2.24	2.13	2.04	1.97	1.91	1.86	1.78	1.72	1.68	1.64	1.61	300
500	3.86	3.01	2.62	2.39	2.23	2.12	2.03	1.96	1.90	1.85	1.77	1.71	1.66	1.62	1.59	500
1000	3.85	3.00	2.61	2.38	2.22	2.11	2.02	1.95	1.89	1.84	1.76	1.70	1.65	1.61	1.58	1000
∞	3.84	3.00	2.60	2.37	2.21	2.10	2.01	1.94	1.88	1.83	1.75	1.69	1.64	1.60	1.57	∞

$\alpha=0.05$ 续表

n_2	n_1															n_2
	22	24	26	28	30	35	40	45	50	60	80	100	200	500	∞	
1	249	249	249	250	250	251	251	251	252	252	252	253	254	254	254	1
2	19.5	19.5	19.5	19.5	19.5	19.5	19.5	19.5	19.5	19.5	19.5	19.5	19.5	19.5	19.5	2
3	8.65	8.64	8.63	8.62	8.62	8.60	8.59	8.59	8.58	8.57	8.56	8.55	8.54	8.53	8.53	3
4	5.79	5.77	5.76	5.75	5.75	5.73	5.72	5.71	5.70	5.69	5.67	5.66	5.65	5.64	5.63	4
5	4.54	4.53	4.52	4.50	4.50	4.48	4.46	4.45	4.44	4.42	4.41	4.41	4.39	4.37	4.37	5
6	3.86	3.84	3.83	3.82	3.81	3.79	3.77	3.76	3.75	3.74	3.72	3.71	3.69	3.68	3.67	6
7	3.43	3.41	3.40	3.39	3.38	3.36	3.34	3.33	3.32	3.30	3.29	3.27	3.25	3.24	3.23	7
8	3.13	3.12	3.10	3.09	3.08	3.06	3.04	3.03	3.02	3.01	2.99	2.97	2.95	2.94	2.93	8
9	2.92	2.90	2.89	2.87	2.86	2.84	2.83	2.81	2.80	2.79	2.77	2.76	2.73	2.72	2.71	9
10	2.75	2.74	2.72	2.71	2.70	2.68	2.66	2.65	2.64	2.62	2.60	2.59	2.56	2.55	2.54	10
11	2.63	2.61	2.59	2.58	2.57	2.55	2.53	2.52	2.51	2.49	2.47	2.46	2.43	2.42	2.40	11
12	2.52	2.51	2.49	2.48	2.47	2.44	2.43	2.41	2.40	2.38	2.36	2.35	2.32	2.31	2.30	12
13	2.44	2.42	2.41	2.39	2.38	2.36	2.34	2.33	2.31	2.30	2.27	2.26	2.23	2.22	2.21	13
14	2.37	2.35	2.33	2.32	2.31	2.28	2.27	2.25	2.24	2.22	2.20	2.19	2.16	2.14	2.13	14
15	2.31	2.29	2.27	2.26	2.25	2.22	2.20	2.19	2.18	2.16	2.14	2.12	2.10	2.08	2.07	15
16	2.25	2.24	2.22	2.21	2.19	2.17	2.15	2.14	2.12	2.11	2.08	2.07	2.04	2.02	2.01	16
17	2.21	2.19	2.17	2.16	2.15	2.12	2.10	2.09	2.08	2.06	2.03	2.02	1.99	1.97	1.96	17
18	2.17	2.15	2.13	2.12	2.11	2.08	2.06	2.05	2.04	2.02	1.99	1.98	1.95	1.93	1.92	18
19	2.13	2.11	2.10	2.08	2.07	2.05	2.03	2.01	2.00	1.98	1.96	1.94	1.91	1.89	1.88	19
20	2.10	2.08	2.07	2.05	2.04	2.01	1.99	1.98	1.97	1.95	1.92	1.91	1.88	1.86	1.84	20
21	2.07	2.05	2.04	2.02	2.01	1.98	1.96	1.95	1.94	1.92	1.89	1.88	1.84	1.82	1.81	21
22	2.05	2.03	2.01	2.00	1.98	1.96	1.94	1.92	1.91	1.89	1.86	1.85	1.82	1.80	1.78	22
23	2.02	2.00	1.99	1.97	1.96	1.93	1.91	1.90	1.88	1.86	1.84	1.82	1.79	1.77	1.76	23
24	2.00	1.98	1.97	1.95	1.94	1.91	1.89	1.88	1.86	1.84	1.82	1.80	1.77	1.75	1.73	24
25	1.98	1.96	1.95	1.93	1.92	1.89	1.87	1.86	1.84	1.82	1.80	1.78	1.75	1.73	1.71	25
26	1.97	1.95	1.93	1.91	1.90	1.87	1.85	1.84	1.82	1.80	1.78	1.76	1.73	1.71	1.69	26
27	1.95	1.93	1.91	1.90	1.88	1.86	1.84	1.82	1.81	1.79	1.76	1.74	1.71	1.69	1.67	27
28	1.93	1.91	1.90	1.88	1.87	1.84	1.82	1.80	1.79	1.77	1.74	1.73	1.69	1.67	1.65	28
29	1.92	1.90	1.88	1.87	1.85	1.83	1.81	1.79	1.77	1.75	1.73	1.71	1.67	1.65	1.64	29
30	1.91	1.89	1.87	1.85	1.84	1.81	1.79	1.77	1.76	1.74	1.71	1.70	1.66	1.64	1.62	30
32	1.88	1.86	1.85	1.83	1.82	1.79	1.77	1.75	1.74	1.71	1.69	1.67	1.63	1.61	1.59	32
34	1.88	1.84	1.82	1.80	1.80	1.77	1.75	1.73	1.71	1.69	1.66	1.65	1.61	1.59	1.57	34
36	1.85	1.82	1.81	1.79	1.78	1.75	1.73	1.71	1.69	1.67	1.64	1.62	1.59	1.56	1.55	36
38	1.83	1.81	1.79	1.77	1.76	1.73	1.71	1.69	1.68	1.65	1.62	1.61	1.57	1.54	1.53	38
40	1.81	1.79	1.77	1.76	1.74	1.72	1.69	1.67	1.66	1.64	1.61	1.59	1.55	1.53	1.51	40
42	1.80	1.78	1.76	1.74	1.73	1.70	1.68	1.66	1.65	1.62	1.59	1.57	1.53	1.51	1.49	42
44	1.79	1.77	1.75	1.73	1.72	1.69	1.67	1.65	1.63	1.61	1.58	1.56	1.52	1.49	1.48	44
46	1.78	1.76	1.74	1.72	1.71	1.68	1.65	1.64	1.62	1.60	1.57	1.55	1.51	1.48	1.46	46
48	1.77	1.75	1.73	1.71	1.70	1.67	1.64	1.62	1.61	1.59	1.56	1.54	1.49	1.47	1.45	48
50	1.76	1.74	1.72	1.70	1.69	1.66	1.63	1.61	1.60	1.58	1.54	1.52	1.48	1.46	1.44	50
60	1.72	1.70	1.68	1.66	1.65	1.62	1.59	1.57	1.56	1.53	1.50	1.48	1.44	1.41	1.39	60
80	1.68	1.65	1.63	1.62	1.60	1.57	1.54	1.52	1.51	1.48	1.45	1.43	1.38	1.35	1.32	80
100	1.65	1.63	1.61	1.59	1.57	1.54	1.52	1.49	1.48	1.45	1.41	1.39	1.34	1.31	1.28	100
125	1.63	1.60	1.58	1.57	1.55	1.52	1.49	1.47	1.45	1.42	1.39	1.36	1.31	1.27	1.25	125
150	1.61	1.59	1.57	1.55	1.53	1.50	1.48	1.45	1.44	1.41	1.37	1.34	1.29	1.25	1.22	150
200	1.60	1.57	1.55	1.53	1.52	1.48	1.46	1.43	1.41	1.39	1.35	1.32	1.26	1.22	1.19	200
300	1.58	1.55	1.53	1.51	1.50	1.46	1.43	1.41	1.39	1.36	1.32	1.30	1.23	1.19	1.15	300
500	1.56	1.54	1.52	1.50	1.48	1.45	1.42	1.40	1.38	1.34	1.30	1.28	1.21	1.16	1.11	500
1000	1.55	1.53	1.51	1.49	1.47	1.44	1.41	1.38	1.36	1.33	1.29	1.26	1.19	1.11	1.08	1000
∞	1.54	1.52	1.50	1.48	1.46	1.42	1.39	1.37	1.35	1.32	1.27	1.24	1.17	1.11	1.00	∞

$\alpha=0.025$

n_2	n_1																		
	1	2	3	4	5	6	7	8	9	10	12	15	20	24	30	40	60	120	∞
1	647.8	799.5	864.2	899.0	921.8	937.1	948.2	956.7	963.3	968.6	976.7	984.9	993.1	997.2	1001	1006	1010	1014	1014
2	38.51	39.00	39.17	39.25	39.30	39.33	39.36	39.37	39.39	39.40	39.41	39.41	39.45	39.46	39.46	39.47	39.48	39.49	39.50
3	17.44	16.04	15.44	15.10	14.88	14.73	14.62	14.54	14.47	14.42	14.34	14.25	14.17	14.12	14.08	14.01	13.99	13.95	13.90
4	12.22	10.65	9.98	9.60	9.36	9.20	9.07	8.98	8.90	8.84	8.75	8.66	8.56	8.51	8.46	8.41	8.36	8.31	8.26
5	10.01	8.43	7.76	7.39	7.15	6.98	6.85	6.76	6.68	6.62	6.52	6.43	6.33	6.28	6.23	6.18	6.12	6.07	6.02
6	8.81	7.26	6.60	6.23	5.99	5.82	5.70	5.60	5.52	5.46	5.37	5.27	5.17	5.12	5.07	5.01	4.96	4.90	4.85
7	8.07	6.54	5.89	5.52	5.29	5.12	4.99	4.90	4.82	4.76	4.67	4.57	4.47	4.42	4.36	4.31	4.25	4.20	4.14
8	7.57	6.06	5.42	5.05	4.82	4.65	4.53	4.43	4.36	4.30	4.20	4.10	4.00	3.95	3.89	3.84	3.78	3.73	3.67
9	7.21	5.71	5.08	4.72	4.48	4.23	4.20	4.10	4.03	3.96	3.87	3.77	3.67	3.91	3.56	3.51	3.45	3.39	3.33
10	6.94	5.46	4.83	4.47	4.24	4.07	3.95	3.85	3.78	3.72	3.62	3.52	3.42	3.37	3.31	3.26	3.20	3.14	3.08
11	6.72	5.26	4.63	4.28	4.04	3.88	3.76	3.66	3.59	3.53	3.43	3.33	3.23	3.17	3.12	3.06	3.00	2.94	2.83
12	6.55	5.10	4.47	4.12	3.89	3.73	3.61	3.51	3.44	3.37	3.28	3.18	3.07	3.02	2.96	2.91	2.85	2.79	2.72
13	6.41	4.97	4.35	4.00	3.77	3.60	3.48	3.39	3.31	3.25	3.15	3.05	2.95	2.89	2.84	2.78	2.72	2.66	2.60
14	6.30	4.36	4.24	3.89	3.66	3.50	3.38	3.29	3.21	3.15	3.05	2.95	2.84	2.79	2.73	2.67	2.61	2.55	2.49
15	6.20	4.77	4.15	3.80	3.58	3.41	3.29	3.20	3.12	3.06	2.96	2.86	2.76	2.70	2.64	2.59	2.52	2.46	2.40
16	6.12	4.69	4.08	3.73	3.50	3.34	3.22	3.12	3.05	2.99	2.89	2.79	2.68	2.63	2.57	2.51	2.45	2.38	2.32
17	6.04	4.62	4.01	3.66	3.44	3.28	3.16	3.06	2.98	2.92	2.82	2.72	2.62	2.56	2.50	2.44	2.38	2.32	2.25
18	5.98	4.56	3.95	3.61	3.88	3.22	3.10	3.01	2.93	2.87	2.77	2.67	2.56	2.50	2.44	2.38	2.32	2.26	2.19
19	5.92	4.51	3.90	3.56	3.33	3.17	3.05	2.96	2.88	2.82	2.72	2.62	2.51	2.45	2.39	2.33	2.27	2.20	2.13
20	5.87	4.46	3.36	3.51	3.29	3.13	3.01	2.91	2.84	2.77	2.68	2.57	2.46	2.41	2.35	2.29	2.22	2.16	2.09
21	5.83	4.42	3.82	3.48	3.25	3.09	2.97	2.87	2.80	2.73	2.64	2.53	2.42	2.37	2.31	2.25	2.18	2.11	2.04
22	5.79	4.38	3.78	3.44	3.22	3.05	2.93	2.84	2.76	2.70	2.60	2.50	2.39	2.33	2.27	2.21	2.14	2.08	2.00
23	5.75	4.35	3.57	3.41	3.18	3.02	2.90	2.81	2.73	2.67	2.57	2.47	2.36	2.30	2.24	2.18	2.11	2.04	1.97
24	5.72	4.32	3.72	3.38	3.15	2.99	2.87	2.78	2.70	2.64	2.54	2.44	2.33	2.27	2.21	2.15	2.08	2.01	1.94
25	5.69	4.29	3.69	3.35	3.13	2.97	2.85	2.75	2.68	2.61	2.51	2.41	2.30	2.24	2.18	2.12	2.05	1.98	1.91
26	5.66	4.27	3.67	3.33	3.10	2.94	2.82	2.73	2.65	2.59	2.49	2.39	2.28	2.22	2.16	2.09	2.03	1.95	1.88
27	5.63	4.24	3.65	3.31	3.08	2.92	2.80	2.71	2.63	2.57	2.47	2.36	2.25	2.19	2.13	2.07	2.00	1.93	1.85
28	5.61	4.22	3.63	3.29	3.06	2.90	2.78	2.69	2.61	2.55	2.45	2.34	2.23	2.17	2.11	2.05	1.98	1.91	1.83
29	5.59	4.20	3.61	3.27	3.04	2.88	2.76	2.67	2.59	2.53	2.43	2.32	2.21	2.15	2.09	2.03	1.96	1.89	1.81

习题参考答案

第7章　级　数

习题 7-1(A)

(1) 收敛;(2) 发散;(3) 发散;(4) 发散;(5) 收敛;(6) 收敛;(7) 发散.

习题 7-1(B)

(1) 发散;(2) 收敛,$\frac{1}{3}$;(3) 收敛,$\frac{1}{5}$;(4) 收敛,$\frac{3}{2}$;(5) 收敛,3;(6) 发散.

习题 7-2(A)

1. (1) 收敛;(2) 收敛;(3) 发散;(4) 收敛;(5) 收敛;(6) 发散;(7) 发散;(8) 收敛.

2. (1) 条件收敛;(2) 发散;(3) 绝对收敛.

习题 7-2(B)

1. (1) 发散;(2) 收敛;(3) 收敛;(4) 收敛.

2. (1) 发散;(2) 收敛;(3) 收敛;(4) 收敛.

3. (1) 收敛;(2) 收敛;(3) 收敛; (4) $a\geqslant 1$ 时发散,$a<1$ 时收敛.

4. (1) 条件收敛;(2) 条件收敛;(3) 绝对收敛;(4) 发散.

习题 7-3(A)

1. (1) $(-1,1]$;(2) $(-\infty,+\infty)$;(3) $\left(-\frac{1}{10},\frac{1}{10}\right)$;(4) $\left[\frac{2}{3},\frac{4}{3}\right)$.

2. (1)$\frac{1}{2}\ln\frac{1+x}{1-x},x\in(-1,1)$;(2)$\frac{2x}{(1-x)^3},x\in(-1,1)$.

习题 7-3(B)

1. (1)$[-2,2)$;(2)$[-1,1]$;(3)$(-1,1]$;(4)$[-3,3]$.

2. (1)$-\arctan x,x\in(-1,1)$;(2)$x+(1-x)\ln(1-x),x\in(-1,1)$.　**3.** $\ln\frac{2}{3}$.

习题 7-4(A)

1. (1) $\sum\limits_{n=0}^{\infty}\frac{(-x)^{n+2}}{n!},x\in(-\infty,+\infty)$;(2)$\frac{1}{2}+\frac{1}{2}\sum\limits_{n=0}^{\infty}\frac{(-1)^n 4^n}{(2n)!}x^{2n},x\in(-\infty,+\infty)$;

(3) $\sum\limits_{n=0}^{\infty}\frac{x^{n+2}}{2^{n+1}},x\in(-2,2)$;(4)$\ln 10+\sum\limits_{n=1}^{\infty}\frac{(-1)^{n-1}}{n}\left(\frac{x}{10}\right)^n,x\in(-10,10]$.

2. (1) $\sum\limits_{n=0}^{\infty}\frac{(-1)^n}{e^2\cdot n!}(x-2)^n,x\in(-\infty,+\infty)$;(2) $\sum\limits_{n=0}^{\infty}\frac{-(x+2)^n}{2^{n+1}},x\in(-4,0)$;

(3) $\sum\limits_{n=1}^{\infty}\frac{(-1)^{n-1}}{n}(x-1)^n,x\in(0,2]$.

习题 7-4(B)

1. (1) $\sum\limits_{n=0}^{\infty}\frac{(2x)^n}{n!},x\in(-\infty,+\infty)$;(2) $\sum\limits_{n=0}^{\infty}\frac{(-1)^n}{(2n+1)!}\left(\frac{x}{3}\right)^{2n+1},x\in(-\infty,+\infty)$;

(3) $\sum\limits_{n=1}^{\infty}\frac{(-1)^{n-1}2^n-1}{n}x^n,x\in\left(-\frac{1}{2},\frac{1}{2}\right]$;(4) $\sum\limits_{n=0}^{\infty}\frac{(-1)^n x^n}{5^{n+1}},x\in(-5,5)$;

(5) $\sum\limits_{n=0}^{\infty}\frac{(\ln 3)^n}{n!}x^n,x\in(-\infty,+\infty)$; (6) $\frac{1}{3}\sum\limits_{n=0}^{\infty}\left[\frac{(-1)^{n+1}}{2^{n+1}}-1\right]x^n,x\in(-1,1)$.

2. $\sum_{n=0}^{\infty}\frac{(-1)^n}{2n+1}x^{2n+1}, x\in(-1,1)$. 3. $\ln 2+\sum_{n=1}^{\infty}\frac{(-1)^{n-1}}{n}\left(\frac{x-2}{2}\right)^n, x\in(0,4]$.

4. $\sum_{n=0}^{\infty}\left(1-\frac{1}{2^{n+1}}\right)(-1)^n(x-3)^n, x\in(2,4)$.

自测题七

一、1. 发散. 2. $[-9,1)$. 3. $(-2,4)$. 4. 2. 5. e^{x^2}. 6. $\frac{(-1)^n}{2^{n+1}}$.

二、1. D. 2. B. 3. D. 4. C. 5. C. 6. C.

三、1. (1) $[-2,2]$; (2) $[2,4)$.

2. (1) 发散; (2) 收敛; (3) 收敛; (4) 收敛.

3. $s(x)=\frac{2+x^2}{(2-x^2)^2}$, 3.

4. $\sum_{n=0}^{\infty}\frac{e}{n!}(x-1)^{n+1}+\sum_{n=0}^{\infty}\frac{e}{n!}(x-1)^n, x\in(-\infty,+\infty)$.

第8章 空间解析几何与多元函数微积分

习题 8-1(A)

1. (1) $(0,0,0)$; (2) $(x,0,0)$; (3) $(0,y,0)$; (4) $(0,0,z)$; (5) $(x,y,0)$; (6) $(0,y,z)$; (7) $(x,0,z)$.

2. (1) $x=0$; (2) $y=0$; (3) $z=0$; (4) $x=a$; (5) $y=b$; (6) $z=c$.

3. (1) $\begin{cases}y=0,\\z=0;\end{cases}$ (2) $\begin{cases}x=0,\\z=0;\end{cases}$ (3) $\begin{cases}x=0,\\y=0.\end{cases}$

4. (1) 3; (2) $(5,1,7)$; (3) 12; (4) $(-2,-4,-1)$.

5. $x+y+2z-2=0$. 6. $\begin{cases}\frac{x-1}{3}=\frac{z+1}{-3},\\y=1.\end{cases}$ 7. $x+6y-8z-11=0$. 8. $-2x+y+(z+1)=0$.

9. $\frac{\pi}{3}$. 10. 1. 11. $\arccos\frac{11}{26}$. 12. $\left(\frac{5}{2},\frac{3}{2},-\frac{1}{2}\right)$.

习题 8-1(B)

1. $(-5,1,-12),(5,-1,12)$. 2. -5. 3. $m=4, n=-1$.

4. (1) 平行于 y 轴; (2) 过 x 轴; (3) 过原点; (4) 平行于 xOz 平面, 在 y 轴上截距为 $\frac{1}{9}$; (5) yOz 平面.

5. $x=2$. 6. (1) $\frac{x-5}{3}=\frac{y+3}{2}=\frac{z-2}{-1}$; (2) $\frac{x-5}{1}=\frac{y+3}{1}=\frac{z-2}{-1}$. 7. $\begin{cases}y=y_0,\\z=z_0.\end{cases}$

8. (1) $x+\sqrt{2}(y+2)+(z-1)=0$; (2) $x+y+z-1=0$.

9. (1) $\begin{cases}\frac{y+1}{2}=\frac{z-1}{1},\\x=1;\end{cases}$ (2) $x=-y=z$.

10. $(\sqrt{6},0,0),(-\sqrt{6},0,0)$. 11. 20 或 -4. 12. $-2\pm\frac{3}{2}\sqrt{2}$.

习题 8-2(A)

1. 3. 2. $y+\frac{1}{y}$. 3. (1) $\{(x,y)|x+y>0\}$; (2) $\{(x,y)|1\leqslant x^2+y^2\leqslant 9\}$. 4. 3. 5. $\ln 2$.

习题 8-2(B)

1. (1) $\{(x,y)\mid x^2-y-1>0\}$;(2) $\{(x,y)\mid x+y\geqslant 0,且\ x\leqslant 2\}$;

(3) $\{(x,y)\mid -1\leqslant x\leqslant 1,且\ y^2\geqslant 1\}$; (4) $\left\{(x,y)\,\middle|\,-1\leqslant \dfrac{x}{y}\leqslant 1\right\}$.

2. (1) 31;(2) $\dfrac{1}{y^3}-\dfrac{4}{xy}+\dfrac{12}{x^2}$. 3. (1) 1;(2) 不存在. 4. (1) $y=\pm x$;(2) $xy=0$. 5. 略.

习题 8-3(A)

1. 8,−4. 2. $\Delta z=-0.204, dz=-0.2$.

3. (1) $\dfrac{\partial z}{\partial x}=3x^2y-y^3,\dfrac{\partial z}{\partial y}=x^3-3xy^2$; (2) $\dfrac{\partial z}{\partial x}=(1-xy)e^{-xy},\dfrac{\partial z}{\partial y}=-x^2e^{-xy}$;

(3) $\dfrac{\partial z}{\partial x}=2y\,(1+2x)^{y-1},\dfrac{\partial z}{\partial y}=(1+2x)^y\ln(1+2x)$;

(4) $\dfrac{\partial z}{\partial x}=\dfrac{y^2}{(x^2+y)^{\frac{3}{2}}},\dfrac{\partial z}{\partial y}=-\dfrac{xy}{(x^2+y)^{\frac{3}{2}}}$.

4. $\dfrac{\partial^2 z}{\partial x^2}=24x+6y,\dfrac{\partial^2 z}{\partial x\partial y}=6x-6y,\dfrac{\partial^2 z}{\partial y^2}=-6x$.

5. (1) $dz=y\cos xy\,dx+x\cos xy\,dy$; (2) $dz=\ln y\cdot x^{\ln y-1}dx+\dfrac{x^{\ln y}\cdot\ln x}{y}dy$. 6. 略.

习题 8-3(B)

1. (1) $\dfrac{\partial z}{\partial x}=3x^2y^3,\dfrac{\partial y}{\partial y}=3x^3y^2$; (2) $\dfrac{\partial z}{\partial x}=ye^{xy},\dfrac{\partial z}{\partial y}=xe^{xy}$;

(3) $\dfrac{\partial z}{\partial x}=\dfrac{y^3-x^2y}{(x^2+y)^2},\dfrac{\partial z}{\partial y}=\dfrac{x^3-xy^2}{(x^2+y)^2}$; (4) $\dfrac{\partial z}{\partial x}=yx^{y-1},\dfrac{\partial z}{\partial y}=x^y\ln x$;

(5) $\dfrac{\partial z}{\partial x}=e^{\sin x}\cos x\cos y,\dfrac{\partial z}{\partial y}=-e^{\sin x}\sin y$;

(6) $\dfrac{\partial z}{\partial x}=\dfrac{1}{y}\cdot\cot\dfrac{x}{y}\cdot\sec^2\dfrac{x}{y},\dfrac{\partial z}{\partial y}=-\dfrac{x}{y^2}\cdot\cot\dfrac{x}{y}\cdot\sec^2\dfrac{x}{y}$.

2. 1. 3. (1) $\dfrac{\partial^2 z}{\partial x^2}=\dfrac{x+2y}{(x+y)^2},\dfrac{\partial^2 z}{\partial x\partial y}=\dfrac{y}{(x+y)^2},\dfrac{\partial^2 z}{\partial y^2}=\dfrac{-x}{(x+y)^2}$;

(2) $\dfrac{\partial^2 z}{\partial x^2}=2e^y,\dfrac{\partial^2 z}{\partial x\partial y}=2xe^y,\dfrac{\partial^2 z}{\partial y^2}=x^2e^y$;

(3) $\dfrac{\partial^2 z}{\partial x^2}=2\cos(x^2+y^2)-4x^2\sin(x^2+y^2),\dfrac{\partial^2 z}{\partial x\partial y}=4xy\sin(x^2+y^2)$,

$\dfrac{\partial^2 z}{\partial y^2}=2\cos(x^2+y^2)-4y^2\sin(x^2+y^2)$;

(4) $\dfrac{\partial^2 z}{\partial x^2}=6y^2+6x,\dfrac{\partial^2 z}{\partial x\partial y}=12xy,\dfrac{\partial^2 z}{\partial y^2}=6x^2+6y$.

4. (1) $dz=-\dfrac{y}{x^2}dx+\dfrac{1}{x}dy$;(2) $dz=\dfrac{\cos y}{2\sqrt{x}}dx-\sqrt{x}\sin y\,dy$;

(3) $dz=\dfrac{y}{1+(xy)^2}dx+\dfrac{x}{1+(xy)^2}dy$;

(4) $dz=\dfrac{x}{1+x^2+y^2}dx+\dfrac{y}{1+x^2+y^2}dy$.

5. $dz=dx$.

习题 8-4(A)

1. (1) $\dfrac{du}{dt}=-\dfrac{8}{(e^t-e^{-t})^2}$;

(2) $\dfrac{\partial z}{\partial x}=e^{xy}[y\cos(x-y)-\sin(x-y)],\dfrac{\partial z}{\partial y}=e^{xy}[x\cos(x-y)+\sin(x-y)]$;

(3) $\frac{\partial z}{\partial x}=2xf'_1+yf'_2, \frac{\partial z}{\partial y}=2yf'_1+xf'_2$.

2. $\frac{\partial^2 z}{\partial x\partial y}=f'_2-\frac{y}{x^2}f''_{11}-\frac{y}{x}f''_{12}$.

3. $\frac{\partial z}{\partial x}=\frac{x}{2-z}, \frac{\partial z}{\partial y}=\frac{y}{2-z}, \frac{\partial^2 z}{\partial x\partial y}=\frac{(2-z)^2+x^2}{(2-z)^3}$.

4. 略.

习题 8-4(B)

1. (1) $\frac{\mathrm{d}u}{\mathrm{d}t}=-\frac{3-12t^2}{\sqrt{1-(3t-4t^3)^2}}$;

(2) $\frac{\partial z}{\partial x}=-\frac{2y^2}{x^3}\ln(x^2+y^2)+\frac{2xy^2}{x^2(x^2+y^2)}, \frac{\partial z}{\partial y}=\frac{2y}{x^2}\ln(x^2+y^2)+\frac{2y^3}{x^2(x^2+y^2)}$;

(3) $\frac{\partial z}{\partial x}=2xf'_1+y\mathrm{e}^{xy}f'_2, \frac{\partial z}{\partial y}=-2yf'_1+x\mathrm{e}^{xy}f'_2$;

(4) $\frac{\partial z}{\partial x}=\left(y-\frac{y^2}{x}\right)f'_1, \frac{\partial z}{\partial y}=\left(x+\frac{1}{x}\right)f'_1$.

2. $\frac{\partial^2 z}{\partial x^2}=f''_{11}\cos^2 x+4x\cos x f''_{12}-f'_1+2f'_2+4x^2 f''_{22}$,

$\frac{\partial^2 z}{\partial x\partial y}=-2y\cos x f''_{12}-4xyf''_{22}$, $\frac{\partial^2 z}{\partial y^2}=-2f'_2+4y^2 f''_{22}$.

3. $\frac{\partial^2 z}{\partial x^2}=\frac{1}{y^2}f''_{11}+\frac{2\varphi'(x)}{y}f''_{12}+[\varphi'(x)]^2 f''_{22}$,

$\frac{\partial^2 z}{\partial x\partial y}=-\frac{1}{y^2}f'_1-\frac{x}{y^3}f''_{11}-\frac{x\varphi'(x)}{y^2}f''_{21}$, $\frac{\partial^2 z}{\partial y^2}=\frac{2x}{y^3}f'_1+\frac{x^2}{y^4}f''_{11}$.

4. (1) $\frac{\mathrm{d}y}{\mathrm{d}x}=\frac{y^2}{1-xy}$; (2) $\frac{\partial z}{\partial x}=\frac{2-x}{z}, \frac{\partial z}{\partial y}=-\frac{y}{z}$;

(3) $\frac{\partial z}{\partial x}=\frac{z^x\ln z}{y^z\ln y-xz^{x-1}}, \frac{\partial z}{\partial y}=\frac{zy^{z-1}}{xz^{x-1}-y^z\ln y}$.

5. $\frac{\partial^2 z}{\partial x^2}=\frac{2y^2z(\mathrm{e}^z-xy)-y^2z^2\mathrm{e}^z}{(\mathrm{e}^z-xy)^3}, \frac{\partial^2 z}{\partial y^2}=\frac{2x^2z(\mathrm{e}^z-xy)-x^2z^2\mathrm{e}^z}{(\mathrm{e}^z-xy)^3}$.

6. $\mathrm{d}z=\frac{yz-z\mathrm{e}^{xz}}{x\mathrm{e}^{xz}-xy}\mathrm{d}x+\frac{xz}{x\mathrm{e}^{xz}-xy}\mathrm{d}y$.

7. 略.

习题 8-5(A)

1. (1) 极小值点$(-2,-1)$, $z_{\min}=-2$; (2) 极小值点$(1,1)$, $z_{\min}=-1$.

2. 长、宽、高分别为 2,2,1.

3. 极大值点$(\sqrt{2},\sqrt{2})$, $(-\sqrt{2},-\sqrt{2})$, $z_{\max}=2$; 极小值点$(-\sqrt{2},\sqrt{2})$, $(\sqrt{2},-\sqrt{2})$, $z_{\min}=-2$.

习题 8-5(B)

1. (1) 极大值点$(-3,-2)$, $z_{\max}=25$; (2) 极小值点$\left(\frac{1}{2},-1\right)$, $z_{\min}=-\frac{1}{2}\mathrm{e}$.

2. 极小值为$\frac{11}{2}$. **3.** 长、宽、高分别为 4,4,2. **4.** $x=120$, $y=80$.

5. 长为 $3\sqrt{10}$ m,宽为 $2\sqrt{10}$ m(正面). **6.** 点$\left(\frac{1}{2},1\right)$.

习题 8-6(A)

1. (1) $\iint\limits_D (x+y)^2\mathrm{d}\sigma>\iint\limits_D (x+y)^3\mathrm{d}\sigma$; (2) $\iint\limits_D \ln(x+y)\mathrm{d}\sigma<\iint\limits_D [\ln(x+y)]^2\mathrm{d}\sigma$.

2. (1) $2\leqslant I\leqslant 8$; (2) $36\pi\leqslant I\leqslant 52\pi$.

习题 8-6(B)

1. (1) 2π;(2) 6.

2. (1) $\iint\limits_D (x-y)^2 d\sigma > \iint\limits_D (x-y)^3 d\sigma$; (2) $\iint\limits_D \ln \sqrt{x^2+y^2} d\sigma < \iint\limits_D \ln \sqrt{(x^2+y^2)^3} d\sigma$.

3. (1) $4 \leqslant I \leqslant 14$; (2) $-4 \leqslant I \leqslant 12$.

习题 8-7(A)

1. (1) $\frac{28}{3}$;(2) $\frac{1}{8}$; (3) $\frac{17}{48}$; (4) 230.

2. $\int_0^1 dx \int_0^{x^2} f(x,y)dy + \int_1^{\sqrt{2}} dx \int_0^{\sqrt{2-x^2}} f(x,y)dy$, $\int_0^1 dy \int_{y^2}^{\sqrt{2-y^2}} f(x,y)dx$.

3. $1-\sin 1$. 4. $\frac{\pi^3}{144}$. 5. 8π.

习题 8-7(B)

1. (1) -1; (2) e^{-2}; (3) $\frac{1}{2}e^4-\frac{3}{2}e^2+e$; (4) $\frac{1}{4}(1+e^2)$.

2. (1) $\frac{20}{3}$; (2) $\frac{64}{15}$; (3) $\frac{9}{4}$.

3. (1) $\int_0^1 dy \int_{e^x}^{e} f(x,y)dx$; (2) $\int_0^1 dy \int_{2-y}^{1+\sqrt{1-y^2}} f(x,y)dx$.

4. (1) 54π; (2) $\frac{\pi}{4}(2\ln 2-1)$;(3) $\frac{16}{9}$. 5. $\frac{9}{2}$. 6. $\left(\frac{35}{48},\frac{35}{54}\right)$.

自测题八

一、1. D. 2. A. 3. C. 4. D. 5. C. 6. C.

二、1. $\frac{\pi}{6}$. 2. $16x-14y-11z=1$. 3. $7x-y-3z-4=0$.

4. $\{(x,y) \mid x^2+y^2<1$ 且 $(x,y)\neq(0,0)\}$. 5. $\frac{x^2-2yz}{y^2-2xz}$. 6. $\frac{1}{2}\sqrt{\frac{x}{y}}\left(\frac{1}{x}dx-\frac{1}{y}dy\right)$.

7. $\int_1^2 dy \int_1^y f(x,y)dx + \int_2^3 dy \int_1^2 f(x,y)dx + \int_3^6 dy \int_{\frac{y}{3}}^2 f(x,y)dx$.

三、1. (1) $y-3z=0$;(2) $11x+y-z-17=0$. 2. (1,2,2). 3. 1 000.

4. $-\frac{3y^2z+4xyz^3}{4x^2yz^2+1}dx-\frac{6xy^2z+2x^2yz^3+z}{4x^2y^2z^2+y}dy$. 5. 极小值 8. 6. 2π. 7. $4\pi-1$. 8. $\sqrt{\frac{2}{3}}R$.

第 9 章 行列式与矩阵

习题 9-1(A)

1. (1) 1; (2) -15; (3) -6; (4) 0. 2. (1) 0; (2) 0; (3) 0; (4) 0.

习题 9-1(B)

1. (1) $\begin{cases} x_1=1, \\ x_2=1; \end{cases}$ (2) $\begin{cases} x_1=2, \\ x_2=3. \end{cases}$ 2. (1) -39; (2) -11; (3) 0; (4) 0; (5) 6; (6) 87.

3. (1) 1; (2) 2; (3) 4; (4) 6. 4. (1) +; (2) +. 5. (1) $(-1)^n$; (2) $(-1)^n$; (3) $n!$.

习题 9-2(A)

(1) 0; (2) 1; (3) $(a+3)(a-1)^3$; (4) 32; (5) $8abcd$; (6) $-2(x^3-y^3)$.

习题 9-2(B)

1. (1) -8; (2) -9; (3) $(a+3b)(a-b)^3$; (4) 0; (5) $4abcdef$; (6) $[x+(n-1)a](x-a)^{n-1}$.

2. 略.

习题 9-3(A)

(1) $abcd+ab+ad+cd+1$；(2) -15.

习题 9-3(B)

1. (1) -2；(2) $(a^2-b^2)^2$；(3) -24.　**2.** (1) 5；(2) $1+(-1)^{n+1}$.

习题 9-4(A)

(1) $\begin{cases}x=2,\\y=3;\end{cases}$ (2) $\begin{cases}x_1=-1,\\x_2=3.\end{cases}$

习题 9-4(B)

(1) $\begin{cases}x_1=2,\\x_2=1,\\x_3=0.\end{cases}$ (2) $\begin{cases}x_1=1,\\x_2=1,\\x_3=1.\end{cases}$ (3) $\begin{cases}x_1=2,\\x_2=-3,\\x_3=4,\\x_4=-5.\end{cases}$

习题 9-5(A)

1. (1) $\begin{bmatrix}-7&-7&2\\-1&2&0\end{bmatrix}$；(2) $\begin{bmatrix}1&12\\5&8\end{bmatrix}$.

2. $x_1=2,x_2=1,x_3=2,y_1=5,y_2=3,y_3=2,\boldsymbol{B}=\begin{bmatrix}3&2&1\\2&4&2\\1&2&3\end{bmatrix},\boldsymbol{C}=\begin{bmatrix}0&5&3\\-5&0&2\\-3&-2&0\end{bmatrix}$.

3. $\begin{bmatrix}-3&2&-1\\2&3&1\\-2&1&0\end{bmatrix}$.　**4.** (1) $\begin{bmatrix}29&-1\\3&-1\\35&2\end{bmatrix}$；(2) $\begin{bmatrix}-1&2\\-2&4\\-3&6\end{bmatrix}$；(3) $9x^2-24xy+16y^2$.

习题 9-5(B)

1. $\begin{bmatrix}-2&-4&16\\6&2&6\end{bmatrix}$.　**2.** $\begin{bmatrix}-3&0&0\\0&-12&0\\0&0&0\end{bmatrix}$.　**3.** $a=1,b=6,c=0,d=-2$.

4. $x=0,y=-4,z=-8$.　**5.** $\begin{pmatrix}3&-4\\-1&0\\0&8\end{pmatrix}$.　**6.** 略.

习题 9-6(A)

1. (1) 否；(2) 否.　**2.** (1) 不可逆；(2) 可逆，$\begin{bmatrix}-11&7\\8&-5\end{bmatrix}$；(3) 可逆，$\begin{bmatrix}-11&2&2\\-4&0&1\\6&-1&-1\end{bmatrix}$.

习题 9-6(B)

1. (1) $\begin{bmatrix}\frac{1}{3}&\frac{1}{3}&\frac{1}{3}\\\frac{1}{3}&\frac{5}{6}&-\frac{1}{6}\\\frac{1}{3}&-\frac{1}{6}&-\frac{1}{6}\end{bmatrix}$；(2) $\begin{bmatrix}1&-4&-3\\1&-5&-3\\-1&6&4\end{bmatrix}$；(3) $\begin{bmatrix}\frac{1}{2},&-\frac{1}{4}&-\frac{1}{8}&-\frac{1}{16}\\0&\frac{1}{2}&-\frac{1}{4}&\frac{1}{8}\\0&0&\frac{1}{2}&-\frac{1}{4}\\0&0&0&\frac{1}{2}\end{bmatrix}$.

2. $\begin{bmatrix}3&-2\\2&-1\end{bmatrix}$.

习题 9-7(A)

1. (1) 错；(2) 对；(3) 错；(4) 对. **2.** $\begin{bmatrix}0&1&0\\1&0&0\\0&0&1\end{bmatrix}$；$\begin{bmatrix}1&0&0\\0&1&0\\0&0&5\end{bmatrix}$；$\begin{bmatrix}1&0&0\\-1&1&0\\0&0&1\end{bmatrix}$.

3. (1) 3；(2) 3. **4.** $\lambda=\dfrac{9}{4}$,秩为 2.

习题 9-7(B)

1. (1) 5；(2) 3. **2.** $a=2$. **3.** $k=3$.

习题 9-8(A)

1. $\begin{cases}x_1=\dfrac{1}{3},\\x_2=-1,\\x_3=\dfrac{1}{2},\\x_4=1.\end{cases}$ **2.** (1) $\dfrac{1}{9}\begin{bmatrix}1&2&2\\2&1&-2\\2&-2&1\end{bmatrix}$；(2) $\begin{bmatrix}22&-6&-26&17\\-17&5&20&-13\\-1&0&2&-1\\4&-1&-5&3\end{bmatrix}$.

3. (1) $\boldsymbol{X}=-\dfrac{1}{5}\begin{bmatrix}13&2\\4&11\\15&5\end{bmatrix}$；(2) $\boldsymbol{X}=\dfrac{1}{7}\begin{bmatrix}6&-29\\2&9\end{bmatrix}$.

习题 9-8(B)

1. $\begin{cases}x_1=-26,\\x_2=-22,\\x_3=-18.\end{cases}$ **2.** (1) $\begin{bmatrix}0&2&-1\\1&1&-1\\-2&-5&4\end{bmatrix}$；(2) $\begin{bmatrix}2&0&0&-1\\-1&1&0&0\\0&-1&1&0\\0&0&-1&1\end{bmatrix}$.

3. (1) $\boldsymbol{X}=\begin{bmatrix}-1&-13\\-1&8\\2&1\end{bmatrix}$；(2) $\boldsymbol{X}=\dfrac{1}{14}\begin{bmatrix}-11&-1&-9\\-9&3&-1\\14&-14&0\end{bmatrix}$.

自测题九

一、**1.** C. **2.** B. **3.** D. **4.** D. **5.** A. **6.** B.

二、**1.** 24. **2.** $\boldsymbol{B},\boldsymbol{A}$. 3. +. **4.** -5. **5.** 0. **6.** $(-1)^{n-1}c$. **7.** $(-1)^n c$. **8.** 0.

三、**1.** (1) -4；(2) $(a+b+c)(ac+bc+ab-a^2-b^2-c^2)$；(3) $(b-a)(c-a)(c-b)$；(4) 2.

2. (1) -32；(2) 40；(3) 189；(4) -215；(5) $(a-b)^3$；(6) 720.

3. $\begin{bmatrix}-5&4\\-2&5\\5&-3\\-9&0\end{bmatrix}$.

4. (1) $-\dfrac{1}{5}\begin{bmatrix}0&0&5\\0&-1&-3\\5&-2&-1\end{bmatrix}$；(2) $\begin{bmatrix}1&0&0&0\\0&2&-1&0\\0&-3&2&0\\0&0&0&-\dfrac{1}{4}\end{bmatrix}$.

5. (1) $\begin{cases}x_1=-\dfrac{1}{9}x_3-\dfrac{4}{9}x_4+\dfrac{7}{9},\\x_2=\dfrac{5}{9}x_3+\dfrac{2}{9}x_4+\dfrac{1}{9}\end{cases}$ (其中 x_3,x_4 为自由未知量)；

(2) $\begin{cases} x_1=7x_3-18x_4+8, \\ x_2=-3x_3+7x_4-3 \end{cases}$（其中 x_3,x_4 为自由未知量）；(3) 无解；

(4) $\begin{cases} x_1=5x_3-2x_4, \\ x_2=-2x_3+3x_4 \end{cases}$（其中 x_3,x_4 为自由未知量）.

第 10 章　概率与数理统计初步

习题 10-1(A)

1. (1) D 必然事件，B 不可能事件；(2) B 必然事件，A 不可能事件.

2. (1) $A\subset B$；(2) $D\subset C$；(3) $E\subset F$.

3. (1) $\overline{A}=$｛抽到的 3 件产品至少有一件次品｝；(2) $\overline{B}=$｛甲、乙两人下象棋，乙胜或甲、乙和棋｝；(3) $\overline{C}=$｛抛掷一颗骰子，出现奇数点｝.

4. (1) $A\overline{B}$；(2) $\overline{A}\cup\overline{B}=\overline{AB}$；(3) $\overline{A}\cap\overline{B}$；(4) $A=B$.

习题 10-1(B)

1. (1) $\Omega=\{3,4,5,6,7,8,9,10\}$；(2) $\Omega=\{10,11,12,13,\cdots\}$；(3) $\Omega=\{t\mid 0\leqslant t\leqslant 5\}$；

(4) ① $\Omega=$｛(红，红)，(红，白)，(白，白)｝，② $\Omega=\{(1,2),(1,3),(1,4),(2,3),(2,4),(3,4)\}$.

2. $\Omega=$｛(红，红)，(红，黄)，(红，蓝)，(黄，黄)，(黄，红)，(黄，蓝)，(蓝，蓝)，(蓝，红)，(蓝，黄)｝；

$A=$｛(红，红)，(红，黄)，(红，蓝)｝；$B=$｛(红，黄)，(红，蓝)(黄，红)，(黄，蓝)，(蓝，红)，(蓝，黄)｝.

3. (1) $A\cup B=\{x\mid 0\leqslant x\leqslant 10\}$；(2) $\overline{A}=\{x\mid 5<x\leqslant 20\}$；(3) $A\overline{B}=\{x\mid 0\leqslant x<3\}$；

(4) $A\cup(BC)=\{x\mid 0\leqslant x\leqslant 5,7\leqslant x\leqslant 10\}$；(5) $A\cup(B\overline{C})=\{x\mid 0\leqslant x<7\}$.

4. (1) $A_1A_2A_3A_4$；(2) $\overline{A_1A_2A_3A_4}$；(3) $\overline{A_1}A_2A_3A_4\cup A_1\overline{A_2}A_3A_4\cup A_1A_2\overline{A_3}A_4\cup A_1A_2A_3\overline{A_4}$.

5. (1) $A\cup B$；(2) $\overline{A}\cup\overline{B}\cup\overline{C}$；(3) $(\overline{A}\overline{B})\cup(\overline{A}\overline{C})\cup(\overline{B}\overline{C})$.

6. $A=A_1A_2A_3$，$B=(A_1A_2A_3)\cup(\overline{A_1}A_2A_3)\cup(A_1\overline{A_2}A_3)\cup(A_1A_2\overline{A_3})$，

$C=(\overline{A}_1\overline{A_2}A_3)\cup(\overline{A_1}A_2\overline{A_3})\cup(A_1\overline{A}_2\overline{A_3})$，$D=\overline{A_1A_2A_3}=\overline{A_1}\cup\overline{A_2}\cup\overline{A_3}$.

其中 $A\subset B$，$C\subset D$，且 A 与 C，A 与 D，B 与 C 分别互不相容，A 与 D 相互对立.

习题 10-2(A)

1. 正数 $\frac{4}{9}$，负数 $\frac{5}{9}$.　**2.** (1) $\frac{1}{120}$；(2) $\frac{1}{5}$；(3) $\frac{1}{10}$.　**3.** $\frac{99}{392}$.　**4.** 0.99；0.01.

习题 10-2(B)

1. 0.06.　**2.** 返回抽样 $P(A)=\frac{1}{9}$，$P(B)=\frac{4}{9}$；无返回抽样 $P(A)=\frac{1}{15}$，$P(B)=\frac{8}{15}$.

3. 0.37.　**4.** 0.18.

习题 10-3(A)

1. $P(A\cup B)=P(B)$，$P(A\cap B)=P(A)$，$P(A\mid B)=\frac{P(A)}{P(B)}$，$P(B\mid A)=1$.

2. 0.675；0.325.　**3.** $P(B)=0.3$，$P(A\mid B)=0.63$，$P(AB)=0.189$.

4. (1) $P(A_1\overline{A_2})=\frac{1}{3}$；(2) $P(\overline{A}_1\overline{A}_2)=\frac{1}{6}$；(3) $P(A_1\overline{A_2})=\frac{1}{3}$；

(4) $P(A_1\overline{A}_2\cup\overline{A_1}A_2\cup\overline{A}_1\overline{A}_2)=P(\overline{A_1A_2})=\frac{5}{6}$.　**5.** (1) 0.973；(2) 0.25.

习题 10-3(B)

1. (1) $a+b$；(2) 0；(3) $1-b$；(4) a；(5) $1-a-b$.　**2.** $P(A\overline{B})=r-q$；$P(\overline{A}\cap\overline{B})=1-r$.

3. 0.75；0.25.　**4.** 0.0083.　**5.** 0.3.　**6.** $P(A\cup B)=\frac{19}{30}$，$P(A\mid B)=\frac{3}{14}$，$P(B\mid A)=\frac{3}{8}$.

7. 0.086.　**8.** $\frac{13}{132}$.　**9.** 0.855.　**10.** $\frac{3}{5}$.　**11.** (1) 0.032；(2) 0.5625，0.28125，0.15625.

习题 10-4(A)

1. (1) $\{0,1,2\}$,

η	0	1	2
p_k	$\frac{1}{10}$	$\frac{3}{5}$	$\frac{3}{10}$

(2) $\frac{7}{10}$. **2.** (1) $\frac{19}{30}$; (2) $\frac{3}{10}$. **3.** (1) 是; (2) 否; (3) 否. **4.** (1) $\frac{3}{2}$; (2) $\frac{9}{16}$.

5. $P(\xi=k)=C_{25}^{k}0.2^{k}0.8^{25-k}(k=0,1,2,\cdots,25)$. **6.** 0.3940; 0.137. **7.** 40%.

8. (1) 0.1587; (2) 0.84; (3) 0.0013; (4) 0.9544.

9. (1) 0.5793; (2) 0.9332; (3) 4.13. **10.** 0.1192.

习题 10-4(B)

1. (1) $\frac{2}{3}$; (2) $\frac{1}{2}$. **2.** (1) $\frac{1}{6}$; (2) $\frac{23}{36}$.

3.

ξ	2	3
p_k	$\frac{1}{3}$	$\frac{2}{3}$

η	3	4	5
p_k	$\frac{1}{3}$	$\frac{1}{3}$	$\frac{1}{3}$

4. $P(\xi=k)=p(1-p)^{k-1}(k=1,2,\cdots)$. **5.** (1) $\frac{1}{\pi}$; (2) $\frac{1}{3}$.

6. (1) $1-\frac{1}{e^2}$; (2) $1-\frac{1}{e^4}$. **7.** 0.0145.

8. (1) 0.0014; (2)

ξ	0	80	100
p_k	0.0014	0.1898	0.8088

9. 8 件. **10.** (1) 0.3012; (2) 0.0273.

11. (1) 0.2857, 0.5, 0.3753; (2) $\lambda_1=-1.56, \lambda_2=3.56$; (3) -1.4. **12.** 0; 0.0918.

13. 184 cm. **14.** (1) 303; (2) 606.

15. (1)

η	-3	-1	1	3	5	7
p_k	0.15	0.1	0.1	0.2	0.3	0.15

(2)

θ	0	1	4	9
p_k	0.2	0.4	0.25	0.15

16.

$\xi+\eta$	0	1	2
p_k	q_1q_2	$p_1q_2+p_2q_1$	p_1p_2

$\xi\cdot\eta$	0	1
p_k	$q_1q_2+p_1q_2+p_2q_1$	p_1p_2

习题 10-5(A)

1. (1) 对; (2) 错; (3) 错. **2.** 0.6, 0.25, 0.45, 0.25.

习题 10-5(B)

1. (1)

ξ \\ η	0	1	$p_{i\cdot}$
0	$\frac{16}{25}$	$\frac{4}{25}$	$\frac{4}{5}$
1	$\frac{4}{25}$	$\frac{1}{25}$	$\frac{1}{5}$
$p_{\cdot j}$	$\frac{4}{5}$	$\frac{1}{5}$	

(2)

ξ \ η	0	1	$p_{i\cdot}$
0	$\frac{28}{45}$	$\frac{8}{45}$	$\frac{4}{5}$
1	$\frac{8}{45}$	$\frac{1}{45}$	$\frac{1}{5}$
$p_{\cdot j}$	$\frac{4}{5}$	$\frac{1}{5}$	

2.

ξ \ η	1	2	$p_{i\cdot}$
−1	$\frac{1}{6}$	$\frac{1}{3}$	$\frac{1}{2}$
1	$\frac{1}{12}$	$\frac{5}{12}$	$\frac{1}{2}$
$p_{\cdot j}$	$\frac{1}{4}$	$\frac{3}{4}$	

3.

ξ \ η	−1	1	2
0	0.06	0.06	0.18
1	0.14	0.14	0.42

4. $p=\frac{1}{10},q=\frac{2}{15}$.

习题 10-6(A)

1. $\frac{n+1}{2};\frac{n^2-1}{12}$.　**2.** $\frac{b+a}{2};\frac{(b-a)^2}{12}$.

3. 否,因为 $\int_{-\infty}^{+\infty}\frac{|x|}{\pi(1+x^2)}dx=\frac{1}{\pi}\int_0^{+\infty}\frac{d(1+x^2)}{1+x^2}=\frac{1}{\pi}\ln(1+x^2)\Big|_0^{+\infty}=\infty$.

4. 0;$\frac{1}{6}$.　**5.** 0.6;0.43.　**6.** 略.　**7.** 略.

习题 10-6(B)

1. (1) $\frac{1}{3}$;(2) $\frac{1}{3}$;(3) $\frac{35}{24}$;(4) $\frac{97}{72}$;(5) $\frac{97}{18}$.　**2.** 机床 A.　**3.** 4.5;0.45.　**4.** $\frac{3}{10}$;0.3191.

5. 0.9;0.61.　**6.** 2;12.　**7.** 3;2.　**8.** (1) 1;(2) $\frac{1}{3}$.　**9.** 0.6;1.2;0.24;0.16;0.08;$\frac{\sqrt{6}}{6}$.

习题 10-7(A)

1. (1)(2)(5).　**2.** 略.　**3.** (1) $N\left(\mu,\frac{\sigma^2}{8}\right)$;(2) $\chi^2(8-1)$;(3) $t(8-1)$;(4) $N(0,1)$;(5) $\chi^2(8)$.

4. 50,0.042,49.99,0.1,0.00084.　**5.** 0.7262.　**6.** 比较标准差系数,后者稳定性较好.

习题 10-7(B)

1. 0.00392.　**2.** 0.01.　**3.** 86.

习题 10-8(A)

1. 0.51;2.088.　**2.** (14.87,15.03);(14.74,15.06).　**3.** 证明略,统计量(2)最有效.

4. (0.953,0.987).

习题 10-8(B)

1. (1) (5002.398,7287.6);(2) (816286.747,7734437.87).　**2.** (−5.76,0.56).

3. (65.4,134.6).　**4.** (0.454,0.915).　**5.** (1) (1200±46.79);(2) (0.566,0.710).

习题 10-9(A)

1. 正常. **2.** 合格. **3.** 符合标准. **4.** 有显著性差异. **5.** 能出厂.

习题 10-9(B)

1. 无显著差异. **2.** 方差无显著差异,期望有显著差异.

3. (1) 强力有显著差异;(2) 方差无显著差异.

习题 10-10(A)

1. (1) 略;(2) $\hat{y}=6.456-3.5175x$;(3) $\hat{\sigma}^2=1.5643$.

2. (1) $\hat{y}=-30.219x+642.920$;(2) 两种信度下,线性相关性均显著.

习题 10-10(B)

1. (1) 可以;(2) $\hat{y}=6.28+0.18x$;(3) (9.04,9.38). **2.** $\hat{\beta}_0=-11.3,\hat{\beta}_1=36.95$,不为零.

自测题十

一、**1.** (1) $B\overline{A}$;(2) $A\cup B\cup C$;(3) $\overline{A}\overline{B}\overline{C}\cup\overline{A}B\overline{C}\cup\overline{A}\overline{B}C\cup A\overline{B}\overline{C}$.

2. 至少有一次击中,没有一次击中,击中次数不大于 2. **3.** $\leqslant,\leqslant,\leqslant$.

4. 87%,91.95%,78.16%,15%,80%. **5.** 5. **6.** $\frac{1}{6}$,36. **7.** $\frac{1}{6}$. **8.** 6.

9. $E(\hat{\theta})=\theta$. **10.** $\left(\bar{\xi}\pm u_{1-\frac{\alpha}{2}}\frac{\sigma}{\sqrt{n}}\right)$,$\left(\bar{\xi}\pm t_{\frac{\alpha}{2}}(n-1)\frac{S^*}{\sqrt{n}}\right)$. **11.** $\left(\bar{\xi}-\bar{\eta}\pm u_{1-\frac{\alpha}{2}}\sqrt{\frac{\sigma_1^2}{n_1}+\frac{\sigma_2^2}{n_2}}\right)$,

$\left((\bar{\xi}-\bar{\eta})\pm t_{\frac{\alpha}{2}}(n_1+n_2-2)\sqrt{(n_1-1)S_1^{*2}+(n_2-1)S_2^{*2}}\cdot\sqrt{\frac{n_1+n_2}{n_1n_2(n_1+n_2-2)}}\right)$.

12. 小概率,样本. **13.** $U=\frac{\bar{\xi}-\mu_0}{\sigma/\sqrt{n}},T=\frac{\bar{\xi}-\mu_0}{S^*/\sqrt{n}},\chi^2=\frac{(n-1)S^{*2}}{\sigma_0^2}$.

14. 函数关系,相关关系.

15. $y=a+bx+\varepsilon,\varepsilon\sim N(0,\sigma^2)$;$N(0,\sigma^2)$;随机误差;回归系数;可控;$\hat{y}=\hat{a}+\hat{b}x$.

16. $\frac{L_{xy}}{L_{xx}}$,$\bar{y}-\hat{b}\bar{x}$.

二、**1.** D. **2.** D. **3.** C. **4.** D. **5.** C. **6.** D. **7.** A. **8.** D. **9.** BC. **10.** A. **11.** B. **12.** D. **13.** A.

三、**1.** (1) $1-z,y-z,1-x+z,1-x-y+z,\frac{z}{y}$;

(2) $1-xy,(1-x)y,1-x+xy,(1-x)(1-y),x$;(3) $1,y,1-x,1-x-y,0$.

2. (1) 0.4747;(2) 0.0769;(3) 0.0893. **3.** (1) 0.496;(2) 0.504.

4. (1) $\frac{1}{2}$;(2) $\frac{3}{4}$.

5. (1)

$\xi+\eta$	0	1	2	3
p_k	$\frac{1}{4}$	$\frac{5}{12}$	$\frac{1}{4}$	$\frac{1}{12}$

(2) $\frac{1}{3}$. **6.** $\frac{3}{5}$,$\frac{6}{5}$,$\frac{11}{25}$.

7. (1)

ξ	0	1
p_k	$\frac{7}{12}$	$\frac{5}{12}$

η	-1	0
p_k	$\frac{7}{12}$	$\frac{5}{12}$

(2) 否,理由略;(3) $\frac{1}{2}$. **8.** (1) $\frac{2}{3}$,$\frac{2}{9}$;(2) 0. **9.** [4.69,6.47],[0.18,4.32].

10. [3.18,36.82]. **11.** [0.411,3.722]. **12.** [71.91%,78.89%].

13. 可以认为. **14.** 标准差不超过 75 kg. **15.** 不能认为平均寿命相同.

16. 这一天生产是正常的.